蛋鸡散养实用技术

（第二版）

主　编　张春江　陈宗刚
副主编　张　洁　张志新
编　委　白亚民　王桂香　黄金敏
郑　伟　王　祥　王凤芝
胡庆华　李显峰

·北京·

图书在版编目(CIP)数据

蛋鸡散养实用技术 / 张春江，陈宗刚主编. —2版. —北京：科学技术文献出版社，2015. 5

ISBN 978-7-5023-9606-0

Ⅰ. ①蛋… Ⅱ. ①张… ②陈… Ⅲ. ①卵用鸡—饲养管理 Ⅳ. ①S831.4

中国版本图书馆 CIP 数据核字（2014）第 271327 号

蛋鸡散养实用技术（第二版）

策划编辑：乔懿丹 责任编辑：李 洁 责任校对：赵 瑗 责任出版：张志平

出 版 者 科学技术文献出版社
地　　址 北京市复兴路15号 邮编 100038
编 务 部 （010）58882938，58882087（传真）
发 行 部 （010）58882868，58882874（传真）
邮 购 部 （010）58882873
官方网址 www.stdp.com.cn
发 行 者 科学技术文献出版社发行 全国各地新华书店经销
印 刷 者 北京时尚印佳彩色印刷有限公司
版　　次 2015 年 5 月第 2 版 2015 年 5 月第 1 次印刷
开　　本 850 × 1168 1/32
字　　数 224千
印　　张 9.25
书　　号 ISBN 978-7-5023-9606-0
定　　价 25.00元

前　　言

鸡蛋是一种廉价的优质动物性食品，已经成为大众的生活必需品，鸡蛋本身的营养价值已经得到广大消费者的认可。随着我国人民生活水平的提高，人们的营养意识和食品安全意识不断增强，对吃的要求也从数量上转到质量上，不仅要求吃饱，更讲究口味、营养，讲究吃得安全，吃得健康。散养蛋鸡因其主要采食野外昆虫、草籽、树籽，所产鸡蛋口感好、无污染，是当之无愧的绿色食品，深受广大消费者的喜爱。

近年来全国各地掀起了散养鸡的热潮，其生产规模不断扩大，技术水平明显提高，产业化发展势头迅猛，成为当前农村新的经济增长点。针对当前全国各地散养鸡的蓬勃发展，广大养殖户对科学养殖知识和先进技术需求迫切的新情况，我们根据近年来散养鸡生产实践和科研所积累的资料，在广泛调查研究的基础上，精心编著了本书，以期对我国蛋鸡的产业化发展起到一定的促进作用。但在调查中发现有很多不具备散养条件的地方存在盲目跟进的情况，有人固执地认为散养鸡蛋不能喂全价饲料，必须喂原粮，要完全按照传统的饲养方法饲养等问题，致使许多养殖户的利益受损，所以养殖者在决定养殖之前必须进行各方面的调查研究，认真分析和考证蛋鸡散养的可行性、技术、销路、价格等，购买和收集有关书籍和资料,从理论上了解散养技术。学习养殖经验,也要因时、因地而异,不能全盘照搬。

养殖前要充分计算场地、购置饲料、机械设备、药品、水电费等资金投资。经济动物的产品价格是随着市场需求量与生产规模的变化而变化的。作为投资者,应抓住时机,占领市场,以便赚取高额利润。只有准备充分,技术先进,管理得当,养殖才能成功。

本书既有丰富的理论作为依据,更注重介绍生产实践中各主要环节的关键技术和措施,具有科学性、先进性、实用性。既适用于各养鸡场(户),又可供广大养殖技术和管理人员参考。限于我们的时间和写作水平,书中不足和错误之处,敬请读者批评、指正。

编　者

目　录

第一章　蛋鸡散养概述

利用山地、林场、果园、荒地和草坡等环境散养蛋鸡，具有养殖环境好，空气新鲜，光照充分，营养来源全面，养殖设施简单，成本低，散养鸡运动量大，养殖时间长等优点，故其蛋品质好，产量高，味道鲜美，被视为污染少、近似绿色无公害的优质天然产品，颇受消费者青睐，是高产蛋鸡由集约化饲养向散养的转变，是市场的需要，也是实现食品安全优质的重要途径之一。

第一节　蛋鸡散养的饲养价值

1. 散养蛋鸡可以提高养鸡综合经济效益

由于散养蛋鸡抗病力强，投药少，产蛋多，又节省饲料，同时散养可以大大改善鸡产品品质，其产品几乎接近于土鸡蛋。当前人们对食品的安全性和口味越来越关注，土鸡蛋或柴鸡蛋在市场上越来越受欢迎，售价比集约化饲养的蛋鸡所产的鸡蛋价格高，因此散养蛋鸡比笼养蛋鸡经济效益高。另一方面果园和林地在夏天能够避免太阳的暴晒，给鸡提供遮荫的场所，同时鸡在树下可以把杂草、落叶、落果、树上掉下的虫及虫卵吃掉，鸡的粪便通过鸡的翻刨直接混入土壤进行肥田，形成良性循环。通过采取蛋鸡的散养技术，不仅可以提高鸡蛋的质量，而且可以保证鸡的生产性能不下降，至少在春、夏、秋三季鸡的产蛋性能不低于笼养蛋鸡。

2. 充分利用生产资源

利用山地、林场、果园、荒地和草坡散养蛋鸡,解决了室内养殖场所紧张的问题,扩大了饲养量。山地、林场、果园、荒地和草坡空气新鲜,生长有大量杂草和昆虫,散养蛋鸡,有利于对这些资源的充分利用。

3. 降低饲养成本

散养蛋鸡除了给予其部分全价饲料外,鸡只可以在散养地如果园、桑园、树林、草场、山地、荒山、丘陵等采食昆虫、落果、草籽、白蚁、草或在土壤中寻觅到自身所需的营养物质,即可提高散养鸡的自身抵抗力,又可大大降低饲料添加剂的成本、防病成本和劳动强度,同时也可为果园除虫除草,减少病虫害,大大降低农药、杀虫剂、除草剂的使用。

4. 散养可以提高鸡产品质量

由于采取散养使鸡相对回归自然,因此其所生产的产品如鸡蛋就更加接近自然,蛋口味纯正,蛋壳厚耐储运,鸡肉品质更香。散养鸡的羽毛丰满,色泽光亮,肌肉结实,皮下脂肪沉积均匀,鸡肉色鲜味美,具有较高的滋补作用,散养鸡所产的鸡蛋在市场上很受消费者的青睐,售价较高。

5. 减少环境污染

农村集约化养鸡,鸡粪往往四处乱堆,鸡粪散发的臭气和有毒有害气体常常严重污染养殖地区的环境和空气。鸡只散养在果园、树林、山地、荒山等地可大大减少鸡粪、有毒有害气体、苍蝇、蚊子等对村庄和水源的污染。

第二节 鸡的生物学特性

鸡在动物学上属于鸟纲，具有鸟类的生物学特性。近一百年来，由于人们的不断培育和改善其环境条件，尤其是近几十年，随着现代遗传育种、营养化学、电子物理等科学技术的发展，使之生产能力大大提高，改造后鸡的生物学特性即是鸡的经济生物学特性。

1. 体温高、代谢旺盛

鸡的标准体温约 41.5℃(40.9～41.9℃)，高于任何其他家畜。体温来源于体内物质代谢过程的氧化作用产生的热能，机体内产生热量的多少，取决于代谢强度。鸡体的营养物质来自日粮，因而就要利用它代谢作用旺盛的特点给予所需要的营养物质，使鸡能维持生命和健康，并且能达到最佳的产肉和产蛋性能。

鸡的基础代谢高于其他动物，鸡的基础代谢为马、牛等的 3 倍以上，安静时耗氧量与排出二氧化碳的数量也高 1 倍以上。这就是说，鸡的寿命相对就短，根据这一特性，可以尽量为鸡创造良好的环境条件，利用其代谢旺盛的优点，来为我们创造更多的禽产品。

2. 成熟期早，繁殖力强

在目前的遗传育种和饲养条件下，蛋用型鸡养到 140～150 日龄时可开产。如要发挥生长迅速、成熟期早的特性，必须给予适量的全价日粮，合理饲养，加强日常管理，并根据蛋鸡与种鸡的不同要求，适当调节光照与饲养密度，才能获得良好的效果。

母鸡的右侧卵巢与输卵管退化消失，仅左侧发达，功能正常。鸡的卵巢用肉眼可见到很多卵泡，在显微镜下则可见到 12 000 个卵泡。高产鸡年产蛋 300 枚以上,大群年产蛋 280 枚已经实现。这些蛋经过孵化如果有 80%成为小鸡,则每只母鸡一年可以获得 240 个小鸡。

鸡的繁殖潜力不仅表现在母鸡方面,而且公鸡的繁殖能力也很突出。根据观察,1 只精力旺盛的公鸡 1 天可以交配 40 次以上,1 只公鸡配 10～15 只母鸡可以获得高受精率。鸡的精子不像哺乳动物的精子容易衰老死亡,一般在母鸡输卵管内可以存活5～10 天,个别可以存活 30 天以上。不仅如此,受精卵在输卵管中发育到两个胚层的原肠期,当鸡蛋被排出体外,由于温度下降胚胎发育停止,在适宜温度(5～15℃)下可以贮存 10 天,长者到 20 天,仍可孵出小鸡。因此,要扬其繁殖潜力大的长处,实行人工孵化。

3. 对饲料营养要求高

一只高产母鸡一年所产的蛋,其重量可达 15～17 千克,为其体重的 10 倍。由于鸡口腔无牙齿咀嚼食物且大肠较短,腺胃消化性差,只靠肌胃与砂粒磨碎食物,盲肠只能消化少量的粗纤维。基于鸡的这种特点,散养鸡也要供给含有丰富营养物质的全价饲料。

4. 对环境变化敏感

鸡的视觉很灵敏,一切进入视野的不正常因素如光照、异常的颜色等均可引起“惊群”;鸡的听觉不如哺乳动物,但突如其来的噪声会引起鸡群惊恐不安。此外鸡体水分的蒸发与热能的调节主要靠呼吸作用来实现,对环境变化较敏感,因此养鸡业要注意尽量控制环境变化,减少鸡群应激。

5. 抗病能力差

由于鸡解剖学上的特点,决定了鸡只的抗病力差。尤其是鸡的肺脏与很多的胸腹气囊相连,这些气囊充斥于鸡体内各个部位,甚至进入骨腔中,所以鸡的传染病由呼吸道传播的多,且传播速度快，发病严重，死亡率高，不死也严重影响产蛋。

6. 适合规模化饲养

由于鸡的群居性强，在高密度的养殖条件下仍能表现出很高的生产性能，另外鸡的粪便、尿液比较浓稠，这给规模化饲养管理创造了有利条件，尤其是鸡的体积小，每只鸡占的面积仅 400 平方厘米，即每平方米可以容纳 25 只鸡，所以在畜禽养殖业中，工厂化饲养程度最高的是鸡的饲养。

7. 具有自然换羽的特性

通常，当年鸡有 4 次不完全的换羽现象，1 年以上的鸡每年秋冬换羽 1 次。鸡在换羽期间，多数停止产蛋，而且换羽需要相当长的时间。对于产蛋 1 年以上的鸡，可进行强制换羽，以提高鸡群的产蛋量。

第三节　常见的蛋鸡品种

目前世界上已知鸡的品种有 2000 多个，而且每个品种又有好几个变种。不同品种反映出不同的体质类型、外部形态、内部结构、生产性能和经济用途。为适应近代养禽业的发展，按经济性能分类，又可分为蛋用系和肉用系（即蛋鸡系和肉鸡系）。蛋鸡系主要用于生产商品蛋，根据蛋壳颜色的不同分为白壳蛋鸡系、褐壳蛋鸡系、粉壳蛋鸡系和绿壳蛋鸡系。

散养蛋鸡是以散养为主、舍饲为辅的饲养方式，因其生长环境较为粗放，故应选择适应性强、抗病力强、耐粗饲、勤于觅食、脚相对较矮的鸡种进行饲养。

一、白壳蛋鸡

目前国内外均以白壳蛋鸡的饲养数量最多,分布地区也最广。因为白壳蛋鸡开产早,产蛋量高,无就巢性,体型较小,耗料较少,产蛋的饲料报酬高,单位面积的饲养密度高,相对来讲,单位面积所得的总产蛋数多,适应性强,各种气候条件下均可饲养,蛋中血斑和肉斑率很低。不足之处是蛋重小,神经质,胆小怕人,抗应激性较差,好动爱飞,散养条件下除断翅外还需设置较高的围网,啄癖多,特别是开产初期啄肛造成的伤亡率较高。

1. 京白 828

京白 828 由北京市种禽公司繁育成,50%产蛋率日龄 159 天,平均蛋重 58.08 克,72 周龄饲养日平均总蛋重 14.84 千克,产蛋期末平均体重 1943 克,产蛋期末存活率 84.3%,全程蛋料比为 1∶2.61。

2. 京白 893

京白 893 由北京市种禽公司育成。随机抽样测定,达到 50%产蛋率日龄为 159 天,开始产蛋平均体重 1407 克,全程平均蛋重 57.59 克,饲养日产蛋平均数 259.73 个,72 周龄总产蛋平均重 14.95 千克。72 周龄平均体重 1859 克,产蛋期末存活率 87%,全程蛋料比 1∶2.61。

3. 京白 904

京白 904 由北京市种禽公司育成,是目前国内最好的鸡种。抽样测定,群体 150 日龄开产(产蛋率达 50%),72 周龄平均产蛋数 288.5 个,平均蛋重 59.01 克,平均总蛋重 17.02 千克。京白 904 最适合于密闭鸡舍饲养,在散养情况下,产蛋性能发挥略差一些。

4. 京白 938

京白 938 由北京市种禽公司选育。抽样测定,20 周龄育成率 94.4%,20 周龄平均体重 1.19 千克,21～72 周饲养平均日产蛋 303 个,平均蛋重 59.4 克,平均总蛋重 18 千克,产蛋期存活率 90%～93%。目前已成为公司的白鸡重点鸡种。

5. 京白 939

京白 939 由北京市种禽公司选育。抽样测定,20 周龄平均体重 1.51 千克,21～72 周龄饲养平均日产蛋量 302 个,平均蛋重 62 克,平均总蛋重 18.7 千克。目前京白 939 已得到广泛的推广应用。

6. 滨白 584

滨白 584 由东北农业大学选育。其主要生产性能指标抽样测定,72 周龄饲养平均日产蛋量 281.1 个,平均蛋重 59.86 克,平均总蛋重 16.83 千克,蛋料比 1∶2.53,产蛋期存活率 91.1%。目前在生产中滨白 584 已代替了滨白 42,得到大规模推广。

7. 星杂 288

星杂 288 是由加拿大谢佛公司育成的四系配套商品杂交鸡。目前世界上有 90 多个国家饲养星杂 288 鸡,曾参加过 14 次美国、加拿大蛋鸡随机抽样测定,获 12 次冠军。据测定,72 周龄平均产蛋量 270.6 个,平均蛋重 60.5 克,产蛋期平均死亡率为 7.97%,18 周龄体重 1235～1305 克,72 周龄体重 1680～1820 克,入舍母鸡的产蛋量 12 个月 270～290 个,14 个月为 295～315 个。产蛋率达 50%时鸡的周龄 23～24 周,产蛋高峰期鸡龄 26～28 周。饲养日产蛋率平均为 70%,蛋料比为 1∶2.4。

8. 海赛克斯白

海塞克斯白是由荷兰尤利布里德公司育成的四系配套杂交鸡

品种。以产蛋强度高,蛋重大而著称。据测定,产蛋率达到 50% 时日龄为 157 天,0～18 周死淘率 4%,18 周龄平均体重 1160 克,0～18 周龄饲料消耗 5.8 千克,产蛋期每四周的淘汰率为 0.7%,全期平均产蛋率 76%,20～82 周龄平均产蛋 333 个,入舍母鸡平均产蛋数(20～82 周)314 个。平均蛋重 60.7 克,蛋料比为1∶2.34。

9. 巴布可克 B-300

该鸡系美国巴布可克公司育成的四系配套杂交鸡。世界上有 70 多个国家和地区饲养,其分布范围仅次于星杂 288。该鸡的特点是产蛋量高,蛋重适中,饲料报酬高。据美国巴布可克公司的资料,商品鸡:0～20 周龄育成率 97%,产蛋期存活率 90%～94%,72 周龄入舍鸡平均产蛋量 275 个,饲养平均日产蛋量 283 个,平均蛋重 61 克,总蛋重平均 16.79 千克,每千克蛋耗料 2.5～2.6 千克,产蛋期末体重 1.6～1.7 千克。巴布可克 B－300 参加“七五”蛋鸡攻关生产性能主要指标随机抽样测定的结果为:0～20 周龄育成率 88.7%;20 周龄平均体重 1.46 千克;72 周龄平均产蛋量 285 个,平均蛋重 58.96 克,总蛋重平均 16.8 千克,每千克蛋平均耗料 2.29 千克,产蛋期末平均体重 1.96 千克。

10. 尼克白鸡

尼克白鸡是由美国尼克国际(辉瑞)公司育成的配套杂交鸡品种。沈阳市畜牧兽医科学研究所与美国尼克国际公司于 1991 年成立中美合作沈阳尼克种鸡有限公司。每年直接从美国引进祖代鸡向国内推广父母代和商品代雏鸡。成活率 18 周龄内为 95%～98%;19～80 周龄为 88%～94%。产蛋率达 50%时的日龄为 154～170 天,高峰期产蛋率 89%～95%。60 周龄时产蛋 220～235 个;80 周龄时产蛋数 315～335 个。18～60 周龄时蛋料比为 1∶(2.1～2.3),18～80 周龄时为 1∶(2.13～2.35)。标准体重 18

周龄时 1261～1306 克;50 周龄时为 1746～1860 克;80 周龄时为 1792～1882 克。蛋重 60 周龄时平均为 64 克;80 周龄时为 65 克。

11. 罗曼白

罗曼白由德国农业部罗曼畜禽育种有限公司培育而成。历年欧洲蛋鸡随机抽样测定中名列第一。达 50%产蛋率时鸡的日龄为 148～154 天,高峰产蛋率 92%～95%,平均蛋重 62.5 克,入舍的母鸡每只产蛋量(12 个月)295～305 个,1～18 周龄每只鸡消耗饲料 6～6.4 千克,蛋料比为 1∶(2.1～2.3)。20 周龄体重1.30～1.35 千克,产蛋末期体重 1.75～1.85 千克,育成期存活率 96%～98%,产蛋期死淘率 4%～6%。

12. 海兰 W－36

该鸡系美国海兰国际公司育成的配套杂交鸡。据美国海兰国际公司的资料,海兰 W－36 商品代鸡:0～18 周龄育成率 97%,平均体重 1.28 千克;161 日龄达 50%产蛋率,高峰产蛋率 91%～94%,32 周龄平均蛋重 56.7 克,70 周龄平均蛋重 64.8 克,80 周龄入舍鸡产蛋量 294～315 个,饲养日产蛋量 305～325 个,产蛋期存活率 90%～94%。海兰 W－36 雏鸡可通过羽速自别雌雄。

13. 迪卡白

迪卡白是由美国迪卡公司育成的配套系杂交鸡品种。18 周龄平均体重 1320 克,20 周龄平均体重 1425 克,满 36 周龄以上平均体重 1700 克。育成期成活率 96%,产蛋期存活率 92%。育成期至 18 周龄饲料消耗 6 千克,育成期至 20 周龄 7 千克。19～20 周龄开始产蛋,产蛋率达到 50%为 146 天,产蛋高峰(超过 94%)出现在 28～29 周龄。按入舍母鸡计算至 60 周龄平均产蛋量 234 个,至 72 周龄平均产蛋量 293 个,至 78 周龄平均产蛋量 320 个,平均蛋重 61.7 克。产蛋期,环境条件在 22℃时,从 19～72 周龄平均每天每只鸡耗料 107 克,蛋料比为 1∶2.17,每产 1 个蛋,平均耗料 133 克。

14. 海兰白

海兰白由美国海兰国际育种公司培育而成。据测定,1～18 周龄存活率为 97%,饲料消耗 5.7 千克,18 周龄平均体重 1280 克,产蛋率达到 50%时天数 161 天,32 周龄时平均蛋重 56.7 克,70 周龄时平均蛋重 64.8 克,按入舍母鸡计算的产蛋数 294～351 个(从 20 周到 14 个月),按母鸡饲养日计算的产蛋数 305～325 个,高峰产蛋率 91%～94%。

15. 奥赛克白蛋鸡

奥塞克白蛋鸡是由张家口高等农业专科学校与河北省秦皇岛市种鸡场合作选育出的新鸡品种。据测试报告,20 周龄育成率 90.2%,产蛋期存活率 90.9%,平均开产日龄 166 天,平均开产体重 1.43 千克,43 周平均蛋重 57.8 克,最高产蛋率 93.3%,72 周龄总产蛋量 17.1 千克。冀育 2 号 20 周龄育成率 97.2%,产蛋期存活率 92.4%,平均开产日龄 168 天,开产体重 1.69 千克,43 周龄平均蛋重 61.7 克,最高峰产蛋率 90.8%,72 周龄平均总蛋重 16.8 千克。

16. 北京白鸡

北京白鸡是北京市种禽公司在引进国外鸡种的基础上选育成的优良蛋用型鸡。它具有体型小、耗料少、产蛋多、适应性强、遗传稳定等特点。其主要生产性能指标是:0～20 周龄成活率 94%～98%,21～72 周龄成活率 90%～93%,72 周饲养平均日产蛋数 300 枚,平均蛋重 59.42 克,料蛋比(2.23～2.32)∶1。

二、褐壳蛋鸡

由于育种的进展，褐壳蛋鸡由肉蛋兼用型向蛋用型发展，近年来在世界上有增长的趋势。一方面是消费者对褐壳蛋的喜爱，另一方面是由于产蛋量有了很大的提高。

褐壳蛋鸡体型较大，蛋重大，初产蛋就比白壳蛋重，蛋的破损率较低，适于运输和保存；鸡的性情温顺，对应激敏感性低，易于管理，产蛋量较高，耐寒性好，冬季产蛋率较平稳，啄癖少，死淘率低；杂交鸡可羽色雌雄鉴别。它的不足之处是日采食量比白壳蛋鸡多5～6克，每只鸡所占面积比白壳蛋鸡多15%左右，饲养管理技术比白壳蛋鸡要求高，蛋中较易出现血斑、黑斑等，耐热性较差。

1. 依莎褐

依莎褐是由法国依萨公司培育的四系配套杂交鸡品种，是目前世界上优秀的高产褐壳蛋鸡之一，其遗传潜力为年平均产蛋数300个，该公司保证年产蛋量在259～270个。据测定，0～20周龄成活率97%，18周龄平均体重1.45千克，0～20周龄饲料消耗量7～8千克，20～80周龄存活率92.5%，高峰产蛋率（维持3周）92%，产蛋率50%时的鸡龄为160天，按入舍母鸡计算产蛋数（80周龄）平均308个，入舍母鸡产蛋总重（80周）19.22千克，平均蛋重62.5克，每日每只母鸡平均采食量（80周）115～120克，80周龄母鸡平均体重2.25千克，20～80周龄蛋料比为1∶（2.4～2.5）。

2. 海赛克斯褐

海塞克斯褐是由荷兰优利布里德公司培育的四系配套杂交鸡品种。生长期（0～18周龄）成活率97%，产蛋期每4周死淘率0.4%。18周龄体重1.4千克，产蛋末期平均体重2.25千克。产蛋率达 50%时的鸡龄为 158 天，平均产蛋率 76%，产蛋率达 80%以上，可持续 27 周以上。至 78 周龄，按入舍母鸡计算产蛋数平均 299 个，蛋平均重 63.2 克，平均耗料量每天每只鸡 115 克，每只鸡至 76 周龄总耗料量平均 46.6 千克，蛋料比为 1∶2.39。

3. 罗曼褐

罗曼褐是由德国培育的四系配套杂交鸡品种。达 50%产蛋率的日龄为 150～156 天，高峰产蛋率 91%～94%，按入舍母鸡计算 12 个月产蛋数 290～300 个，总产蛋量 18.5～19.5 千克，蛋料比为 1∶(2.1～2.3)。

4. 迪卡褐

迪卡褐是由美国迪卡家禽育种公司经过 30 余年精心培育的新型高产鸡品种，具有开始产蛋早、产蛋率高、蛋重大、产蛋高峰持续时间长，抗病力强，成活率高，生长发育快，饲料转化率高；性情温顺，适应性强等特点。平均体重 18 周龄 1.5 千克，20 周龄 1.7 千克，满 36 周龄以上 2.18 千克。据测定，72 周龄按入舍母鸡计算产蛋数为 270～300 个，至 78 周龄为 295～320 个。开始产蛋周龄 20～21 周，产蛋率达 50%时鸡龄 22～24 周，高峰产蛋日龄 27～30 周，高峰产蛋率 90%～95%。平均蛋重 63.0～64.5 克，生长期成活率 96%～98%，产蛋期死淘率 3%～8%。19～72 周龄蛋料比为 1∶(2.28～2.43)，19～78 周龄蛋料比为 1∶(2.31～2.46)。耗料量至 18 周龄 6.5 千克，至 20 周龄 7.7 千克，环境条件在 22℃情况下，19～72 周龄阶段，每天每只鸡平均采食 111～119 克。

5. 黄金褐

黄金褐是美国迪卡布公司培育的配套系蛋鸡品种，其特点是体型较小，外貌与迪卡褐无多大区别。据资料介绍，黄金褐商品鸡的育成期育成率 96%～98%，产蛋期存活率 94%～96%。72 周龄入舍鸡产蛋量 290～310 个，平均蛋重 63～64 克，高峰产蛋率 92%～95%。蛋料比 1∶(2.07～2.28)。开产体重 1.45～1.6 千克，成年母鸡体重 2.05～2.15 千克。

6. 罗斯褐

罗斯褐由英国罗斯种畜公司培育而成。据测定，商品代罗斯褐鸡按入舍母鸡计算平均产蛋量(至 72 周)280 个，至 76 周龄按入舍母鸡计算平均产蛋量 298 个，18～20 周龄开始产蛋，产蛋高峰期 25～27 周龄，76 周龄平均蛋重 61.7 克，0～18 周龄饲料消耗量 7 千克，19～76 周龄每天每只所需饲料平均 113 克，76 周龄蛋料比为 1∶2.35。18 周龄平均体重 1.38 千克，76 周龄平均体重 2.20 千克。产蛋期死淘率 4.74%。

7. 尼克褐

尼克褐是由美国尼克国际公司培育的四系配套杂交鸡品种。该鸡性情极为温顺，全身褐色羽毛内夹杂白色羽毛；蛋壳深褐色。成活率在 0～18 周龄时 96%～98%，19～76 周龄时 91%～94%。耗料量 0～18 周龄自由采食时为 6.4～6.7 千克，6～18 周龄限料时为 6.1～6.4 千克，19～76 周龄平均每天每只鸡采食 109～118 克。饲料转化率(蛋料比)，从 50%产蛋日龄至 76 周龄平均为 1∶(2.35～2.45)。产蛋率达 50%时的日龄 150～160 天，至76 周龄时产蛋数为 295～315 个，自由采食 0～18 周龄平均体重1.538 千克，76 周龄 2.263 千克，限料 6～18 周龄 1.475 千克，76 周龄 2.202千克。平均蛋重，35 周龄 61.5 克，76 周龄 68.8 克，累计产蛋总重 19 千克。

8. 农大褐

农大褐是由北京农业大学以引进的素材为基础，利用合成系育种法育成的四系配套杂交鸡品种。是“七五”国家蛋鸡育种攻关的成果。其特点是父母代和商品代雏鸡都可用羽色自别雌雄。商品代母鸡产蛋性能高,适应性强,饲料报酬高,是目前国内选育的褐壳蛋鸡中最优秀的配套系。0～20 周龄育成率 96.7%。20 周龄鸡的平均体重 1.53 千克。163 日龄达 50%产蛋率,72 周龄产蛋量平均 278.2 个,平均蛋重 62.85 克,总蛋重 16.65 千克,每千克蛋耗料 2.31 千克。产蛋期末体重 2.09 千克,产蛋期存活率 91.3%。

9. 海兰褐

海兰褐是由美国海兰育种公司培育的配套系杂交鸡品种。生长期成活率 97%,20～74 周龄产蛋期存活率 91%～95%。18 周龄饱饲平均体重 1.66 千克,限量饲喂平均体重 1.54 千克。产蛋结束时(74 周龄)平均体重 2.2 千克,产蛋率达 50%时为 156 日龄,产蛋高峰出现在 29 周龄左右,高峰产蛋率 91%～96%,80 周龄产蛋率 61%。18～80 周龄按母鸡饲养日计算产蛋数 299～318 个,32 周龄时平均蛋重 60.4 克,74 周龄时 66.9 克,至 18 周龄(限量饲喂)的饲料消耗 5.9～6.8 千克。蛋料比 1∶2.5。

10. 新杨褐壳蛋鸡配套系

新杨褐壳蛋鸡配套系由上海新杨家畜育种中心等三个单位联合培育,由四系配套组成。新杨褐壳蛋鸡配套系具有产蛋率高、成活率高、饲料报酬高和抗病力强的优良特点。商品代生产性能:1～20 周龄成活率 96%～98%,20 周龄体重 1.5～1.6 千克,入舍鸡耗料 7.8～8.0 千克。产蛋期(21～72 周)成活率 93%～97%,开产日龄(50%)154～161 天,高峰产蛋率 90%～94%,72 周龄入舍母鸡产蛋数为 287～296 枚,产蛋重 18.0～19.0 千克,平均蛋重 63.5 克,日平均耗料 115～120 克,羽色自别雌雄。

11. 星杂 566

星杂 566 是加拿大雪佛公司培育的四系配套杂交鸡品种。据该公司资料，此品种 72 周龄平均产蛋量 245～265 个，平均蛋重 64 克，总蛋重 15.7～17 千克，每千克蛋耗料 2.5～2.7 千克。

12. 星杂 579

星杂 579 是由加拿大谢佛公司培育的四系配套杂交鸡品种，据测定，72 周龄平均产蛋量 247.9 个，全程平均蛋重 64 克，产蛋期死亡淘汰率 8.83%，蛋料比为 1∶2.62。该鸡现已正式批准命名为北京褐鸡，已推广到全国 28 个省、市、自治区，年饲养量突破 1 亿只以上。

13. B-6 鸡

B－6 鸡是国内选育的惟一黑羽的褐壳蛋鸡品种，是中国农科院畜牧研究所育成的两系配套杂交鸡。其生产性能：0～20 周龄育成率 93.5%，20 周龄平均体重 1.68 千克，155 日龄达 50%产蛋率，72 周龄平均产蛋量 274.6 个，平均蛋重 58.28 克，总蛋重平均 16.01 千克，每千克蛋平均耗料 2.54 千克，产蛋期末平均体重 2.1 千克，产蛋期存活率 82.7%。该鸡种体型偏大，蛋重偏小。

14. 莱芜黑鸡

莱芜黑鸡是由莱芜黑鸡育种中心和山东农业大学利用莱芜市本地土杂鸡提纯选育的品种，分肉用、蛋用两类。黑羽，胫、喙青黑色，皮肤白色，单冠，冠冉红色。莱芜黑鸡蛋用系体型轻小，外貌清秀。成年公鸡平均体重为 2.1～2.3 千克，母鸡为 1.4～1.5 千克。约 19 周开产，72 周产蛋 220～240 枚，平均蛋重 46 克，蛋壳浅褐色，蛋品质优良。

三、粉壳蛋鸡

粉壳蛋鸡是指从蛋的颜色上看,介于褐壳蛋与白壳蛋之间,呈浅褐色。其羽色以白色为背景有黄、黑、灰等杂色羽斑,与褐壳蛋鸡又不相同。因此,就将其分成粉壳蛋鸡一类。这种鸡的优点是产蛋量高,蛋重大,耗料少于褐壳蛋鸡,单位面积的饲养量接近于白壳蛋鸡,抗应激能力比较强。

1. 星杂 444

星杂 444 是由加拿大雪佛公司育成的三系配套杂交鸡品种。据随机抽样测定结果,其生产性能为:500 日龄入舍鸡产蛋量276～279 个,平均蛋重 63.2～64.6 克,总蛋重 17.66～17.8 千克,每千克蛋耗料 2.52～2.53 千克,产蛋期存活率 91.3%～92.7%。

2. 农昌 2 号

农昌 2 号是由北京农业大学育成的两系配套杂交鸡品种,商品雏可通过羽色自别雌雄。生产性能主要指标随机抽样测定结果为:0～20 周龄育成率 90.2%,开产体重 1.49 千克,161 日龄达 50%产蛋率,72 周龄平均产蛋量 255.1 个,平均蛋重 59.8 克,总蛋重 15.25 千克,每千克蛋耗料 2.55 千克,产蛋期末平均体重 2.07 千克,产蛋期存活率 87.8%。

3. B—4 鸡

B—4 是由中国农科院畜牧研究所以星杂 444 为素材育成的两系配套杂交鸡品种。其生产性能随机抽样测定结果为:0～20 周龄育成率 93.4%,开产体重 1.78 千克,165 日龄达 50%产蛋率,72 周龄平均产蛋 254.3 个,平均蛋重 59.6 克,总蛋重 15.16 千克,料蛋比 2.75∶1;产蛋期末存活率 82.9%。几年来的实践证明,B-4 鸡以抗病力强、适应性好、高产等表现而著称,饲养数量不断增加,覆盖面越来越大。

4. 京白 939

京白 939 粉壳蛋鸡是北京种禽公司新近培育的粉壳蛋鸡高产配套系。它具有产蛋多、耗料少、体型小、抗逆性强等特点。商品代能进行羽色鉴别雌雄。主要生产性能指标是:0～20 周龄成活率为 95%～98%,20 周龄体重 1.45～1.46 千克,达 50%产蛋率平均日龄 155～160 天,进入产蛋高峰期 24～25 周,高峰期最高产蛋率 96.5%,72 周龄入舍鸡产蛋数 270～280 枚,成活率达 93%,72 周龄入舍鸡产蛋量 16.74～17.36 千克,21～72 周龄成活率 92%～94%,21～72 周龄平均料蛋比(2.30～2.35)∶1。

5. 海兰粉壳鸡

海兰粉壳鸡是美国海兰公司培育出的高产粉壳鸡,其生产性能指标是:0～18 周龄成活率为 98%,达 50%产蛋率平均日龄 155 天,高峰期产蛋率 94%,20～74 周龄饲养日产蛋数 290 枚,成活率达 93%,72 周龄平均产蛋量 18.4 千克,料蛋比 2.3∶1。

6. 奥赛克粉壳蛋鸡

奥塞克粉壳蛋鸡是由张家口高等农业专科学校与河北省秦皇岛市种鸡场合作选育出的新鸡种。据测试报告,冀育 1 号 20 周龄育成率 90.2%,产蛋期存活率 90.9%,平均开产日龄 166 天,平均开产体重 1.43 千克,43 周平均蛋重 57.8 克,最高产蛋率 93.3%,72 周龄总产蛋量 17.1 千克。冀育 2 号 20 周龄育成率 97.2%,产蛋期存活率 92.4%,开产日龄 168 天,开产体重 1.69 千克,43 周龄平均蛋重 61.7 克,最高峰产蛋率 90.8%,72 周龄总蛋重 16.8 千克。

7. 尼克粉壳蛋鸡

尼克粉壳蛋鸡是由美国尼克国际公司育成的配套杂交鸡。其特点是开产早、产蛋多、体重小、耗料少、适应性强。商品代的生产性能为:150～155 日龄开产,80 周龄产蛋量 325～345 个,平均蛋重 60～62 克,料蛋比为(2.1～2.3):1,18 周龄体重 1.35 千克,产蛋期成活率 89%～94%。

8. 亚康蛋鸡

亚康蛋鸡是以色列 PBU 公司培育的,生产性能指标:育成期成活率 95%～97%,产蛋期成活率 94%～96%,达 50%产蛋率日龄 152～161 天,每只鸡 80 周龄产蛋数 330～337 枚,平均蛋重 62～64 克。

9. 仙居鸡

仙居鸡产于浙江省台州市,以仙居县、临海市、天台县等地最为集中。该鸡体型轻小,成年公鸡体重 1.4～1.6 千克,母鸡体重仅 0.9～1 千克。开产一般在 135 日龄。普通散养条件下,年产蛋 160～180 枚,良好条件下可达 200 枚以上,经选育的高产小群年产蛋可达 220 枚左右,平均蛋重 42 克,蛋品质优良,是国内知名的蛋用型小型地方鸡品种。

10. 济宁百日鸡

济宁百日鸡原产于山东省济宁市。成年公鸡体重 1.32±0.08千克,母鸡 1.16±0.12 千克。该鸡开产最早的仅为 80 天,100～120 天开产较为普遍,年产蛋 180～200 枚,部分高产鸡年产蛋 200 枚以上,初产蛋重 32 克,平均蛋重 42 克,蛋壳为粉色,深浅有差异,蛋形较整齐,蛋壳质量好,蛋黄比例占蛋重的 36.9%,蛋品质佳。济宁百日鸡体重轻、耗料少,是一个以蛋用为主的小型地方品种。

11. 汶上芦花鸡

汶上芦花鸡原产于山东省济宁市。成年公鸡体重1.40±0.13千克，母鸡1.26±0.18千克。在较好的管理条件下，年产蛋180～200枚，部分高产鸡年产蛋200枚以上，平均蛋重45克。芦花鸡遗传性稳定，体型小，耗料少，适应性强，是一个有特色的蛋用性能良好的地方品种。

四、绿壳蛋鸡品种

绿壳蛋鸡因产绿壳蛋而得名，其特征为五黑一绿，即黑毛、黑皮、黑肉、黑骨、黑内脏，更为奇特的是所产蛋为绿色，集天然黑色食品和绿色食品为一体，是世界罕见的珍禽极品。该鸡种抗病力强，适应性广，喜食青草菜叶。

1. 绿洲黑羽绿壳蛋鸡

绿洲黑羽绿壳蛋鸡是由浙江省瑞安市绿洲生态农场选育而成，具有体型较小、耗料量低、产蛋性能较高、蛋品质优良、抱窝率低、适应性强等优点。0～6周龄雏鸡成活率为94%，7～20周龄育成率为95%，入舍母鸡成活率90%，开产日龄145～155天。开产体重0.9～1.05千克，开产蛋重36～40克，500日龄产蛋量200～220枚，蛋重48～50克，种蛋受精率88%～92%，种蛋合格率95%～96%，受精蛋孵化率88%～92%。

2. 三凰绿壳蛋鸡

该品种有黄羽、黑羽两个品系，其血缘均来自于我国的地方品种。开产日龄155～160天，开产体重母鸡1.25千克，公鸡1.5千克；300日龄平均蛋重45克，500日龄产蛋量180～185枚，父母代鸡群绿壳蛋比率97%左右；大群商品代鸡群中绿壳蛋比率93%～

95%。成年公鸡体重 1.85～1.9 千克,母鸡 1.5～1.6 千克。

3. 三益绿壳蛋鸡

三益绿壳蛋鸡最新的配套组合为黑羽绿壳蛋鸡公鸡做父本,国外引进的粉壳蛋鸡做母本,进行配套杂交。母鸡开产日龄150～155天,开产体重 1.25 千克,300 日龄平均蛋重 50～52 克,500 日龄产蛋量 210 枚,绿壳蛋比率 85%～90%,成年母鸡体重 1.5 千克。

4. 新杨绿壳蛋鸡

该品种父系来自于黑羽绿壳蛋鸡选育的地方品种,母系来自于国外引进的高产白壳或粉壳蛋鸡,经配合力测定后杂交培育而成。开产日龄 140 天(产蛋率 5%),产蛋率达 50%的日龄为 162 天;开产体重 1～1.1 千克,500 日龄入舍母鸡产蛋量达 230 枚,平均蛋重 50 克。

5. 招宝绿壳蛋鸡

该鸡种和绿洲鸡的血缘来源有些相似。开产日龄较晚,为 165～170 天,相对来说饲料利用率较低,开产体重 1.05 千克,500 日龄产蛋量 135～150 枚,平均蛋重 42～43 克。

6. 昌系绿壳蛋鸡

该鸡种体型矮小,羽毛紧凑,成年公鸡体重 1.30～1.45 千克,成年母鸡体重 1.05～1.45 千克。开产日龄较晚,大群饲养平均为 182 天,开产体重 1.25 千克,开产平均蛋重 38.8 克,500 日龄产蛋量 89.4 枚,平均蛋重 51.3 克,就巢率 10%左右,故产蛋量较低。

7. 东乡黑羽绿壳蛋鸡

东乡黑羽绿壳蛋鸡是由江西省东乡县农科所和江西省农科院畜牧所培育而成。开产日龄 148 天,日产蛋高峰期产蛋率 80%～85%,72 周产蛋数为 180～240 枚。

第四节 鸡散养中存在的问题及对策

鸡散养生产的食品是大自然的产物，是绿色食品，受到了人们的喜爱，越来越多的人把资金投入到鸡散养产业中，但鸡散养中还存在一些问题亟待解决。

1. 盲目引种

不少养鸡户存有品种越新越好的思想，而不考虑引进品种是否适应当地的自然条件和饲养条件，也不考虑市场的需求盲目引种，还有一部分养鸡户贪图雏鸡价格便宜，而忽视雏鸡的质量。对于蛋鸡养殖来说，品种方面的因素凸显作用，在某种程度上决定养殖的成功率以及经济效益。

只有优良的品种才能有较好市场销售前景，只有健康的雏鸡才能为后天的发育和产蛋性能的高效发挥提供保障，所以养殖户在引种的时候一定要注意品种的选择和加强雏鸡质量的控制。

2. 生产条件和设施不齐备

散养鸡，通常可能面临缺电、缺水与交通运输不便等问题，会给生产管理带来较多困难，特别是大规模养殖鸡，情况尤为严重，对此必须预先考虑，尽量解决好水、电及必备用具，准备好应急方案。

3. 环境控制和鸡群管理困难

与舍饲相比，散养鸡多是因陋就简，设施简单，这样虽然成本较低，但鸡舍温热控制力差，保温采暖、防暑降温和通风采光等受自然条件局限性大，对不良天气的抵御能力差，养殖环境不稳定。另外，鸡群长期处在散养状态下，也不利于实施环境充分消毒、疫病紧急防范和发生病鸡及时隔离处理等措施。因此,散养一般不适于养殖雏鸡。

4. 过早催产

有些养殖户特别是一些新养殖户或者当鸡蛋行情较好的时候,他们不根据鸡的生长发育规律和营养需要,而盲目提高饲养标准,使蛋鸡提早开产,最终导致产蛋鸡体重偏轻、产蛋高峰期偏低并且持续时间短。蛋鸡的产蛋是受开产日龄、开产体重、光照时间的刺激情况、营养的供应情况等诸多因素控制的,要根据蛋鸡的生理发育特点合理地进行饲养管理的安排,提前让蛋鸡产蛋无异于"杀鸡取卵"。

5. 盲目用药

有不少养鸡户一旦遇到鸡发病,不经兽医确诊,就盲目使用药物,不但贻误了最佳治疗时机,而且造成更大的经济损失。鸡群发病后建议养殖户仔细观察并记录情况,同时请有经验的兽医进行诊治,如有必要需送料到实验室进行检查,以便于疾病的确诊和采取有效的治疗,最大限度地降低经济损失。

6. 长期用药

为预防鸡病而长时间饲喂各种药物,不仅会造成药物对鸡肾脏的损害和药物的浪费,而且会使各种细菌产生抗药性,严重影响以后对鸡病的治疗效果。药物的使用要遵照交替性和周期性的原则,没有停药期的长期用药,对鸡群自身的肠道内微生物环境是非常不利的,容易导致饲料消化率下降。

7. 滥用添加剂

不少养鸡户将饲料添加剂视为提高鸡生产能力的万能药,随意超量长期使用,既加大了养鸡成本,又破坏了各种营养物质的平衡。建议按照添加剂产品的说明规范使用,不但可以提高养殖的效益，还可以在一定程度上控制饲料的成本，减少浪费。

8. 突然更换饲料

突然更换饲料，容易引起鸡应激，表现为采食量的变化、蛋壳质量的变化和产蛋率的上下浮动等，尤其在产蛋高峰期建议尽可能少的更换饲料，如果必须要更换饲料一定要有 7 天左右的过渡期，以免引起生产性能的下降和鸡群抵抗力的降低。

9. 病健混养

病鸡一定要隔离观察饲养，没有治疗或者饲养价值的鸡只要尽早的淘汰，病鸡是致病菌的携带者，并且长期散毒，是鸡群中的“定时炸弹”，将病鸡与健康鸡养在同一圈舍，鸡群再次发病的概率非常高。

10. 不注重卫生消毒

养鸡户一般都知道给鸡接种疫苗，但对过夜鸡舍卫生不太注意，有的养殖户一批鸡只消毒一次，造成病原菌的大量繁殖，导致鸡群发病。经常性的消毒可以尽可能的降低鸡舍内和鸡只周围有害病原微生物的数量，从而降低发病率，尤其是支原体和大肠杆菌病等。

11. 不良的断喙

断喙的位置不准确，上喙过长或过短，下喙过长都影响采食。烧烙过度，造成永久的伤害，影响采食和发育。

12. 忽视淘汰低产、病残鸡

在后备鸡群阶段重视鸡的成活率，对弱小鸡和残鸡舍不得淘汰，其实这部分鸡只不但不会增加养殖的效益，还会浪费大量的饲料、人力和房舍空间等；在产蛋鸡阶段，尤其是发病后产蛋率持续不高的鸡群，注定鸡群中有较多的寡产鸡和绝产鸡，这部分鸡是对养殖效益的消耗,经过短暂的治疗没有很好的改善建议尽快淘汰才是最好的方案。

13. 忽视后备鸡的补光管理

光照时间可影响母鸡的性成熟,一般在 10 周龄前应不少于 16 小时光照,以利于雏鸡充分采食,促进生长发育,也便于后一阶段采取渐减光照制度。后备鸡的光照制度对鸡群适时达到性成熟十分重要,适时开产的鸡群初产蛋重大、高峰持续期长、死淘率低、产蛋期饲料报酬高,种蛋合格率高、受精率高、孵化率高。实践证明,有灯罩比无灯罩强度大 45%~50%,脏灯泡光照强度下降 1/3~1/2,因此也要注意灯泡的卫生,同时提倡使用定时钟来控制鸡舍的光照。

14. 忽视鸡群对环境植被的危害

鸡是采食能力很强的动物,大规模、高密度的鸡群需要充分的食物供应,否则会对散养殖场所的生态环境产生很大危害。因此,必须认识到山林田园中的天然饵料的供应是相对有限的,及时注意加强饲料投放,采取合理的饲养密度和轮牧措施。否则,不仅影响鸡群的正常生长发育,而且会对散养环境中的植被、作物、树木产生很大破坏。

15. 忽视鸡蛋销售

目前鸡蛋销售主要存在以下三个方面的问题:一是养殖户鸡蛋销售难,流通环节不畅;二是运输环节没有保障;三是鸡蛋销售无品牌。鸡蛋销售还主要靠蛋贩子收购销售,养殖户对鸡蛋市场行情不甚了解,价格都是由蛋贩子说了算,养殖户没有定价权,信息不对称也增加了养殖户的风险。蛋贩子由于过分注重价格,往往不注重鸡蛋质量,对消费者的健康构成了威胁。

第五节　提高蛋鸡散养效益的措施

1. 把好市场脉搏

无论蛋价预测如何，广大养殖户都应善于通过报刊、广播、网络等有效手段，及时掌握鸡蛋、饲料、雏鸡价格波动情况，把握好每一个增收节支的机会，为更好地调整蛋鸡生产奠定基础。

2. 适度规模饲养

养殖户要根据自身的经济实力和抗风险能力，掌握好蛋鸡饲养的适度饲养规模，要根据场区大小和资金实力，制定合理的饲养计划，既不能造成固定资产的闲置浪费，也不能贪求过大的饲养规模，为资金的回流和滚动发展加足筹码。

3. 提倡科学喂养

(1)要在力所能及的条件下，尽量改善饲养条件，以获得更好的生产效益。

(2)集中育雏，将雏鸡饲养与成鸡饲养分开，实行全进全出。

(3)饲料运用应规范、科学，应选用质量过关且价格合理的全价配合饲料或预混饲料，保证饲料的卫生，谨防霉变、冰冻等。为了节约饲养成本，可在畜牧技术人员的指导下，进行饲料的合理组方，防止饲料营养不全，影响鸡只生长和产蛋率。

(4)要不断引进先进生产技术，提高鸡只的产蛋率。

4. 加强疫病控制

(1)把好鸡舍建设关，避免人鸡混居，尽量远离村庄，减少疫病的发生和传染。

(2)把好严格消毒关，建立定期消毒制度，既要保证鸡只饲养安全,也要保证消毒质量。

(3)把好科学防疫关。要结合实际,建立合理的防疫计划,增强鸡体的免疫力,降低发病率,提高成活率。

(4)把好无害化处理关。要严格按照当地畜牧部门的要求,对染疫或疑似染疫鸡只进行火化、深埋等无害化处理,避免疫情传播。

5. 注重信息和宣传,及时把握商机

现代蛋鸡养殖与过去养鸡大有不同,不断发展变化的市场经济环境中,信息的获取和产品的宣传对生产者是极其重要的。生产者要善于运用电话、报刊、互联网等现代传播手段,及时获取有关生产资料和产品销售等方面的信息,并采取适当方式加大宣传,提高产品的知名度,及时把握市场机遇,才能在市场竞争中取得主动。

6. 注重技术合作与革新,提高技术含量

随着市场竞争日趋激烈,只有技术领先才能立于不败之地。蛋鸡生产者应注意利用书刊、上网、参加产品交易会和技术交流会等各种机会,不断学习采用新技术、新工艺,并在养殖实践中加以发展创新,尽量与同行、专家保持密切联系,加强技术信息交流,不断进行技术升级改造。

7. 实施产业化经营,规避市场风险

有条件的地区和养殖场户,可以尝试走蛋鸡产业化开发的路子,不仅仅局限于养鸡卖鸡(蛋),而是从种鸡选育、孵化育雏、育成育肥、鸡(蛋)运销、产品深加工、生产资料供应、技术服务、特色餐饮旅游开发等不同环节进行专业化分工和协作,以利于延伸产业化链条,实现挖潜增效,分摊市场风险。

第二章 养殖场舍及其设备

山地、林场、果园、荒地和草坡等散养蛋鸡，若从雏鸡脱温后就散养至散养地，一是不利于饲养管理，体重和均匀度不好控制；二是不利于疫苗的免疫和提高育雏和育成的成活率。因此对蛋鸡的散养，在育雏和育成期按圈养的模式饲养至120日龄（即蛋鸡开产前20～30天，所有免疫均全部完成）再散养。

第一节 场址选择

圈养期鸡场的地址选择既要考虑鸡场生产对周围环境的要求，也要尽量避免鸡场产生的气味、污物对周围环境的影响。

一、圈养期场址的选择

圈养期鸡场的场地应在散养地地势干燥的地方，按普通蛋鸡的育雏和育成鸡舍的要求，根据散养地的大小和散养产蛋鸡的数量，建一栋育雏舍。若一些养鸡户家里有现成的鸡舍可以不用再建造育雏舍，可利用现成的鸡舍稍做改动即可。

1. 地形地貌

地势应高燥而平坦。这种场地阳光充足，通风、排水良好，有利于鸡场内、外环境的控制。平原地区，场地应选地势高燥、平坦、开阔、排水良好和背风向阳的地方,地下水位要低于1米以下。山区应选择稍平缓坡上,坡面向阳,鸡场总坡度不超过25%,建筑区坡度控制在2.5%以内。在土质上,最好选择含石灰质多的砂质土壤,平时能保持舍内外干燥,雨后能及时排除地面积水。避免在黏土地上建鸡舍,因为这样的土质通透性不强,雨季难以进行舍外作业。另外在丘陵地区建舍要防止"渗山水",避免鸡舍潮湿。

2. 水源

鸡场用水要考虑水量与水质的问题。其耗水包括饮水、日常消毒用水、生活及防火用水等。水源应是地下水,水质清洁。如有条件应提取水样,对水的物理、化学和生物污染程度等进行化验分析,经过检查符合饮水卫生。

3. 电源

鸡场中除孵化室要求24小时供应电力外,鸡群的光照也必须有电力供应。因此对于较大型的鸡场,必须具备备用电源,如双线路供电或发电机等。

4. 运输与饲料来源

鸡场的生产与生活所需物质运输量较大,因此选场址时要考虑交通方便,场内外道路平整,又有利于卫生防疫。若路不好或需新建,在建场时应一并考虑。若交通不便,道路不好,将给生产与管理带来较大困难,甚至增加成本费用。一般要求距主要公路干线不少于500米,距次级公路应在100～200米以上为好。

5. 防疫环境

除饲养中严格执行科学饲养外,鸡舍应有一个良好的防疫环境。选择场址时应尽可能远离乡村集镇、居民点、小学校、屠宰场等,并调查拟建场区是否有过传染病史。一般要求距离城市或集镇不少于15千米,与其他家禽场距离最好应在20千米以上,远离工业公害污染区，距居民区应在 1 千米以上。

6. 日照与通风条件

日照时间长短对鸡舍保温、节省能源、鸡群健康都有良好的作用。所以鸡场必须日照充足，地势干燥，通风良好。

二、散养期场址的选择

(一)位置

1. 经济林(图 2-1)

经济林分布范围比较广，树的品种多，有幼龄、成龄的宽叶林、针叶林、乔木、灌木等。夏天宜安排在乔木林、宽叶林、常绿林、成龄树园中；冬天则安排在落叶、幼龄树林为好，以刚刚栽下的 1～3 年的各种经济林为好。

图 2-1　经济林散养鸡

林地养鸡，必须选择林隙合适、林冠较稀疏、冠层较高(4～5 米以上)、郁闭度在 0.5～0.6 的林地，透光和通气性能较好，而且林地杂草和昆虫较丰富,有利于鸡苗的生长和发育。郁闭度大于0.8或小于0.3时,均不利于鸡苗生长。据调查,南方家庭式小养鸡场设在桉树林内,其他林地如相思林、灌木林、杂木林等因枝叶过于茂密,遮荫度大,不适合林地养鸡。另外,橡胶林内也是很好的养鸡场所。目前橡胶多采取宽行密株经营方式,虽然树冠浓密,透光度小,但行距大,树冠高(3米以上),林内宽隙较大。许多农场工人在橡胶林内办养鸡场,也获得良好效果。部分省市群众则在马尾松林等林内养殖,也很成功。

经济林养鸡主要是利用树木和阳光的关系,给鸡创造一个比较适宜的生长环境。

2. 园地(图 2-2)

园地最好远离人口密集区,地势平坦、日照时间长,易防敌害和传染病,树龄以3～5年生为佳。

图 2-2　园地散养鸡

3. 山地(图 2-3)

选择远离住宅区、工矿区和主干道路,环境僻静的山地。最好是果园及灌木林、荆棘林和阔叶林,没有或很少农田等。其坡度不宜过大,最好是丘陵山地。土质以砂壤为佳,若是黏质土壤,在散养区应设立一块沙地。附近有小溪、池塘等清洁水源。要考虑到鸡群对农作物生长、收获的影响。鸡舍既不能建在山顶,也不能建在山谷深洼处,应建在向阳的南坡上。所选地势的好坏,直接关系到光照、通风、排水和鸡舍保温等情况。

图 2-3　山地散养鸡

4. 果园(图 2-4)

选择地势高燥、避风向阳、环境安静、饮水方便、无污染和无兽害的竹园、果园、茶园与桑园等地。不仅解决了原室内养殖场所紧张的问题,扩大了饲养量,还降低饲养成本。果园散养鸡可在园中捕捉到昆虫,在土壤中寻觅到自身所需的矿物质元素和其他一些营养物质,提高了自身的抗病性,大大降低了饲料添加剂成本、防病成本和劳动强度。鸡在果园寻觅食物及活动过程中,可挖出草根,踩死杂草,捕捉昆虫,从而达到除草、灭虫的目的。鸡粪是很好的有机肥料,果园养鸡后可减少化肥的施用量,提高水果的品质。

图 2-4 果园散养鸡

果园散养鸡时,果树喷洒农药时应尽量使用低毒高效或低浓度低毒的杀菌农药,或实行限区域放养,或实行禁放 1 周,避免鸡群农药中毒。

(二)水源

散养时每只成年鸡每天的饮水量平均为 300 毫升,在气候温和的季节里,鸡的饮水量通常为采食饲料量的 2～3 倍,寒冷季节约为采食饲料量的 1.5 倍,炎热季节饮水量显著增加,可达采食饲料量的 4～6 倍。因此,鸡场必须要有可靠、充足的水源,并且位置适宜,水质良好,便于取用和防护。最理想的水源是深层地下水,一是无污染,二是相对"冬暖夏凉"。地面水源包括江水、河水、塘水等。其水量随气候和季节变化较大,有机物含量多,水质不稳定,多受污染,最好经过处理后使用。

(三)环境条件

鸡场场址位置的确定要远离工厂、铁路、公路干线及航运河道,尽量减少噪音干扰,使鸡群长期处于比较安静的环境中。鸡的饲料、产品以及其他生产物质等需要大量的运输能力，因此，要求交通方便，路基必须坚固，路面平坦，排水性能好。电源是否充足、稳定，也是鸡场必须考虑的条件之一。为便于防疫，新建鸡场应避开村庄、集市、兽医站、屠宰场和其他鸡场。

第二节　场地规划

鸡场场址选定之后，接着就要根据地形、地势和当地主风向等，计划和安排鸡场内不同建筑功能区、道路、排水、绿化等地段的位置，然后根据鸡场分区方案和工艺设计对各种建筑物的要求，合理安排每幢建筑物和每种设施的位置和朝向。

一、圈养期场地规划

圈养期鸡场主要分场前区、生产区及隔离区等。场地规划时，主要考虑人、禽卫生防疫和工作方便，根据场地地势和当地全年主风向，顺序安排各区。对鸡场进行总平面布置时，主要考虑卫生防疫和工艺流程两大因素。场前区中的生活区应设在全场的上风向和地势较高地段，依次为生产技术管理区，生产区设在这些区的下风和较低处，但应高于隔离区，并在其上风向。

1. 场前区

包括技术办公室、饲料加工及料库、车库、杂品库、更衣消毒、配电房、宿舍、食堂等，是担负鸡场经营管理和对外联系的场区，应设在与外界联系方便的位置。大门前设车辆消毒池，两侧设门卫和消毒更衣室。

鸡场的供销运输与外界联系频繁，容易传播疾病，故场外运输应严格与场内运输分开。负责场外运输的车辆严禁进入生产区，其车棚、车库也应设在场前区。

场前区、生产区应加以隔离。外来人员最好限于在此区活动，不得随意进入生产区。

2. 孵化室

宜建在靠近场前区的入口处，大型养殖场最好单设孵化场，宜设在养殖场专用道路的入口处，小型养殖场也应在孵化室周围设围墙或隔离绿化带。

3. 幼雏舍

无论是专业性还是综合性养殖场，为保证防疫安全，禽舍的布局根据主风方向与地势，应当按孵化室、幼雏舍排列，这样能减少发病机会。

育雏舍应与孵化室及散养场地相距在 100 米以上，距离大些更好。在有条件时，最好另设分场，专门孵化及饲养幼雏，以防交叉感染。

4. 饲料加工、储藏库

饲料加工储藏库应接近禽舍，交通方便，但又要与禽舍有一定的距离，以利于禽舍的卫生防疫。

5. 隔离区

包括病、死鸡隔离、剖检、化验、处理等房舍和设施，粪便污水处理及贮存设施等，是养鸡场病鸡、粪便等污物集中之处，是卫生防疫和环境保护工作的重点，该区应设在全场的下风向和地势最低处，且与其他两区的卫生间距不小于 50 米。

6. 贮粪场

既应考虑鸡粪便于由鸡舍运出，又便于运到场外。

7. 病鸡隔离区

应尽可能与外界隔绝，且其四周应有天然的或人工的隔离屏障，设单独的通路与出入口。病鸡隔离舍及处理病死鸡的尸坑或焚尸炉等设施，应距鸡舍 300～500 米，且后者的隔离更应严密。

8. 鸡场的道路

生产区的道路应净道和污道分开，以利卫生防疫。净道用于生产联系和运送饲料、产品，污道用于运送粪便污物、病畜和死鸡。场外的道路不能与生产区的道路直接相通。场前区与隔离区应分别设与场外相通的道路。

9. 养鸡场的排水

排水设施是为排出场区雨水、雪水，保持场地干燥、卫生设置。一般可在道路一侧或两侧设明沟，沟壁、沟底可砌砖、石，也可将土夯实做成梯形或三角形断面，再结合绿化护坡，以防塌陷。如果鸡场场地本身坡度较大，也可以采取地面自由排水，但不宜与舍内排水系统的管沟通用。隔离区要有单独的下水道将污水排至场外的污水处理设施。

二、散养期场地规划

根据场地的大小、生长草的多少、散养鸡数量的多少分割围栏(圈养区域以鸡舍为中心半径距离一般不要超过 80～100 米，距离太远，鸡不会走到那么远的地方，场地就浪费了)，采取定期轮牧的饲养方式，等一片散养地的草食差不多后应赶到另一片散养地，做到鸡一经散养就日日有可食的草、虫或树叶等。同时也有利于果园的翻耕，鸡粪的处理，果树的管理与施肥、用药，保证牧草的复壮和生长，也可防止鸡群间疾病的传播便于消毒处理。为了保证散养鸡有充足的牧草,可预先在散养地种植一些可供鸡食用的牧草如苜蓿、黑麦草、龙爪稷等。

散养的主要目的是提高蛋品质,让鸡只在外界环境中采食虫草和其他可食之物,每过一段时间后,散养地的虫草会被鸡只食完,因此应预先将散养地根据散养鸡的数量和散养时间的长短及散养季节划分成多片散养区域,用围栏分区围起来轮换散养,一片散养1～2周后,赶到另一个围栏内散养,让已采食过的散养小片区休养生息,恢复植被后再散养,使鸡只在整个散养期都有可食的虫草等物。

第三节　养殖场舍及设备

鸡舍排列的合理性关系到场区小气候、鸡舍的采光、通风、建筑物之间的联系、道路和管线铺设的长短、场地的利用率等。鸡舍群一般采取横向成排(东西)、纵向呈列(南北)的行列式,即各鸡舍应平行整齐呈梳状排列,不能相交。鸡舍群的排列要根据场地形状、鸡舍的数量和每幢鸡舍的长度,酌情布置为单列、双列或多列式。生产区最好按方形或近似方形布置,应尽量避免狭长形布置,以避免饲料、粪污运输距离加大,饲养管理工作联系不便,道路、管线加长,建场投资增加。

鸡舍群按标准的行列式排列与地形地势、气候条件、鸡舍朝向选择等发生矛盾时,也可将鸡舍左右错开、上下错开排列,但要注意平行的原则,避免各鸡舍相互交错。当鸡舍长轴必须与夏季主风向垂直时,上风行鸡舍与下风行鸡舍应左右错开呈“品”字形排列,这就等于加大了鸡舍间距,有利于鸡舍的通风,若鸡舍长轴与夏季主风方向所成角度较小时,左右列应前后错开,即顺气流方向逐列后错一定距离,也有利于通风。

鸡舍的朝向要地理位置、气候环境等来确定。适宜的朝向应满足鸡舍日照、温度和通风的要求。在我国，鸡舍应采取南向或稍偏西南或偏东南为宜，冬季利于防寒保温，而夏季利于防暑。鸡舍的朝向选择以南向为主，可向东或西偏 45°，以南向偏东 45°的朝向最佳。这种朝向需要注意遮光，如加长屋檐、窗面涂暗等减少光照强度。如同时考虑地形、主风以及其他条件，可以做一些朝向上的调整，向东或向西偏转 15°配置，南方地区从防暑考虑，以向东偏转为好，北方地区朝向偏转的自由度可稍大些。

鸡舍间距的确定主要从日照、通风、防疫、防火和节约用地等方面考虑，根据具体的地理位置、气候、地形地势等因素做出。鸡舍间距不小于鸡舍高度的 3～5 倍时，可以基本满足日照、通风、卫生防疫、防火等要求。一般密闭式鸡舍间距为 10～15 米，开放式鸡舍间距约为鸡舍高度的 5 倍。

一、孵化场舍及所需设备

大型鸡场的孵化场应是现代建筑物，它包括种蛋贮存室、孵化室、出雏室、雏鸡分级存放室以及日常管理所必需的房室。大型孵化场则应以孵化室和出雏室为中心。根据流程要求及服务项目来确定孵化场的布局，安排其他各室的位置和面积，既能减少运输距离和人员在各室的往来，又有利于防疫工作和提高建筑物的利用率。

(一)孵化场舍建筑

1. 孵化室

雏鸡孵化若不用于销售，根据种蛋来源及数量、可散养的鸡数量、孵化批次、孵化间隔、每批孵化量确定孵化形式、孵化室、出雏室及其他各室的面积。孵化室和出雏室面积，还应根据孵化器类型、尺寸、台数和留有足够的操作面积来确定。

(1)孵化厅、场空间:若采用机器孵化,孵化场用房的墙壁、地面和天花板,应选用防火、防潮和便于冲洗的材料,孵化场各室(尤其是孵化室和出雏室)最好为无柱结构,以便更合理安装孵化设备和操作。门高2.4米左右,宽1.2～1.5米,以利种蛋和蛋架车等的输运。地面至天花板高3.4～3.8米。孵化室与出雏室之间应设缓冲间,既便于孵化操作,又利于防疫。

孵化厅的地面要求坚实、耐冲洗可采用水泥或地板块等地面。孵化设备前沿应开设排水沟,上盖铁栅栏(横栅条,以便车轮垂直通过)与地面保持平整。

(2)孵化厅的温度与湿度:环境温度应保持在22～27℃,环境相对湿度应保持在60%～80%。

(3)孵化厅的通风:孵化厅应有很好的排气设施,目的是将孵化机中排出的高温废气排出室外,避免废气的重复使用。为向孵化厅补充足够的新鲜空气,在自然通风量不足的情况下,应安装进气巷道和进气风机,新鲜空气最好经空调设备升(降)温后进入室内,总进气量应大于排气量。

(4)孵化厅的供水:加湿、冷却的用水必须是清洁的软水,禁用镁、钙含量较高的硬水。供水系统接头(阀门)一般应设置在孵化机后或其他方便处。

(5)孵化厅的供电:要有充足的供电保证,并按说明书安装孵化设备;每台机器应与电源单独连接,安装保险,总电源各相线的负载应基本保持平衡。经常停电的地区建议安装备用发电机,供停电使用。一定要安装避雷装置,避雷地线要埋入地下1.5～2米深。

2. 种蛋库

种蛋库用于存放鸡的种蛋,要求有良好的通风条件以及良好的保温和隔热降温性能，库内温度宜保持在10～20℃。种蛋库内要防止蚊、蝇、鼠和鸟的进入。种蛋库的室内面积以足够在种蛋高峰期放置蛋盘，并操作方便为度。

(二)孵化所需设备

孵化场从种蛋进入到雏鸡发送，需要各种配套设备，各设备的种类和数量随孵化规模等而定，其中最重要的设备为孵化器，目前多为模糊电脑孵化器，其他一些孵化器也相继并存。总之，只要孵化器工作稳定性好，密闭性能好，装满蛋后温差小，检修和清洗等方便，控温系统灵敏，省电即可。

1. 孵化机类型

孵化机的类型多种多样。按供热方式可分为电热式、水电热式、水热式等；按箱体结构可分为箱式(有拼装式和整装式两种)和巷道式；按放蛋层次可分为平面式和立体式；按通风方式可分为自然通风和强力通风式。孵化机类型的选择主要应根据生产条件来决定，在电源充足稳定的地区以选择电热箱式或巷道式孵化机为最理想。拼装式、箱式孵化机安装拆卸方便；整装箱式孵化机箱体牢固，保温性能较好；巷道式孵化机孵化量大，多为大型孵化厂采用。

2. 孵化机型

(1)孵化机的容量：应根据孵化厂的生产规模来选择孵化机的型号和规格，当前国内外孵化机制造厂商均有系列产品。每台孵化机的容蛋量从数千枚到数万枚，巷道式孵化机可达到6万枚以上。

(2)孵化机的结构及性能：综合孵化设备现状来看，国内外生产的孵化器的结构基本大同小异，箱体一般都选用彩塑钢或玻璃钢板为里外板，中间用泡沫夹层保温，再用专用铝型材组合连接，箱体内部采用大直径混流式风扇对孵化设备内的温度、湿度进行搅拌，装蛋架均用角铁焊接固定后，利用涡轮涡杆型减速机驱动传动,翻蛋动作缓慢平稳无颤抖,配选鸡蛋的专用蛋盘,装蛋后一层一层地放入装蛋铁架,根据操作人员设定的技术参数,使孵化设备具备了自动恒温,自动控湿,自动翻蛋与合理通风换气的全套自动功能,保证了受精禽蛋的孵化出雏率。

目前,优良的孵化设备当数模糊电脑控制系统了,它的主要特点:温度、湿度、风门联控,减少了温度场的波动,合理的负压进气、正压排气方式,使进风口形成负压,吸入新鲜空气,经加热后均匀搅拌吹入孵化蛋区,最后由出气口排出。孵化厅环境温度偏高时,冷却系统会自动打开,实施风冷,风门也会自动开到最大,加快空气的交换。全新的加热控制方式,能根据环境温度、机器散热和胚胎发育周期自动调节加热功率,既节能又达到控温精确。有两套控温系统,第一套系统工作时,第二套系统监视第一套系统,一旦出现超温现象时,第二套系统自动切断加热信号,并发出声光报警,提高了设备的可靠性。第二套控温系统能独立控制加温工作。该系统还特加了加热补偿功能,最大限度地保证了温度的稳定。加热、加湿、冷却、翻蛋、风门、风机均有指示灯进行工作状态指示;高低温、高低湿、风门故障、翻蛋故障、风扇断带停转、电源停电、缺相、电流过载等均可以不同的声讯报警;面板设计简单明了,操作使用方便。

(3)孵化机自控系统:有模拟分立元件控制系统,集成电路控制系统和电脑控制系统 3 种。集成电路控制系统可预设温度和湿度,并能自动跟踪设定数据。电脑控制系统可单机编制多套孵化程序,也可建立中心控制系统,一个中心控制系统可控制数十台以上的孵化单机。孵化机可以数字显示温度、湿度、翻蛋次数和孵化天数,并设有超高、低温报警系统,还能自动切断电源。

(4)孵化机技术指标:孵化机的技术指标的精度不应低于一定的标准。温度显示精度 0.1~0.01℃,控温精度 0.2~0.1℃,箱内温度场标准差 0.2~0.1℃,湿度显示精度 2%~1%RH,控湿精度

3%～2%RH。

(5)出雏器：与孵化机相同。如采用分批入孵，分批出雏制，一般出雏机的容蛋量按1/4～1/3与孵化机配套。

3. 挑选

养殖场和专业户在选购孵化器时，应考虑以下几个方面。

(1)孵化率的高低是衡量设备好坏的最主要指标，也是许多孵化场不惜重金更换先进孵化设备的主要原因。机内的温度场应该均匀，没有温度死角，否则会降低出雏率；控温精度，汉显智能要好于模糊电脑，模糊电脑要好于集成电路。

(2)机器使用成本，如电费及维修保养费用等。

(3)电路设计要合理，有完善的老化检测设备；另外，整机装完后应老化试验一段时间，检测后才能出厂使用。

(4)售后服务好。一是服务的速度快；二是服务的长期性。应尽可能选择规模较大、发展势头好、能提供长期服务的厂家。

(5)使用寿命长。使用寿命主要取决于材料的材质、用料的厚薄及电器元件的质量，选购时应详加比较。另外，产品型类也是选择孵化机时应特别注意的方面。

4. 孵化配套设备

(1)发电机：用于停电时的发电。

(2)水处理设备：孵化场用水量大，水质要求高，水中含矿物质等沉淀物易堵塞加湿器，须有过滤或软化水的设备。

(3)运输设备：用于孵化场内运输蛋箱、雏盒、蛋盘、种蛋和雏鸡。

(4)照蛋器：是用来检查种蛋受精与否及鸡胚发育进度的用具。目前生产的手持式照蛋器，采用轻便式的电吹风外壳改装而成。灯光照射方向与手把垂直，控制开关就在手把上。操作方便，能提高工作效率。

照蛋器的电源为 220 伏交流电(也可用低压交流电)。器内装有 15 瓦的小灯泡,灯光经反光罩和聚光罩形成集中的光束射出。光线充足,能透过棕色的蛋壳,清晰地照出鸡胚发育的蛋相来。照蛋器的散热性能应良好,连续工作而外壳不发烫,前端有 1 个橡皮垫圈,可防止照蛋时碰破蛋壳。使用时,应轻提轻放,不要猛烈震动,也不宜随意拆卸。

(5)冲洗消毒设备:一般采用高压水枪清洗地面、墙壁及设备。目前有多种型号的国产冲洗设备,如喷射式清洗机很适于孵化场的冲洗作业,它可转换成 3 种不同压力的水柱:“硬雾”用于冲洗地面、墙壁、出雏盘和架车式蛋盘车、出雏车及其他车辆;“中雾”用于冲洗孵化器外壳、出雏盘和孵化蛋盘;“软雾”冲洗入孵器和出雏器内部。

(6)鸡蛋孵化专用蛋盘和蛋车。

(7)其他设备:移盘设备;连续注射器;专用的雏鸡盒(可用雏鸡盒代替)等。

二、圈养期的场舍建筑及设备

圈养期鸡舍要求冬暖夏凉,阳光充足,通风良好。

(一)圈养期的场舍建筑

1. 育雏舍的形式

育雏舍专门饲养 0～50 日龄的雏鸡,这阶段要供温,室温要求达到 20～25℃且保温性能好,有一定的通风条件。

散养鸡的育雏舍多采用开放式鸡舍,最常见的形式是四面有墙、南墙留大窗户、北墙留小窗户的有窗鸡舍。这类鸡舍全部或大部分靠自然通风、自然光照,舍内温度、湿度基本上随季节的变化而变化。由于自然通风和光照有限,在生产管理上这类鸡舍常增设通风和光照设备,以补充自然条件下通风和光照的不足。若新建育雏舍要求离其他鸡舍的距离至少应有 100 米，坐北朝南，南北宽 5 米，长按养鸡多少而定。利用农舍、库房等改建育雏舍，必须做到通风、保温。一般旧的农舍较矮，窗户小，通风性能差。改建时应将窗户改大，或在北墙开窗，增加通风和采光。

2. 各类禽舍的建设要求

(1)地基与地面：地基应深厚、结实。地面要求高出舍外、防潮、平坦，易于清刷消毒。

(2)墙壁：隔热性能好，能防御外界风雨侵袭。多用砖或石头垒砌，墙外面用水泥抹缝，墙内面用水泥或白灰挂面，以便防潮和利于冲刷。

(3)屋顶：除平养跨度不大的小鸡舍用单坡式屋顶外，一般常用双坡式。

(4)门窗：门一般设在南向鸡舍的南面。一般单扇门高 2 米，宽 1 米；两扇门高 2 米，宽 1.6 米左右。

开放式鸡舍的窗户应设在前后墙上，前窗应宽大，离地面可较低，以便于采光。后窗应小，约为前窗面积的 2/3，离地面可较高，以利夏季通风。密闭鸡舍不设窗户，只设应急窗和通风进出气孔。

(5)鸡舍跨度、长度和高度：鸡舍的跨度视鸡舍屋顶的形式，鸡舍类型和饲养方式而定。一般跨度为开放式鸡舍 6～10 米，密闭式鸡舍 12～15 米。

鸡舍的长度，按养鸡多少而定。一般跨度 6～10 米的鸡舍，长度一般在 30～60 米；跨度较大的鸡舍如 12 米，长度一般在 70～80 米。

鸡舍的高度应根据饲养方式、清粪方法、跨度与气候条件而定。跨度不大、干旱及不太热的地区，鸡舍不必太高，一般鸡舍屋檐高度 2～2.5 米。

(6)操作间与过道：操作间是饲养员进行操作和存放工具的地

方。鸡舍的长度若不超过 40 米,操作间可设在鸡舍的一端,若鸡舍长度超过 40 米,则应设在鸡舍中央。

过道的位置,视鸡舍的跨度而定,平养鸡舍跨度比较小时,过道一般设在鸡舍的一侧,宽度 1～1.2 米;跨度大于 9 米时,过道设在中间,宽度 1.5～1.8 米,便于采用小车喂料。笼养鸡舍无论鸡舍跨度多大,视鸡笼的排列方式而定,鸡笼之间的过道为 0.8～1 米。

(二)圈养期所需设备

1. 供暖方式和用具

供暖方式多种多样,各地可以根据本地区的特点选择使用。农村用电热供暖,一是成本太高,二是常有停电之虑,难以保证育雏所需的适宜温度。煤气供暖虽然卫生、稳定,但成本较高。比较普遍的是用煤给雏鸡供暖,煤比较便宜,但使用方法不当,会给生产带来很大损失。

农户育雏比较理想的方法是使用地炕、火墙或地面烟道,因砖吸热比较多,散热比较稳,所以舍内温度相对来讲比较稳定,一般将燃煤口砌在墙外。用土暖气给雏鸡供暖也是个好方法,可能成本稍大些。此外,比较理想的供暖是舍内局部供暖法,即用保温伞或塑料布制成的小罩棚等,使热源的主要部分在棚伞之内,让棚伞之内的温度能稳定在 33～35℃,舍内的其他地方温度能维持在 24℃以上即可。雏鸡在伞内休息,在伞外采食饮水和运动。这与把整个育雏舍温度都加热到 33～35℃相比,能节省很多加热费用,且有利于提高雏鸡对温度变化的适应力。

(1)烟道供暖:烟道供温有地上水平烟道和地下烟道两种。地上水平烟道是在育雏室墙外建一个炉灶,根据育雏室面积的大小在室内用砖砌成一个或两个烟道,一端与炉灶相通。烟道排列形式因房舍而定。烟道另一端穿出对侧墙后,沿墙外侧建一个较高的烟囱，烟囱应高出鸡舍1米左右，通过烟道对地面和育雏室空间加温。地下烟道与地上烟道相比差异不大，只不过室内烟道建在地下，与地面齐平。烟道供温应注意烟道不能漏气，以防煤气中毒。烟道供温时室内空气新鲜，粪便干燥，可减少疾病感染，适用于广大农户养鸡和中小型鸡场，对平养和笼养均适宜。

(2)火墙供暖：火墙育雏是在育雏室的隔断墙内做烟道，炉灶设在墙外。火墙比火炕升温快，但雏鸡活动的地面往往温度不高，因而用网上育雏为宜。

(3)煤炉供暖：煤炉由炉灶和铁皮烟筒组成。使用时先将煤炉加煤升温后放进育雏室内，炉上加铁皮烟筒，烟筒伸出室外，烟筒的接口处必须密封，以防煤烟漏出致使雏鸡发生煤气中毒死亡。此方法适用于较小规模的养鸡户使用，方便简单。

(4)保温伞供暖：保温伞有折叠式和不折叠式两种。不折叠式又分方形、长方形及圆形等，采用自动调节温度装置。折叠式保温伞适用于网上育雏和地面育雏。伞内用陶瓷远红外线加热。伞上装有自动控温装置，省电，育雏效率高。不折叠式方形保温伞，长宽各为1～1.1米，高70厘米，向上倾斜呈45°角，一般可用于250～300只雏鸡的保温。一般在保温伞的外围还要加围栏，以防止雏鸡远离热源而受冷，热源离围栏75～90厘米。雏鸡3日龄后围栏逐渐向外扩大，10日龄后撤离。

(5)红外线灯泡育雏：在室内直接使用红外线灯泡加热。常用的红外线灯每只250～500瓦，悬挂在距离地面40～60厘米高处，并可根据育雏需要的实际温度来调节灯泡的悬挂高度。一般每只红外线灯可保温雏鸡100～150只。红外灯发热量高，不仅可以取暖，还可杀菌。加温时温度稳定，室内垫料干燥，管理方便，不利之处是耗电量大，灯泡易损坏，成本较高，供电不稳定地区不宜使用。

(6)远红外线加热供温：远红外线加热器是由一块电阻丝组成的加热板，板的一面涂有远红外涂层(黑褐色)，通过电阻丝激发红外涂层发射一种见不到的红外光发热,使室内加温。安装时将远红外线加热器的黑褐色涂层向下,离地 2 米高,用铁丝或圆钢、角钢之类固定。8 块 500 瓦远红外线板可供 50 平方米育雏室加热。最好是在远红外线板之间安上一个小风扇,使室内温度均匀,这种加热法耗电量较大,但育雏效果较好。

(7)普通白炽照明灯:普通白炽照明灯也可用来供雏鸡保温,尤其是饲养量较少的情况下,用普通照明灯泡取暖育雏既经济又实用。用木材或纸箱制成长 100 厘米、宽 50 厘米、高 50 厘米的简易育雏箱,在箱的上部开 2 个通气孔,在箱的顶部悬挂两盏 60 瓦的灯泡供热。

除上述方法外,各地可根据各自情况酌情选择适宜的加温方式。

2. 喂料器具

无论是采用机械给料还是人工给料,其食槽的形式与规格基本大同小异。制作食槽可选用木板、竹子、镀锌板或硬质塑料等,要因地制宜,就地取材,其规格可按鸡而定,大鸡用大槽,育成鸡用中等槽,雏鸡用小槽,切忌大小一律。

(1)料盘:主要用于开食,其长 40 厘米,宽 40 厘米,边缘高2～2.5 厘米,每个料盘可养雏鸡 30～40 只。

(2)长形食槽:槽长 1～2 米,其槽断面多为"凵"字形、"U"字形或"V"字形。

(3)吊桶式圆形食槽(图 2-5):干粉料与颗粒料均可使用。这种食槽由一个没有底的料桶和一个圆槽形浅盘组成,两部分用短链相连,通过调节桶与盘之间的距离控制出料量。使用时将饲料装入桶内,悬挂起来供鸡采食。一般食槽的上缘与鸡的背部应在同一条水平线上,方便鸡采食,每只鸡占有槽位是:0～6 周龄 4～5 厘米;7～20 周龄 5～7 厘米;20 周龄以后 8～10 厘米。

图 2-5　吊桶式圆形食槽

3. 饮水器

有水槽、真空饮水器、钟形饮水器、乳头式饮水器、水盆等，大多由塑料制成，水槽也可用木、竹等材料制成。

(1)槽式饮水器：这是目前许多鸡场常用的一种饮水器，深度为 50～60 毫米，上口宽 50 毫米。有“V”形和“U”形水槽。供水方式有的采用长流水，有的用浮球阀控制水箱的水位，水箱与水槽相通，使水槽保持一定的水量。水槽每个一般长 3～5 米，每只鸡所占的水槽长度，一般中雏 1～1.6 厘米，种鸡 3.6 厘米。

槽式饮水器制作简单，成本较低，但耗水量较大，易受污染，需定期清洗，过长的水槽又不易调整水平，水槽与水槽之间的胶管容易被异物阻塞。

(2)塔形真空饮水器：它是由一个上部尖顶圆桶和底部比圆桶稍大的圆盘组成。圆桶顶腰部不漏气，基部离底盘 2.5 厘米处开 1～2 个小口。圆桶盛满水后当盘内水位低于小孔时，空气从小孔中进入而水自动流入盘中。当盘中水位高过小孔时，空气进不了桶内而水流不出。

(3)乳头式饮水器：系用钢或不锈钢制造，由带螺纹的钢(铜)

管和顶针开关阀组成,可直接装在水管上,利用重力和毛细管作用控制水滴,使顶针端部经常悬着一滴水。鸡需水时,触动顶针,水即流出;饮毕,顶针阀又将水路封住,不再外流。这种饮水器安装在鸡头上方处,让鸡抬头喝水。安装时要随鸡的大小改变高度。雏鸡用乳头式饮水器每个饮水器可供10~20只雏鸡或3~5只成鸡饮水。

4. 通风换气设备

鸡舍通风可用自然通风和机械通风,后者需安装排气扇、换气扇等。

5. 饲料加工设备

现代化、高效益的养殖生产,大多采用配合饲料。因此,各养鸡场必须备有饲料加工设备,对不同饲料原料,在喂饲之前进行一定的粉碎、混合。

(1)饲料粉碎机:一般饲料在加工全价配合料之前,都应粉碎。粉碎的目的,主要是提高鸡对饲料的消化吸收率,同时也便于将各种饲料混合均匀和加工成多种饲料(如粉状等)。在选择粉碎机时,要求机器通用性好(能粉碎多种原料),成品粒度均匀,结构简单,使用、维修方便,作业时噪声和粉尘应符合规定标准。

目前生产中应用最普遍的多为锤片式粉碎机,这种粉碎机主要是利用高速旋转的锤片来击碎饲料。工作时,物料从喂料斗进入粉碎室,受到高速旋转的锤片打击和齿板撞击,使物料逐渐粉碎成小碎粒,通过筛孔的饲料细粒经吸料管吸入风机,转而送入集料筒。

(2)饲料混合机:一般配合饲料厂或大型养殖场的饲料加工车间,饲料混合机是不可缺少的重要设备之一。混合按工序大致可分为批量混合和连续混合两种。批量混合设备常用的是立式混合机或卧式混合机,连续混合设备常用的是桨叶式连续混合机。生产实践表明，立式混合机动力消耗较少，装卸方便；但生产效率较低，搅拌时间较长，适用于小型饲料加工厂。卧式混合机的优点是混合效率高，质量好，卸料迅速；其缺点是动力消耗大，一般适用于大型饲料厂。桨叶式连续混合机结构简单，造价较低，适用于较大规模的专业户养鸡场使用。

6. 断喙用具

一般采用专门断喙机断喙。农村养鸡，可用剪刀剪断加电烙铁烙烫止血断喙。专用电动断喙器有大、小两个孔，可以根据雏鸡大小区别使用。一般用右手握住鸡，大拇指按住鸡头，使鸡颈伸长，将喙插入孔内踏动开关切烙。没有断喙器时，可将100～500瓦的电烙铁或普通烙铁的头部磨成刀形，操作时可左手握鸡，右手持通电的电烙铁或烧红的烙铁按要求长度进行切烙。养殖数量不太多者也可用剪刀断喙。

7. 捕捉网

捉鸡网是用铁丝制成一个圆圈，上面用线绳结成一个浅网，后面连接上一个木柄，适于捕捉鸡只。

8. 其他用具

(1)垫料：垫料原材料为锯木屑、干草、碎的秸秆等。垫料要干燥清洁、无真菌、吸水力强、无灰尘真菌等。垫料板结或厚度不够，易造成鸡胸囊肿。因此，应定期更换。

(2)护板：用木板、厚纸或席子制成。保温伞周围护板用于防止雏鸡远离热源而受凉。护板高45～50厘米，与保温伞边缘距离70～90厘米，随日龄的增加可逐渐拆除。

(3)网板：多用于网上育雏或育肥，网板用铁丝或竹板制成，网眼大小为1.25厘米×1.25厘米，若分群则可另设50厘米高的活动隔网。

(4)照明设备:包括白炽灯、照度计和光照控制器等。

(5)幼雏转运箱:可用纸箱或塑料筐代替,一般高度不低于25厘米,如果一个箱的面积较大,可分隔成若干小方块。也可以用木板自己制作,一般长40厘米,宽30厘米,高25厘米。在转运箱的四周钻上通风孔,以增加箱内的空气流通。

(6)运输设备:孵化场应配备一些平板四轮或两轮手推车,运送蛋箱、雏鸡盒、蛋箱及种蛋。

(7)清扫用具:扫帚、粪铲、粪筐或粪车。

(8)集蛋用具:蛋箱、蛋盒或蛋筐。

三、散养期的场舍建筑及设备

经过6周的培育,雏鸡长成了育成鸡,生理功能逐渐完善,对温度和外界环境的适应能力也逐渐增强。这时就可以把育成鸡转到散养地育成舍进行饲养。

(一)散养期的场舍建筑

为了避免再建成年鸡过夜舍,育成舍的面积可按将来成年鸡的数量设计,设计时要留有余地,舍内分段利用。育成舍或产蛋舍无论建成何种样式棚内都必须设置照明设施。

1. 育成舍(成年鸡过夜舍)

育成舍用于饲养6周龄至散养以前的育成鸡,此期鸡的生活能力逐渐增强,所以最基本要求是夏季能通风防热,北方的冬季能防寒保暖,室内要保持干燥。要求因地制宜,建永久式、简易式均可,最好建经济实用型的。这一时期是幼雏长骨架、长肌肉、脱旧羽换新羽且机体各个器官发育成熟的时期,鸡群需要相对多的活动和锻炼,以便将来适应散养。因此育成舍应用围栏或围网圈有锻炼运动场(兼作喂料场),运动场的面积,一般应为鸡舍面积的

2～3 倍。

(1)简易棚舍:在放养区找一背风向阳的平地,用油毡、帆布及茅草等借势搭成坐北朝南的简易鸡舍,可直接搭成金字塔型,南边敞门,另外三边可着地,也可四周砌墙,其方法不拘一格。要求随鸡龄增长及所需面积的增加,可以灵活扩展,棚舍能保温,能挡风。只要不漏雨、不积水即可。或者用竹、木搭成“人”字形框架,两边滴水檐高 1 米,顶盖茅草,四周用竹片间围,做到冬暖夏凉,鸡舍的大小、长度以养鸡数量而定。

(2)砖混型:在散养区边缘找一背风向阳的平地搭建鸡舍(不宜建在昼夜温差太大的山顶和通风不良、排水不便的低洼地),鸡舍的走向应以坐北朝南为主,利于采光和保温,大小长度视养鸡数量而定,四面用砖垒成 1 米高的二四墙,墙根部不要留通气孔,以防鼠或其他小动物钻入鸡舍吃鸡蛋或惊鸡。四道墙上可全部为窗户或用固定上的木杆或砖垛当柱子,空的部分用木栅、帆布,竹子或塑料布围起来,可大大降低建设成本,南边留门便于鸡群晚上归舍和人员进出。

鸡舍的建筑高度 2.5～3 米,长度和跨度可根据地势的情况和将来散养产蛋鸡晚上休息的占地空间来确定。鸡舍的顶部呈拱型或人字型,顶架最好架成钢管结构或硬质的木板,便于有力支撑上覆物,防止风吹,顶上覆盖物从下向上依次铺设双层的塑料布,油毛毡,稻草垫子,最外层石棉网或竹篱笆压实同时用铁丝在篱笆外面纵横拉紧,以固定顶棚。这样的建筑保暖隔热,挡风又不漏雨,冬暖夏凉,且造价低。室内地面用灰土压实或素土夯实,地面上可以铺上垫料如稻壳、锯末、秸秆等,也可以铺粗砂土,厚度要稍高于棚外周围的地势。

(3)塑料大棚鸡舍:塑料大棚鸡舍就是利用塑料薄膜的良好透光性和密闭性建造鸡舍,将太阳能辐射和鸡体自身散发的热量保存下来,从而提高棚舍内温度。它能人为创造适应鸡正常生长发育的小气候,减少鸡舍不合理的热能消耗,降低鸡的维持需要,从而使更多的养分供给生产。塑料大棚鸡舍的左侧、右侧和后侧为墙壁,前坡是用竹条、木杆或钢筋做成的弧形拱架,外覆塑料薄膜,搭成三面为围墙、一面为塑料薄膜的起脊式鸡舍。墙壁建成夹层,可增强防寒、保温能力,内径在10厘米左右,建墙所需的原料可以是土或砖、石。后坡可用油毡纸、稻草、秫秸、泥土等按常规建造,外面再铺1层稻壳等物。一般来讲,鸡舍的后墙高1.2~1.5米,脊高为2.2~2.5米,跨度为6米,脊到后墙的垂直距离为4米。塑料薄膜与地面、墙的接触处,要用泥土压实,防止贼风进入。在薄膜上每隔50厘米,用绳将薄膜捆牢,防止大风将薄膜刮掉。棚舍内地面可用砖垫起30~40厘米。棚舍的南部要设置排水沟,及时排出薄膜表面滴落的水。棚舍的北墙每隔3米设置1个1米×0.8米的窗户,在冬季时封严,夏季时可打开。门应设在棚舍的东侧,向外开。

(4)利用旧设施改造的鸡舍:利用农舍、库房等其他设备改建鸡舍,达到综合利用,可以降低成本。必须做到通风、保温。一般旧的农舍较矮,窗户小,通风性能差。改建时应将窗户改大,或在北墙开窗,增加通风和采光。舍内要保持干燥。旧的房屋低洼,湿度大,改建时要用石灰、泥土和煤渣打成三合土垫在室内,在舍外开排水沟。

2. 生活区

值班室、仓库、饲料室建在鸡舍旁,方便看管和工作,但要求地势高燥,通风,出水畅通,交通方便。

(二)散养期所需设备

1. 产蛋箱(窝)

高产蛋鸡的产蛋时间一般比较集中,因此产蛋箱数量要满足需要,否则鸡就会到处下蛋。在鸡舍离门近的一头或两头放活动产蛋箱，可以使用双层产蛋箱，也可以用砖沿山墙两侧砌成35厘米见方的格状，窝中铺上麦秸或稻草。产蛋箱(窝)的数量以3～4只鸡一个为好，产蛋窝要隐蔽一些。

2. 食槽

蛋鸡散养要保持较高的产蛋水平和补料密不可分，在散养鸡舍内或鸡舍外墙边防雨的地方设置补料料桶或食槽，其规格可按鸡而定，大鸡用大槽，育成鸡用中等槽。成年鸡使用的槽(图2-6)长一般多在1.5～2米。槽上口25厘米，两壁呈直角，壁高15厘米，槽口两边镶上1.5厘米的槽檐，防止鸡蹲上休息。圆木棒与食槽之间留有10厘米左右的空隙，方便鸡头伸进采食。

图2-6　长形食槽

3. 饮水设备

饮水设备可以采用水槽、水盆或自动饮水设备。在鸡舍周围可以放置饮水器、盆，保证鸡能不费力气就可以饮到清洁的水。散养期不要把饮水设备放到鸡舍内，也要放到鸡舍外墙边防雨的地方。注意每天最好刷洗水槽，清除水槽内的鸡粪和其他杂物，让鸡只饮到干净清洁卫生的水。

4. 栖架

鸡有登高栖息的习性,因此鸡舍内必须设栖架(图 2-7)。

图 2-7 栖架

栖架由数根栖木组成,栖木可用直径 3 厘米的圆木,也可用横断面为 2.5 厘米×4 厘米的半圆木,以利鸡趾抓住栖木,但不能用铁网或竹架(竹架的弹性很大,鸡又喜欢扎堆生活,时间一长,竹架就会被鸡压变形)。栖架四角钉木桩或用砖砌,木桩高度为 50～70 厘米,最里边一根栖木距墙为 30 厘米,每根栖木之间的距离应不少于 30 厘米。栖木与地面平行钉在木桩上,整个栖架应前低后高,以便清扫,长度根据鸡舍大小而定。栖架应定期洗涤消毒,防止形成“粪钉”,影响鸡栖息或造成趾痛。

也可搭建简易栖架,首先用较粗的树枝或木棒栽 2 个斜桩,然后顺斜桩上搭横木,横木数量及斜桩长度根据鸡多少而定,最下一根横木距地面不要过近,以避免兽害。

5. 围网

选取的场地四周进行围网圈定，围网的面积可以根据鸡只的多少和区域内树木、植被的情况确定。围网方式可采取多种方式，如塑料网、尼龙网、木栏等，设置的网眼大小和网的高度，以既能阻挡鸡只钻出或飞出又能防止野兽的侵入为宜。围栏每隔 2～3 米打一根桩柱，将尼龙网捆在桩柱上，靠地面的网边用泥土压实。所圈围场地的面积，以鸡舍为中心半径距离一般不要超过 80～100 米。鸡可在栏内自由采食，以免跑丢造成损失。运动场是鸡获取自然食物的场所，应有茂盛的果木、树林或花卉，也可以人工种植一些花、草，草可以供鸡只采食，树木可以供鸡只在炎热的夏季遮荫，有利于防止热应激。

6. 照明系统和补光设施

光照的作用是刺激鸡的性腺发育、维持正常排卵以及使鸡能够进行采食、饮水、交流等各种活动。为了确保散养的蛋鸡能够高产，应给予与集约化笼养一样的光照程序和光照强度。因此鸡舍内应根据散养舍建筑面积的大小和成鸡的光照强度配置照明系统，设置一定量的灯泡。

散养蛋鸡补光的方式和笼养鸡基本相同，根据日照情况确定补光的时间。由于蛋鸡散养的季节控制在 3～11 月，所以在散养开始时开始补光，补足光照（自然光照＋补加光照）11 小时，以后每周增加半小时到 1 小时，达到每日 16～16.5 小时为止。补光方式采取每日固定在早上 5 点钟开始补光，一般在天黑在傍晚 6:30～7:30 将散养鸡用口哨叫回鸡舍，并同时补料，在补料的同时补光到规定的时间。光照一经固定下来，就不要轻易改变。

7. 遮荫避雨和通风设施

鸡的体温比较高，在散养状态下能够主动寻找凉快的树荫下避暑,而且可以通过沙浴降温,因此鸡舍内不需要降温设备。由于鸡舍采用三面围墙的敞棚状,舍内外的空气交换充分,也没有必要安装风机或风扇。

雨季散养鸡的避雨十分重要,在围栏区内选择地势高燥的地方搭设数个避雨棚,以防突然而来的雷雨。如不搭建避雨棚饲养员可以根据天气的情况通过吹哨把鸡唤回鸡舍。

第三章 蛋鸡的营养与饲料

散养为鸡群提供了较大的活动空间，但因为鸡群数量大，光靠林地里的草和虫子是远远吃不饱的，所以，必须人工投喂饲料。不少养殖户认为只要投喂一些像玉米、麸皮这样的饲料，或者再加一些菜帮子就行了，以为这样养的鸡才是真正的散养鸡。实际上这样是非常不科学的，鸡需要的营养物质有很多种，每一种原料有它的营养特点，我们按照现代的营养科学，应该是把各种饲料原粮搭配起来喂，这样更科学。

第一节 鸡的消化特点及营养需求

鸡为了维持健康、进行正常的生长发育和产蛋，必须不断地从外界摄取食物，并从这些食物中吸取各种营养物质，这些营养物质进入消化道后被消化、吸收、利用，变成粪尿排出体外。

一、鸡的消化系统及其特点

鸡的消化系统包括喙、口腔、舌、咽、食道、嗉囊、胃、肠、泄殖腔等部位。

1. 喙

鸡喙能撕裂较大食物和啄食谷粒。

2. 口腔

鸡都是“无牙”嘴,采食的方式都是“囫囵吞枣”,味觉不敏感,唾液腺欠发达,鸡的嗉囊是贮存、润滑和软化饲料的临时“仓库”。

3. 胃

胃分腺胃和肌胃。腺胃分泌消化液,与食物拌和后即送入肌胃。肌胃内存有砂石,研磨食物,帮助消化,从而弥补了无牙的缺陷。

4. 肠

消化吸收作用主要在肠内进行。肠包括小肠、大肠、盲肠。大肠较短,粪便不能久留。盲肠与纤维素的消化吸收有关。盲肠、大肠和泄殖腔都有吸收水分的功能,而泄殖腔是消化、泌尿、生殖孔共同开口向体外的管腔。

二、营养需求

散养鸡以散养为主,补饲全价饲料为辅,同样也需要水、粗蛋白质、碳水化合物、粗脂肪、维生素和矿物质等六大营养物质。

1. 水

各种饲料与鸡体内均含有水分。但因饲料的种类不同,其含量差异很大,一般植物性饲料含水量为5%～95%,禾本科籽实饲料含水量为10%～15%。在同一种植物性饲料中,由于其收割期不同,水分含量也不尽相同,随其成熟而逐渐减少。

饲料中含水量的多少与其营养价值、贮存密切相关。含水量高的饲料,单位重量中含干物质较少,其中养分含量也相对减少,故其营养价值也低,且容易腐败变质,不利于贮存与运输。适宜贮存的饲料,要求含水量在14%以下。

鸡体内含水量为50%～60%,主要分布于体液(如血液、淋巴液)、肌肉等组织中。水是鸡生长、产蛋所必需的营养素,对鸡体内正常的物质代谢有着特殊的作用。它是各种营养物质的溶剂,鸡体内各种营养物质的消化、吸收,代谢废物的排出、血液循环、体温调节等离不开水。如果饮水不足,饲料消化率和鸡群产蛋率就会下降,严重时会影响鸡体健康,甚至引起死亡。试验证明,产蛋母鸡24小时饮不到水,可使产蛋率下降30%,并且需要25～30天才能恢复正常;如果雏鸡10～12小时不饮水,会使其采食量减少,而且增重也会受到影响。

鸡对水分的需要比食物更为重要,在断绝食物后还可以活10天或更长一段时间,但缺水时间太长,其生命就会受到威胁。

鸡的饮水量依季节、年龄、产蛋水平而异,当气温高、产蛋率高时饮水量增加,当限制饲养时饮水量也增加。一般来说,成鸡的饮水量约为采食量的1.6倍,雏鸡的比例更大些。在环境因素中,温度对饮水量影响最大,当气温高于20℃时,饮水量开始增加,35℃时饮水量约为20℃时的1.5倍,0～20℃时饮水量变化不大。

2. 能量

维持鸡的生命活动,产蛋和长肉均需能量。能量不足,鸡生长缓慢,长肉和产蛋量下降,而且影响健康,甚至死亡。能量主要来源于日粮中的糖类和脂肪,当蛋白质多余而能量不足时,能分解蛋白质产生能量。

(1)糖类:淀粉、糖在谷物、薯类中含量较高;纤维在糠、麸类和青料中较多,是鸡的主要能量来源。当供给过多时,一部分碳水化合物在鸡体内转化成脂肪。鸡对纤维的消化能力较低,但纤维过少易发生便秘和啄肛等。

(2)脂肪:脂肪的能量含量是糖类的2.25倍。机体各部和蛋内都含有脂肪,一定数量的脂肪对鸡的生长发育、成鸡的产蛋和饲料利用率均有良好的作用。日粮中的脂肪过多,使鸡过肥,会影响产蛋。脂肪中的亚油酸必须由饲料供给,玉米中通常含有足够的亚油酸。

3. 粗蛋白质

粗蛋白质是饲料中含氮物质的总称,包括纯蛋白质和氨化物。氨化物在植物生长旺盛时期和发酵饲料中含量较多(占含氮量的30%～60%),成熟籽实含量很少(占含氮量的3%～10%)。氨化物主要包括未结合成蛋白质分子的个别氨基酸、植物体内由无机氮(硝酸盐和氨)合成蛋白质的中间产物和植物蛋白质经酶类和细菌分解后的产物。

各种饲料中粗蛋白质的含量和品质差别很大。就其含量而言,动物性饲料中最高(40%～80%),油饼类次之(30%～40%),糠麸及禾本科籽实类较低(7%～13%)。就其质量而言,动物性饲料、豆科及油饼类饲料中蛋白质品质较好。一般来说,饲料中蛋白质含量愈多,其营养价值就愈高。蛋白质品质的优劣是通过氨基酸的数量与比例来衡量的,在纯蛋白质中大约有20多种氨基酸,这些氨基酸可分为两大类:一类是必需氨基酸,另一类是非必需氨基酸。所谓必需氨基酸是指在鸡体内不能合成或合成的速度很慢,不能满足鸡的生长和产蛋需要,必须由饲料供给的氨基酸。鸡的必需氨基酸包括13种:蛋氨酸、赖氨酸、胱氨酸、色氨酸、精氨酸、亮氨酸、异亮氨酸、苯丙氨酸、酪氨酸、苏氨酸、缬氨酸、组氨酸和甘氨酸。由于在鸡体内胱氨酸可由蛋氨酸合成,酪氨酸可由苯丙氨酸合成,因而胱氨酸和酪氨酸也叫半必需氨基酸。所谓非必需氨基酸是指鸡体内需要量少且能够合成的氨基酸,如丝氨酸、丙氨酸、天门冬氨酸、脯氨酸等。在鸡的必需氨基酸中,蛋氨酸、赖氨酸、色氨酸在一般谷物中含量较少,它们的缺乏往往会影响其他氨基酸的利用率,因此这三种氨基酸又称为限制性氨基酸。在鸡的日粮中，除了供给足够的蛋白质，保证各种必需氨基酸的含量外，还要注意各种氨基酸的比例搭配，这样才能满足鸡的营养需要。

在鸡的生命活动中，蛋白质具有重要的营养作用。它是形成鸡肉、鸡蛋、内脏、羽毛、血液等的主要成分，是维持鸡的生命、保证生长和产蛋的极其重要的营养素，而且蛋白质的作用不能用其他营养成分来代替。如果日粮中缺少蛋白质，雏鸡生长缓慢，蛋鸡的产蛋率下降、蛋重减少，严重时体重下降，甚至引起死亡。相反，日粮中蛋白质过多也是不利的，它不仅增加饲料价格，造成浪费，而且还会发生鸡代谢障碍。

鸡对蛋白质的需要量主要取决于产蛋水平、气温和体重 3 个因素。一般来说，鸡产蛋率（量）愈高，体重愈大，蛋白质需要量愈多；同一产蛋水平的母鸡，夏季对蛋白质需要量要高于冬季。此外，年龄、饲料组成对蛋白质利用亦有影响，尤其是饲粮中氨基酸不平衡，会降低蛋白质的利用率，此时蛋白质的需要量相对增加。实践证明，鸡饲粮中含粗蛋白质 14%～17%，大多数品系的产蛋鸡在整个产蛋期内，都能获得较多的产蛋量。

4. 维生素

维生素是一种特殊的营养物质。鸡对维生素的需要量虽然很少，但它是鸡体内辅酶或酶辅基的组成成分，对保持鸡体健康、促进其生长发育、提高产蛋率和饲料利用率的作用很大。维生素的种类很多，它们的性能和作用各不相同，但归纳起来可分为两大类：一类是脂溶性维生素，包括维生素 A、维生素 D、维生素 E、维生素 K 等；另一类是水溶性维生素，青饲料中含各种维生素的量较多，应经常补充饲料。散养鸡时，由于散养场地青饲料较多，不必添加人工合成的维生素，但圈养期必须按说明书添加。

5. 矿物质

矿物质元素在鸡体内约占 4%，有些是构成骨骼、蛋壳的重要成分，有些分布于羽毛、肌肉、血液和其他软组织中，还有些是维生素、激素、酶的组成成分。矿物质元素虽不能供给鸡体能量，但它参与鸡体内新陈代谢、调节渗透压和维持酸碱平衡，是维持鸡体正常生理功能和生产所必需的。据研究，鸡需要的矿物质元素有14种，根据其在鸡体内含量多少，可分为常量元素和微量元素两大类。占体重0.01%以上的元素称为常量元素，包括钙、磷、钠、钾、氯、镁、硫；占体重0.01%以下的元素称为微量元素，包括铁、铜、钴、碘、锰、锌、硒。在配合饲粮时，圈养期的鸡要考虑添加这些矿物质元素。

第二节　饲料种类

饲料通常可以分为能量饲料、蛋白质饲料、青绿饲料、矿物质饲料及饲料添加剂等。了解各种饲料的营养特点与影响其品质的因素，对于合理调制和配合日粮，提高饲料的营养价值具有重要意义。

一、能量饲料

能量是生命活动不可缺少的，如鸡的生长、繁殖、运动、呼吸、血液循环、消化吸收排泄、体液分泌和体温调节等都需要能量。

鸡对能量需要受生长发育不同阶段、品种类型、体重、产蛋率、营养水平、环境、温度等因素的影响。鸡自由采食，一般能自动调节采食量来满足其能量的需要，能量高时采食量少，能量低时采食量多。

能量饲料是指富含碳水化合物和脂肪的饲料，具体反映指标是:在干物质中粗纤维含量在18%以下，粗蛋白质含量在20%以下。能量饲料主要包括以下几种。

1. 玉米

玉米含能量高、纤维少，适口性好，消化率高，是养鸡生产中用得最多的一种饲料。缺点是蛋白质含量低、质量差，缺乏赖氨酸、蛋氨酸和色氨酸，钙、磷含量较低。在饲粮中用量占50%～70%。

2. 高粱

高粱中的能量含量与玉米相近，但含有较多的单宁（鞣酸），使味道发涩，适口性差，饲喂过量还会引起便秘。在饲粮中用量不超过10%～15%。

3. 粟

俗称谷子（去壳后称小米）。小米含能量与玉米相近，粗蛋白质含量为10%左右，高于玉米；维生素 B_2（核黄素）含量高（1.8毫克/千克），适口性好。在饲粮中用量占15%～20%。

4. 碎米

碎米含能量、粗蛋白质、蛋氨酸、赖氨酸等与玉米相近，适口性好，是鸡良好的能量饲料，一般在饲粮中用量可占30%～50%或更多一些。

5. 大麦

大麦是一种主要的饲料品种，粗蛋白质含量12%，比燕麦略高，可以消化的营养成分多一些。大麦的粗蛋白质的食用价值比玉米佳。氨基酸和玉米差不多，粗脂肪比玉米少，钙、磷的含量比玉米高。喂时必需粉碎，否则不容易消化。由于外皮较厚，配制饲料只能相当玉米用量的85%左右。其效果不如玉米好。用于育雏的鸡饲料配方中所占的比例，应在10%左右为宜。

6. 燕麦

燕麦是一种很有价值的饲料作物,粗蛋白质、脂肪含量比小麦高 1 倍以上。燕麦含有较多的粗纤维,能量较少,营养价值比玉米低。以玉米为主时,加入燕麦,饲料发生的软质黏结,有利于雏鸡生长发育,促进鸡羽毛的生长,其配制饲料的含量可占 40%。

7. 小麦麸

小麦麸粗蛋白质含量较高,可达 13%~17%,B 族维生素含量较丰富,质地松软,适口性好,有轻泻作用,适合喂育成鸡和蛋鸡。喂食雏鸡和育成鸡时可占饲粮的 5%~15%,喂食育成鸡时可占 10%~20%。

8. 米糠

米糠是粮谷加工的副产品,脂肪、能量蛋白的含量均较高,还含有丰富的 B 族维生素和锰,但缺少维生素 A、维生素 D 和钙,在饲粮中用量可占 5%~10%。

9. 油脂饲料

油脂含能量高,其发热量为糖类或蛋白质的 2.25 倍。油脂可分为植物油和动物油两类,植物油吸收率高于动物油。为提高饲粮的能量水平,可添加一定量的油脂。据试验,在产蛋鸡饲粮中添加 1%~3%的油脂,对提高鸡群产蛋率和饲料转化率都有较好的效果。

10. 糟渣类饲料

主要包括粉渣、糖渣、玉米淀粉渣、酒糟、醋糟、豆腐渣、酱油渣等。这些糟渣类经风干和适当加工也可作为养鸡的饲料,如豆腐渣、玉米淀粉渣,粉渣中含有较多的能量和蛋白质,且品质较好;酒糟、醋糟、糖渣、酱油渣中含 B 族维生素较多,还含有未知促生长因子。试验证明，用以上糟渣类饲料加入鸡饲料中，不仅可以代替部分能量和蛋白质饲料，而且可以促进鸡的生长和健康，喂量可占饲粮的5%～10%。

二、蛋白质饲料

蛋白质饲料一般指饲料干物质中粗蛋白质含量在20%以上，粗纤维含量在18%以下的饲料。蛋白质饲料主要包括植物性蛋白质饲料和动物性蛋白质饲料及酵母。

(一)植物性蛋白质饲料

主要有豆饼(粕)、花生饼、葵花饼、芝麻饼、菜籽饼、棉籽饼等。

1. 豆饼(粕)

大豆因榨油方法不同，其副产物可分为豆饼和豆粕两种类型。用压榨法加工的副产品叫豆饼，用浸提法加工的副产品叫豆粕。豆饼(粕)中含粗蛋白质40%～45%，矿物质、维生素的营养水平与谷实类大致相似，且适口好，经加热处理的豆饼(粕)是鸡最好的植物性蛋白质饲料，一般在饲粮中用量可占15%～25%。虽然豆饼中赖氨酸含量比较高，但缺乏蛋氨酸，故与其他饼粕类或鱼粉配合使用，或在以豆饼为主要蛋白质饲料的无鱼粉饲粮中加入一定量合成氨基酸，饲养效果更好。

大豆中含有抗胰蛋白酶、红细胞凝集素和皂角素等，抗胰蛋白酶阻碍蛋白质的消化吸收，红细胞凝集素和皂角素是有害物质。大豆榨油前，其豆胚经130～150℃蒸气加热，可将有害酶类破坏，除去毒性。用生豆饼(用生榨压成的豆饼)喂鸡是十分有害的，生产中应加以避免。

2. 花生饼

花生饼中粗蛋白质含量略高于豆饼，为42%～48%，精氨酸含量高,赖氨酸含量低,其他营养成分与豆饼相差不大,但适口性好于豆饼,与豆饼配合使用效果较好,一般在饲粮中用量可占15%~20%。

生花生仁和生大豆一样,含有抗胰蛋白酸,不宜生喂,用浸提法制成的花生饼(生花生饼)应进行加热处理。此外,花生饼脂肪含量高,不耐贮藏,易染上黄曲霉菌而产生黄曲霉毒素,这种毒素对鸡危害严重。因此,生长黄曲霉的花生饼不能喂鸡。

3. 葵花子饼(粕)

葵花子饼的营养价值随含壳量多少而定。优质的脱壳葵花子饼粗蛋白质含量可达40%以上,蛋氨酸含量比豆饼多2倍,粗纤维含量在10%以下,粗脂肪含量在5%以下,钙、磷含量比同类饲料高,B族维生素含量也比豆饼丰富,且容易消化。但目前完全脱壳的葵花子饼很少,绝大部分含一定量的子壳,从而使其粗纤维含量较高,消化率降低。目前常见的葵花子饼的干物质中粗蛋白质平均含量为22%,粗纤维含量为18.6%;葵花子粕含粗蛋白质24.5%,含粗纤维19.9%,按国际饲料分类原则应属于粗饲料。因此,含籽壳较多的葵花子饼(粕)在饲粮中用量不宜过多,一般占5%~15%。

4. 芝麻饼

芝麻饼是芝麻榨油后的副产物,含粗蛋白质40%左右,蛋氨酸含量高,适当与豆饼搭配喂鸡,能提高蛋白质的利用率。一般在饲粮中用量可占5%~10%。由于芝麻饼含脂肪多而不宜久贮,最好现粉碎现喂。

5. 菜籽饼

菜籽饼粗蛋白质含量高(占38%左右),营养成分含量也比较全面,与其他油饼类饲料相比突出的优点是:含有较多的钙、磷和一定量的硒，B族维生素（尤其维生素 B_2）的含量比豆饼含量丰富，但其蛋白质生物学价值不如豆饼，尤其是含有芥子毒素，有辣味，适口性差，生产中需加热处理去毒才能作为鸡的饲料，一般在饲粮中含量占5%左右。

6. 棉籽饼

机榨脱壳棉籽饼含粗蛋白质33%左右，其蛋白质品质不如豆饼和花生饼；粗纤维含量18%左右，且含有棉酚。如喂量过多不仅影响蛋的品质，而且还降低种蛋受精率和孵化率。一般来说，棉籽饼不宜单独作为鸡的蛋白质饲料，经去毒后（加入0.5%～1%的硫酸亚铁），添加氨基酸或与豆饼、花生饼配合使用效果较好，但在饲粮中量不宜过多，一般不超过4%。

7. 亚麻仁饼

亚麻仁饼含粗蛋白质37%以上，钙含量高，适口性好，易于消化，但含有亚麻毒素（氢氰酸），所以使用时需进行脱毒处理（用凉水浸泡后高温蒸煮1～2小时），且用量不宜过大，一般在饲粮中用量不超过5%。

（二）动物性蛋白质饲料

主要有鱼粉、肉骨粉、蚕蛹粉、血粉、羽毛粉等。

1. 鱼粉

鱼粉中不仅蛋白质含量高（45%～65%），而且氨基酸含量丰富而且完善，其蛋白质生物学价值居动物性蛋白质饲料之首。鱼粉中维生素A、维生素D、维生素E及B族维生素含量丰富，矿物质含量也较全面，不仅钙、磷含量高，而且比例适当；锰、铁、锌、碘、硒的含量也是其他任何饲料所不及的。进口鱼粉颜色棕黄，粗蛋白质含量在60%以上，含盐量少，一般可占饲粮的5%～15%；国产鱼粉呈灰褐色，含粗蛋白质35%～55%，盐含量高，一般可占饲粮的 5%～7%,否则易造成食盐中毒。

2. 肉骨粉

肉骨粉是由肉联厂的下脚料(如内脏、骨骼等)及病畜体的废弃肉经高温处理而制成的,其营养物质含量随原料中骨、肉、血、内脏比例不同而异,一般蛋白质含量为 40%～65%,脂肪含量为 8%～15%。使用时,最好与植物性蛋白质饲料配合,用量可占饲粮的 5%左右。

3. 血粉

血粉中粗蛋白质含量高达 80%左右,富含赖氨酸,但蛋氨酸和胱氨酸含量较少,消化率比较低,生产中最好与其他动物性蛋白质饲料配合使用,用量不宜超过饲粮的 3%。

4. 蚕蛹粉

蚕蛹粉含粗蛋白质 50%～60%,各种氨基酸含量比较全面,特别是赖氨酸、蛋氨酸含量比较高,是鸡良好的动物性蛋白质饲料。由于蚕蛹粉中含脂量多,贮藏不好极易腐败变质发臭,而且还容易把臭味转移到鸡蛋中,因而蚕蛹粉要注意贮藏,使用时最好与其他动物性蛋白质饲料搭配,用量可占饲粮的 5%左右。

5. 羽毛粉

水解羽毛粉含粗蛋白质近 80%,但蛋氨酸、赖氨酸、色氨酸和组氨酸含量低,使用时要注意氨基酸平衡问题,应与其他动物性饲料配合使用,一般在饲粮中用量可占 2%～3%。

6. 昆虫饵料

傍晚补饲期间,在鸡棚附近安装几个电灯照明,这样昆虫就会从四面八方飞来,被等候在灯下的鸡群当夜餐吃掉。鸡吃饱之后,将电灯关闭。

自然散养鸡，以食青草、树叶、草籽、树种、各类昆虫为主，适当补饲玉米、谷子、杂粮等食物，因此，鸡的生长发育可能缺乏蛋白质。为补充散养鸡蛋白质不足，可在养殖区附近人工养殖昆虫以供鸡采食。

养殖户要解决蛋白质饲料的不足，可人工培育黄粉虫、蚯蚓、蝇蛆、地鳖虫等直接喂鸡。

(1)马粪育虫：在较潮湿的地方挖一长、宽各1～2米、深0.3米的土坑，底铺一层碎杂草，草上铺一层马粪，粪上再撒一层麦糠，如此一层一层铺至坑满为止，最后盖层草，坑中每天浇水一次，经1周左右即生虫。

(2)豆腐渣育虫：把1～2千克豆腐渣倒入缸内，再倒入一些洗米水，盖好缸口，过5～6天即生虫，再过3～4天即可让鸡采食蛆虫。

(3)米糠育虫：在角落处堆放两堆米糠，分别用草泥(碎草与稀泥巴混合而成)糊起来，数天后即生虫，轮流让鸡采食虫，食完后再将麦糠等集中成堆照样糊草泥，又可生虫。

(4)猪粪发酵育虫：每500千克猪粪晒至七成干后加入20%肥泥和3%麦糠或米糠拌匀，堆成堆后用塑料薄膜封严发酵7天左右。挖一深50厘米土坑，将以上发酵料平铺于坑内30～40厘米厚，上用青草、草帘、麻袋等盖好，保持潮湿，20天左右即生蛆、虫、蚯蚓等。

(5)稻草育虫：挖宽0.6米、深0.3米的长方形土坑，将稻草切成6～7厘米长，用水煮1～2小时，捞出倒入坑内，上面盖上6～7厘米厚的污泥(水沟泥或塘泥等)、垃圾等，最后再用污泥压实，每天浇一盆洗米水，约8天即生虫，翻开让鸡啄食即可，食完后再盖好污泥等照样浇洗米水，可继续生虫。

(6)腐草育虫：在较肥地挖宽约1.5米、长1.8米、深0.5米的土坑，底铺一层稻草，其上铺一层豆腐渣，然后再盖层牛粪，粪上盖一层污泥,如此铺至坑满为止,盖草,1 周即生虫。

(7)牛粪育虫:在牛粪中加入 10%米糠和 5%麦糠拌匀,堆在阴凉处,上盖杂草、秸秆等,用污泥密封,过 20 天即生虫。

(8)松木屑育虫:挖长、宽、深各 1 米的土坑,放入松树木屑 50 千克,浇上米汤或淘米水,再用松树叶盖好,7 天后即生虫。

三、青绿饲料

青饲料是指水分含量为 60%以上的青绿饲料、树叶类及非淀粉质的块根、块茎、瓜果类。青饲料富含胡萝卜素和 B 族维生素,并含有一些微量元素,适口性好,对鸡的生长、产蛋及维持健康均有良好作用。

常见的青饲料有白菜、甘蓝、野菜(如苦荬菜、鹅食菜、蒲公英等)、苜蓿草、洋槐叶、胡萝卜、牧草等。冬春季没有青绿饲料,可喂苜蓿草粉、洋槐叶粉、秋针粉或芽类饲料,同样会收到良好效果。芹菜是一种良好的喂鸡饲料,每周喂芹菜 3 次,每次 50 克左右。用南瓜作辅料喂母鸡,产蛋量可显著增加,且蛋大、孵化率高。

散养鸡时,鸡虽能自由采食到青草、野菜、草芽等,但高密度养殖时也要适量补充青绿饲料。

1. 白菜

鲜白菜中含水分高达 94%～96%,含粗蛋白质 1.1%～1.4%,含维生素量较多,且适口性好,是喂鸡较好的青饲料。

2. 甘蓝

甘蓝中含水分 85%～90%,含粗蛋白质 2.5%～3.5%,维生素含量比较丰富,且适口性好。

3. 野菜类

如苦荬菜、鹅食菜、蒲公英等,适口性好,营养价值高,干物质占 15%～20%，含粗蛋白质 2%～3%，维生素含量极为丰富。

4. 胡萝卜

鲜胡萝卜营养价值很高，水分占 90%，含粗蛋白质 1.3%、粗纤维 1%，维生素种类多而且含量高，胡萝卜素含量为 522 毫克/千克，含维生素 B_2 121 毫克/千克，含胆碱 5200 毫克/千克。

四、粗饲料

各类叶粉含有一定量的蛋白质和较高的维生素，尤其是胡萝卜素含量很高，对鸡的生长有明显的促进作用，并能增强鸡的抗病力，提高饲料的利用率。据报道，叶粉可直接饲喂或添加到混合饲料中喂鸡，能提高蛋黄的色泽，产蛋率可提高 13.8%；并能提高雏鸡的成活率，每只鸡在整个生长期内节省饲料 1.25 千克。饲喂时应周期性地饲用，连续饲喂 15～20 天，然后间断 7～10 天。

1. 榆树叶粉

榆树叶粉中粗蛋白质含量达 15%以上，还含有丰富的胡萝卜素和维生素 E。春、夏季节采集榆树叶，于阴凉通风处晾晒干之后磨成粉状，即可饲用。

2. 紫穗槐叶粉

紫穗槐叶含粗蛋白质 20%～25%，还含有丰富的胡萝卜素和维生素。一般在 6～9 月份采集紫穗槐叶，晾晒干后粉碎备用。

3. 洋槐叶粉

洋槐叶含粗蛋白质 20%以上，并含有多种维生素，是鸡良好的蛋白质和维生素饲料。春、夏季节采集洋槐叶，于阴凉通风处晾晒干，磨成粉状即可饲用。洋槐叶味较苦，如添加量过大，反而会影响鸡的采食量。

4. 桑叶粉

桑叶粉中蛋白质含量达20%以上，可作为鸡的蛋白质补充饲料。将夏季养完春蚕后的多余桑叶或养完秋蚕后的桑叶，采集后自然干燥，加工成粉状，即可饲用。

5. 松针叶粉

松针叶粉含有多种维生素、胡萝卜素、生长激素、粗蛋白质、粗脂肪和植物抗生素，是理想的鸡饲料添加剂。采集幼嫩松针枝叶，摊在竹帘或苇帘上，厚度5厘米，在阴凉处自然干燥后加工成粉状。加工好的叶粉须用有色塑料袋包装，阴凉保存。松针粉中含有松脂气味和挥发性物质，在鸡饲料中的添加量不宜过高。在产蛋鸡饲粮中用量可占1%～3%，在育成鸡饲粮中用量可占2%～4%。在雏鸡日粮中添加2%松针叶粉，可提高抗病力和成活率；在蛋鸡日粮中添加5%，可明显提高产蛋量，还可以节约饲料。

6. 苜蓿草粉

含粗蛋白质15%～20%，用量可占2%～5%。

五、矿物质饲料

散养鸡虽然能够自由采食，但钙仍需从日粮中足量供给，否则鸡就会骨质疏松，姿势反常，产软壳蛋、薄壳蛋或无壳蛋，蛋的破损率增加，产蛋量也会下降。

蛋鸡在圈养期不用喂给高钙日粮，只要发育正常，大部分散养蛋鸡在145～155日龄左右开始产蛋，因此，应从这一时期开始给蛋鸡补钙。补钙时可将石粉、贝壳粉、骨粉及磷酸氢钙作为钙的主要来源，这些原料中颗粒较大、粉状物越少越好(因为颗粒状原料中的钙在消化道内停留时间长，在蛋壳形成阶段可均匀地供钙，另外，颗粒状原料在胃中可起到研磨作用，提高饲料消化率）。

1. 食盐

在大多数植物性饲料中缺乏钠和氯元素，饲粮中添加食盐后，既可补充钠、氯元素不足，保证体内正常新陈代谢，还可以增进鸡的食欲，一般在饲粮中添加量为 0.37%。若鸡群发生啄癖（如啄毛、啄肛），在 3～5 日内饲粮中食盐用量或增至 0.5%～1%，若饲粮中配有咸鱼粉则不必添加食盐，以免发生食盐中毒。

2. 骨粉

骨粉是动物骨骼经过高温、高压、脱脂、脱胶粉碎而制成的。它不仅钙、磷含量丰富（含钙 36%，磷 16%），而且比例适当，是鸡很好的钙、磷补充饲料。但由于骨粉价格较高，生产中添加骨粉主要是由于饲料中含磷量不足，在饲粮中用量可占 1%～3%。

自制骨粉可将带残肉的动物骨头（羊骨除外）用高压锅高压焖煮 1～1.5 小时，使生硬的骨头变脆变软，晒干后用锤敲碎或磨成粉即可喂鸡。

3. 贝壳粉

贝壳粉是由湖海产螺蚌等外壳加工粉碎而成，含钙量在 30% 以上，且容易被消化道消化吸收，是鸡最好钙质矿物质饲料。贝壳粉在饲粮中用量：雏鸡和育成鸡占 1%～2%；产蛋鸡占 4%～8%。贝壳作为矿物质饲料既可加工成粒状，也可制成粉状。粒状贝壳粉既能补充钙，又能起到“牙齿”的作用，有利于饲料的消化，散养时可单独放在饲槽里让鸡自由采食；粉状贝壳粉容易消化吸收，通常拌在饲料中喂给。

4. 蛋壳粉

蛋壳粉是由食品厂、孵化厂废弃的蛋壳，经清洗消毒、烘干、粉碎制成，也是较好的钙质饲料，与贝壳粉、石粉配合使用效果较好。

5. 木炭粉

木炭粉能吸收鸡肠道中的一些有害物质。一般鸡腹泻时在日粮中添加2%的量饲喂,恢复正常后停喂。

6. 磷酸氢钙

磷酸氢钙为白色无味无臭单斜结晶或粉末,微溶于水,溶于稀盐酸。含钙、磷的比例是3∶2,接近肉仔鸡需要的平衡比例,用在配合饲料中可同时起到补磷又补钙的作用。

六、饲料添加剂

饲料添加剂的作用主要是完善饲料营养价值,提高饲料利用率,促进蛋鸡圈养期的生长和防治疾病,减少饲料在贮存期间的营养物质的损失,提高适口性,增加食欲,改进产品质量等,目前饲料添加剂的品种比较多,按使用性质可分为营养性和非营养性两类。

1. 营养性添加剂

营养性饲料添加剂是指动物营养上必需的那些具有生物活性的微量添加成分,主要用于平衡或强化日粮营养,包括有氨基酸添加剂、维生素添加剂和微量元素添加剂等。使用时应根据使用对象及具体情况,按产品说明书添加。

2. 非营养性添加剂

这类添加剂虽不含有鸡所需要的营养物质,但添加后对促进鸡的生长发育、提高产蛋率、增强抗病能力及饲料贮藏等大有益处。其种类包括抗生素添加剂、驱虫保健添加剂、抗氧化剂、防霉剂、中草药添加剂及激素、酶类制剂等。

(1)抗生素添加剂:抗生素具有抑菌作用,一些抗生素作为添加剂加入饲粮后,可抑制鸡肠道内有害菌的活动,具有抗多种呼

吸、消化系统疾病，提高饲料利用率，促进增重和产蛋的作用，尤其在鸡处于逆境时效果更为明显。常用的抗生素添加剂有青霉素、土霉素、金霉素、新霉素、泰乐霉素等，其添加量和作用见表 3-1。

表 3-1　鸡饲粮抗生素添加剂用量及其作用

种　类	用量(克/吨)	作　用
青霉素	25～100	促进生长，提高饲料利用率。
土霉素	5～200	促进生长，提高产蛋率和饲料利用率，防治慢性呼吸道病、传染性肝炎、霍乱、球虫病、鸡白痢等。
金霉素	10～500	促进生长，提高饲料利用率。
新霉素	70～140	促进生长，提高饲料利用率，防治细菌性肠炎。
红霉素	4.5～18.5	促进生长，提高产蛋率和饲料利用率。
制菌霉素	50～100	防治霉菌性腹泻。
林可霉素	2～4	促进生长，提高饲料利用率。
泰乐霉素	4～1000	促进生长，提高饲料利用率，防治慢性呼吸道病。
杆菌肽锌	40～500	促进生长，提高产蛋率和饲料利用率，防治慢性呼吸道病、鼻窦炎、非特异性肺炎。

在使用抗生素添加剂时，要注意几种抗生素交替作用，以免鸡肠道内有害微生物产生抗药性，降低防治效果。为避免抗药性和产品残留量过高，应间隔使用，并严格控制添加量，少用或慎用人畜共用的抗生素。

(2)驱虫保健添加剂：在鸡的寄生虫病中，球虫病发病率高，危害大，要特别注意预防。常用的抗球虫药有呋喃唑酮、氨丙啉、盐霉素、莫能霉素、氯苯胍等，使用时也应交替使用，以免产生抗药性。各种抗球虫的使用剂量及方法见表 3-2。

表 3-2 抗球虫药的预防使用剂量及方法

药　物	使用剂量及方法
呋喃唑酮(痢特灵)	按 0.012%混料或 0.005%混水预防。
磺胺二甲氧嘧啶	混水浓度为 125 毫克/千克预防。
盐霉素	从 10 日龄开始,用 60～100 毫克/千克混料,连续用至 8～10 周龄,然后减半用量,再用 2 周预防。
莫能菌素	用量、用法与盐霉素相同预防。
土霉素	按 0.1%混料,连用 10～15 天预防。
氯苯胍	按 33 毫克/千克浓度混料预防。
球痢灵	按 0.125%混料用于治疗时,按 0.025%混料,连用 3～5 天预防。
克球粉	按 0.025%混料,从 2 周龄连续用至 8～10 周龄,然后减量渐停预防。
溴氯常山酮	按 0.05%混料预防。

(3)抗氧化剂:在饲料贮藏过程中,加入抗氧化剂可以减少维生素、脂肪等营养物质的氧化损失,如每吨饲料中添加 200 克山道喹,贮藏 1 年,胡萝卜素损失 30%,而未添加抗氧化剂的损失 70%;在富含脂肪的鱼粉中添加抗氧化剂,可维持原来粗蛋白质的消化率,各种氨基酸消化吸收及利用效率不受影响。常用的抗氧化剂有山道喹、丁基化羟基甲苯、丁基化羟基氧苯等,一般添加量为 100～150 毫克/千克。

3. 中草药添加剂

中草药添加剂是取自自然界中的药用植物、矿物及其他副产品,具有多种营养成分和生物活性,兼有营养物质和药物的双重作用,既可防治疾病,又能够提高生产性能,不但能直接抑菌、杀菌,而且能调节机体的免疫功能,具有非特异性的免疫抗菌作用。有些中草药是畜禽的天然饲料,适口性好,可起增加食欲、补充营养物质及促进生长等作用,从而提高饲料利用率。

(1)艾叶:艾叶含有丰富的蛋白质、多种维生素、氨基酸和抗生素物质。一般鸡饲粮中添加2%～5%的艾叶粉。

(2)苍术粉:在鸡饲粮中添加2%～5%苍术粉可以防治鸡传染性支气管炎、鸡痘、传染性鼻炎等疾病。

(3)黄芪:黄芪富含糖类、胆碱和多种氨基酸,还含有微量元素硒。能助阳气壮筋骨,长肉补血,抑菌消炎,对痢疾杆菌、炭疽杆菌、白喉杆菌等和葡萄球菌、链球菌、肺炎双球菌均有抗菌能力。雏鸡日粮中可添加0.2克黄芪粉。

(4)大蒜:大蒜含有大蒜素,既有抗菌作用,又有驱虫功效。一般加入0.2%～1%大蒜粉于鸡饲粮中。

(5)青蒿:青蒿富含维生素A、青蒿素、苦味素等,可抗原虫和真菌。在鸡饲粮中添加5%青蒿粉,可有效防治球虫病,提高雏鸡成活率。

(6)松针粉:含多种氨基酸和丰富的维生素A、维生素B、维生素C、维生素D、维生素E,尤其以维生素C、维生素B及胡萝卜素含量最高,还含有多种微量元素和植物杀菌素。一般鸡饲粮中可添加5%的松叶粉。

(7)刺五加:在每千克鸡饲料中添加0.15克五加皮粉,产蛋率可提高5%,并能防治鸡产蛋疲劳症和病毒性关节炎等疾病。

(8)桉叶:在鸡饲料中加入2%～3%桉叶粉,可预防鸡喉支气管类、硬嗉囊、嗉囊下垂等疾病,还可增强鸡体抵抗力。

(9)陈皮:在鸡饲粮中加入3%～5%陈皮粉,可增进鸡的食欲,促进生长和提高抗病力。

(10)甘草:在鸡饲料中添加3%的甘草粉,对防治咽炎、支气管炎、山鸡白痢、佝偻病等有良好效果。

(11)蒲公英:在鸡饲料中添加2%～3%的蒲公英干粉能健胃,增加食欲,促进鸡生长,产蛋率也可提高12%。

4. 使用饲料添加剂的注意事项

(1)正确选择:目前饲料添加剂的种类很多,每种添加剂都有各自的用途和特点。因此,目前应充分了解它们的性能,然后结合饲养目的、饲养条件、鸡的品种及健康状况等,选择使用。

(2)用量适当:用量少,达不到目的,用量多既增加饲养成本,还会引起中毒。用量多少应严格遵照生产厂家在包装上的使用说明。

(3)搅拌均匀程度与效果直接相关:饲粮中混合添加剂时,要必须搅拌均匀,否则即使是按规定的量饲用,也往往起不到作用,甚至会出现中毒现象。若采用手工拌料,可采用三层次分级拌和法。具体做法是先确定用量,将所需添加剂加入少量的饲料中,拌和均匀,即为第一层次预混料;然后再把第一层次预混料掺到一定量(饲料总量的1/5～1/3)饲料上,再充分搅拌均匀,即为第二层次预混料;最后再把二层次预混料掺到剩余的饲料上,拌均即可。这种方法称为饲料三层次分级拌合法。由于添加剂的用量很少,只有多层次分级搅拌才能混均。

(4)混于干粉料中:饲料添加剂只能混于干饲料(粉料)中,短时间贮存待用才能发挥它的作用。不能混于加水的饲料和发酵的饲料中,更不能与饲料一起加工或煮沸使用。

(5)贮存时间不宜过长:大部分添加剂不宜久放,特别是营养添加剂、特效添加剂,久放后容易受潮发霉变质或氧化还原而失去作用,如维生素添加剂、抗生素添加剂等。

第三节 饲料的加工调制

对养鸡场与养鸡户,饲料调制主要是侧重于青粗饲料方面。饲料经过适当调制后,能改变其原来的物理、化学性质,从而增进饲料的适口性、消化率和营养价值,消除有毒、有害因子,节省饲料,降低生产成本,提高养殖效益。

(一)能量饲料的加工

能量饲料的营养价值和消化率一般都比较高，但是能量饲料籽实的种皮、壳、内部淀粉粒的结构等，都能影响其消化吸收，所以能量饲料也需经过一定的加工，以便充分发挥其营养物质的作用。常用的方法是粉碎，但粉碎不能太细，一般加工成直径 2～3 毫米的小颗粒为宜。

能量饲料粉碎后，与外界接触面积增大，容易吸潮和氧化，尤其是含脂肪较多的饲料，容易变质发苦，不宜长久保存。因此，能量饲料一次粉碎数量不宜太多。

(二)蛋白质饲料的加工

这类副产品能量低，包括棉籽壳、菜籽饼、豆饼、花生饼粕、花生饼、亚麻仁等。这类副产品由于粗纤维含量高，作为鸡饲料营养价值低，适口性差，需要进行处理。

1. 棉籽饼去毒法

(1)硫酸亚铁石灰水混合液去毒：100 千克清水中放入新鲜生石灰 2 千克，充分搅匀，去除石灰残渣，在石灰浸出液中加入硫酸亚铁(绿矾)200 克，然后投入经粉碎的棉籽饼 100 千克，浸泡 3～4 小时。

(2)硫酸亚铁去毒：可在粉碎的棉籽饼中直接混入硫酸亚铁干粉，也可配成硫酸亚铁水溶液浸泡棉籽饼。取 100 千克棉籽饼粉碎，用 300 千克 1%的硫酸亚铁水溶液浸泡，约 24 小时后，水分完全浸入棉籽饼中，便可用于喂鸡。

(3)尿素或碳酸氢铵去毒：以 1%尿素水溶液或 2%的碳酸氢铵水溶液与棉籽饼混拌后堆沤。一般是将粉碎过的 100 千克棉籽饼与 100 千克尿素溶液或碳酸氢铵溶液放在大缸内充分拌匀，然后倒在地上摊成 20～30 厘米厚的堆，地面先铺好薄膜，堆周用塑料膜严密覆盖。堆放 24 小时后，扒堆摊晒，晒干即可。

(4)加热去毒:将粉碎过的棉籽饼放入锅内加水煮沸 2～3 小时,可部分去毒。此法去毒不彻底,故在畜禽日粮中混入量不宜太多,以占日粮的 5%～8%为佳。

(5)碱法去毒:将 2.5%的氢氧化钠水溶液,与粉碎的棉籽饼按 1∶1 重量混合,加热至 70～75℃,搅拌 30 分钟,再按湿料重的 15%加入浓度为 30%的盐酸,继续控温在 75～80℃,30 分钟后取出干燥。此法去毒彻底,一般不含棉酚。

(6)小苏打去毒:以 2%的小苏打水溶液在缸内浸泡粉碎后的棉籽饼 24 小时,取出后用清水冲洗 2 次,即可达到无毒目的。

2. 菜籽饼去毒法

主要有土埋法、硫酸亚铁法、硫酸钠法、浸泡煮沸法。

(1)土埋法:挖 1 立方米容积的坑(地势要求干燥、向阳),铺上草席,把粉碎的菜籽饼加水(饼水比为 1∶1)浸泡后装入坑内,2 个月后即可饲用。

(2)硫酸亚铁法:按粉碎饼重的 1%称取硫酸亚铁,加水拌入菜籽饼中,然后在 100℃下蒸 30 分钟,再放至鼓风干燥箱内烘干或晒干后饲用。

(3)硫酸钠法:将菜籽饼掰成小块,放入 0.5%的硫酸钠水溶液中煮沸 2 小时左右,并不时翻动,熄火后添加清水冷却,滤去处理液,再用清水冲洗几遍即可。

(4)浸泡煮沸法:将菜籽饼粉碎,把粉碎后的菜籽饼放入温水中浸泡 10～14 小时,倒掉浸泡液,添水煮沸 1～2 小时即可。

3. 豆饼(粕)去毒法

一般采用加热法。将豆饼(粕)在温度 110℃下热处理 3 分钟即可。

4. 花生饼(粕)去毒法

一般采用加热法。在 120℃左右,热处理 3 分钟即可。

5. 亚麻仁饼去毒法

一般采用加热法。将亚麻仁饼用凉水浸泡后高温蒸煮1～2小时即可。

6. 鱼粉的加工

鱼粉加工有干法、湿法、土法3种。

干法生产是原料经过蒸干、压榨、粉碎、成品包装去毒的过程。湿法生产是原料经过蒸煮、压榨、干燥、粉碎包装去毒的过程。干、湿法生产的鱼粉质量好，适用于大规模生产，但投资费用大。

土法生产有晒干法、烘干法、水煮法3种。晒干法是原料经盐渍、晒干、磨粉去毒的方法。生产的是咸鱼粉，未经高温消毒，不卫生，含盐量一般在25%左右。烘干法是原料经烘干、磨碎而去毒的方法。原料里可不加盐，成品鱼粉含盐量较低，质量比前一种略好。水煮法是原料经水煮、晒干或烘干、磨粉过程去毒的方法。此法因原料经过高温消毒，质量较好。

(三)青绿饲料的加工

1. 切碎法

切碎法是青绿饲料最简单的加工方法，常用于养鸡少的农户。青绿饲料切碎后，有利于鸡吞咽和消化。

2. 干燥法

干燥的牧草及树叶经粉碎加工后，可供作配合鸡饲粮的原料，以补充饲粮中的粗纤维、维生素等营养。

青绿饲料收割期分别为：禾本科由抽穗至开花，豆科从初花至盛花，树叶类在秋季。其干燥方法可分为自然干燥和人工干燥。

自然干燥是将收割后的牧草在原地暴晒5～7小时，当水分含量降至30%～40%时，再移至避光处风干，待水分降至16%～17%时，就可以上垛或打包贮存备用。堆放时，在堆垛中间要留有通气孔。我国北方地区,干草含水量可在17%限度内贮存,南方地区应不超过14%。树叶类青绿饲料的自然干燥,应放在通风好的地方阴干,要经常翻动,防止发热和日晒,以免影响产品质量。待含水量降到12%以下时,即可进行粉碎。粉碎后最好用尼龙袋或塑料袋密封包装贮藏。

人工干燥的方法有高温干燥法和低温干燥法两种。高温干燥法在800~1100℃下经过3~5秒钟,使青绿饲料的含水量由60%~85%降至10%~12%;低温干燥法以45~50℃处理,经数小时使青绿饲料干燥。

青绿饲料的人工干燥,可以保证青绿饲料随时收割、随时干燥、随时加工成草粉,可减少霉烂,制成优质的干草或干草粉,能保存青绿饲料养分的90%~95%。而自然干燥只能保持青绿饲料养分的40%,且胡萝卜素损失殆尽。但人工干燥工艺要求高,技术性强,且需一定的机械设备及费用等。

第四节　配合饲料

蛋鸡圈养期要喂给全价饲料,散养期以食青草、树叶、草籽、各类昆虫为主,适当补饲全价饲料。夏秋季节可以在鸡舍前安装灯泡诱虫,让鸡采食。遇到恶劣天气、阴雨天或冬天不能外出觅食时,要补饲配合饲料。

散养期补饲多少应该以野生饲料资源的多少而定,一般来说,从散养第1周早晚在舍内喂饲,中餐在休息棚内补饲1次。第2周开始,中餐可以免喂,喂饲量早餐由散养初期的足量减少至七成,6周龄以上的大鸡可以降至六成甚至更低些,晚餐一定要吃饱。营养标准由散养初(第5周)的全价料逐步转换为谷物杂粮,6周龄后全部换为谷物杂粮,这样人为地促使鸡在散养场中寻找食物,以增加鸡的活动量,采食更多的有机物和营养物。

一、日粮的配合原则

配合鸡的日粮时必须考虑以下原则。

1. 营养原则

(1)配合日粮时，必须以鸡的饲养标准为依据，并结合饲养实践中鸡的生长与生产性能状况予以灵活应用。发现日粮中的营养水平偏低或偏高，应进行适当地调整。

(2)配合日粮时，应注意饲料的多样化，尽量多用几种饲料进行配合，这样有利于配制成营养完全的日粮，充分发挥各种饲料中蛋白质的互补作用，有利于提高日粮的消化率和营养物质的利用率。

(3)配合日粮时，接触的营养项目很多，如能量、蛋白质、各种氨基酸、各种矿物质等，但首先要满足鸡的能量需要，然后再考虑蛋白质，最后调整矿物质和维生素营养。能量是鸡生活和生产最迫切需要的，鸡按日粮含能量的多少调节采食量，如果日粮中能量不足或过多，都会影响其他养分的利用；提供能量的养分在日粮中所占数量最多，如果首先满足了鸡对能量的需要，其他营养物质，如矿物质、维生素的量不足，不需费很大的事，只需增加少量富含这类营养的饲料，便可得到调整。如果先考虑其他营养的需要，一旦能量不能满足鸡的需要量，则需对日粮构成进行较大的调整，相当费事。

2. 生理原则

(1)配合日粮时，必须根据各类鸡的不同生理特点，选择适宜的饲料进行搭配，尤其要注意控制日粮中粗纤维的含量，使之不超过5%为宜。

(2)配制的日粮应有良好的适口性。所用的饲料应质地良好，保证日粮无毒、无害、不苦、不涩、不霉、不污染。

(3)配合日粮所用的饲料种类力求保持相对稳定,如需改变饲料种类和配合比例,应逐渐变化,给鸡一个适应过程。

3. 经济原则

在养鸡生产中,饲料费用占很大比例,因此,配合日粮时,应尽量做到就地取材,充分利用营养丰富、价格低廉的饲料来配合日粮,以降低生产成本,提高经济效益。

二、饲料配方

(一)育雏期(幼雏)饲料配方

1. 以玉米、豆饼、鱼粉为主要原料的配方

配方1:玉米62%,麸皮10%,豆饼17%,国产鱼粉9%,骨粉2%。

配方2:玉米53.4%,高粱6%,大麦7%,麸皮5%,豆饼16.5%,国产鱼粉10%,骨粉1.5%,石粉0.3%,食盐0.3%。

配方3:玉米64%,麸皮7%,豆饼14%,进口鱼粉9%,苜蓿粉4%,骨粉2%。

配方4:玉米57.5%,麸皮12%,豆饼20.7%,进口鱼粉5%,槐叶粉2%,骨粉2.5%,食盐0.3%。

配方5:玉米62.80%,小米60%,麸皮8.95%,豆饼8.50%,进口鱼粉90%,苜蓿粉30%,石粉1.50%,食盐0.25%。

配方6:玉米58.25%,麸皮90%,豆饼200%,进口鱼粉70%,苜蓿草粉30%,骨粉2.45%,食盐0.30%。

配方7:玉米60%,麸皮5.4%,大豆饼24%,血粉4%,槐叶粉2%,骨粉2.5%,黄沙0.5%,无机盐添加剂0.2%,食盐0.4%,复合添加剂1%。

配方 8：玉米 51%，高粱 10%，大麦 5%，麸皮 4.4%，豆饼 15%，槐叶粉 3%，进口鱼粉 10%，骨粉 1%，蛎粉 0.3%，食盐 0.3%。

配方 9：玉米 62%，米糠 10.8%，苜蓿草粉 3%，鱼粉 21%，骨粉 1%，贝粉 1.5%，维生素及微量元素添加剂 0.4%，食盐 0.3%。

2. 以饼粕类为主要蛋白质来源的饲料配方

配方 1：玉米 63.6%，豆饼 19.8%，葵花仁饼 8.8%，国产鱼粉 6%，骨粉 1.5%，食盐 0.3%。

配方 2：玉米 54%，高粱 8%，大麦 5%，豆饼 18%，菜籽饼 3%，棉籽饼 3%，苜蓿草粉 2%，进口鱼粉 4%，骨粉 0.75%，脱氟磷酸氢钙 2%，食盐 0.25%。

配方 3：玉米 57.5%，豆饼 15%，菜籽饼 5%，棉籽饼 5%，葵花仁饼 10%，国产鱼粉 4%，骨粉 2%，脱氟磷酸氢钙 1.5%。

配方 4：糙米、碎米 65%，豆饼 9.5%，菜籽饼 4.1%，棉籽饼 7.4%，芝麻饼 8.5%，进口鱼粉 3%，骨粉 1%，石粉 1.1%，食盐0.4%。

配方 5：玉米 37%，小麦 30.1%，豌豆 4%，蚕豆 3%，菜籽饼 4%，鱼粉 5%，血粉 1.5%，肝渣 1.5%，蚕蛹 11%，磷酸氢钙 2%，添加剂 0.5%，食盐 0.4%。

3. 无鱼粉饲料配方

配方 1：玉米 59.1%，麸皮 10%，豆饼 18%，棉籽饼 10%，骨粉 1.5%，石粉 1%，食盐 0.4%。

配方 2：玉米 62.5%，麸皮 5.5%，豆饼 23%，亚麻籽饼 4.5%，苜蓿草粉 3%，骨粉 1.3%，食盐 0.2%。

配方 3：玉米 61.6%，米糠饼 5%，豆饼 26.6%，槐叶粉 2%，骨粉 1.5%，石粉 1%，添加剂 2%，食盐 0.3%。

配方 4：玉米 55.5%，麸皮 12%，米糠饼 5%，豆饼 20.7%，槐

叶粉 2%,骨粉 1.5%,石粉 1%,添加剂 2%,食盐 0.3%。

配方 5:玉米 64.9%,麸皮 4.1%,豆饼 16.2%,棉籽饼 10%,骨粉 1.5%,石粉 1%,添加剂 2%,食盐 0.3%。

配方 6:玉米 60%,麸皮 10%,豆饼 23%,血粉 4%,骨粉 2.4%,其他添加剂 0.2%,食盐 0.4%。

配方 7:玉米 61%,麸皮 5.4%,豆饼 24%,槐叶粉 2%,血粉 4%,骨粉 2.5%,黄沙 0.5%,其他添加剂 0.20%,食盐 0.40%。

(二)育成期饲料配方

1. 育成前期(中雏)饲料配方

(1)以玉米、豆饼、鱼粉为主的补饲配方

配方 1:玉米 54.2%,高粱 8%,大麦 10%,麸皮 11%,豆饼 7.5%,进口鱼粉 5.5%,骨粉 1.5%,石粉 1%,复合添加剂 1%,食盐 0.3%。

配方 2:玉米 59.1%,麸皮 11%,豆饼 19.9%,鱼粉 6%,骨粉 2.15%,贝壳粉 0.5%,膨润土 1%,食盐 0.35%。

配方 3:玉米 71.9%,麸皮 9%,豆饼 12%,鱼粉 5%,骨粉 1%,石粉 1%,蛋氨酸 0.1%。

配方 4:玉米 66.6%,麸皮 14.4%,豆饼 7.8%,苜蓿草粉 2%,鱼粉 6%,骨粉 1%,石粉 1%,磷酸氢钙 1%,食盐 0.2%。

配方 5:玉米 66%,麸皮 6.5%,豆饼 9%,苜蓿草粉 6.5%,鱼粉 9%,骨粉 1%,石粉 1%,磷酸氢钙 1%。

配方 6:玉米 66.7%,麸皮 13%,豆饼 8.7%,苜蓿草粉 3.9%,鱼粉 6%,无机盐添加剂 1.5%,食盐 0.2%。

配方 7:玉米 70.6%,麸皮 14%,豆饼 6%,苜蓿草粉 2.65%,鱼粉 5%,无机盐添加剂 1.5%,食盐 0.25%。

配方 8:玉米 60.25%,高粱 8%,大麦 5%,麸皮 6%,豆饼 13%,苜蓿草粉 2%,鱼粉 4%,骨粉 1.5%,食盐 0.25%。

配方 9:玉米 66%,豆饼 18.3%,葵花仁饼 10.9%,鱼粉 3%,骨粉 1.5%,食盐 0.3%。

配方 10:玉米 62%,麸皮 15%,豆饼 5%,棉籽饼 5%,菜籽饼 5%,鱼粉 5%,骨粉 2%,贝粉 1%。

(2)利用其他饼粕类代替部分豆饼的饲料配方

配方 1:玉米 70%,麸皮 5.8%,亚麻籽饼 14%,苜蓿草粉 2%,鱼粉 6%,骨粉 1%,石粉 1%,食盐 0.2%。

配方 2:玉米 62.5%,高粱 8%,大麦 5%,棉籽饼 7.5%,菜籽饼 7%,苜蓿草粉 2%,鱼粉 5.25%,骨粉 1.5%,磷酸氢钙 1%,食盐 0.25%。

配方 3:玉米 69.55%,高粱 10%,大麦 4%,麸皮 1%,棉籽饼 4.5%,菜籽饼 6%,苜蓿草粉 2.5%,骨粉 0.7%,磷酸氢钙 1.5%,食盐 0.25%。

(3)无鱼粉饲料配方

配方 1:玉米 67%,麸皮 7.8%,豆饼 11%,亚麻籽饼 10%,苜蓿草粉 2%,骨粉 1%,石粉 1%,食盐 0.2%。

配方 2:玉米 68%,麸皮 2%,菜籽饼 12%,亚麻籽饼 12%,苜蓿草粉 3.8%,骨粉 1%,石粉 1%,食盐 0.2%。

配方 3:玉米 69.5%,麸皮 6.25%,豆饼 5%,棉籽饼 5%,花生饼 5%,苜蓿草粉 6.5%,骨粉 0.5%,磷酸氢钙 1.9%,食盐 0.35%。

配方 4:玉米 55.1%,麸皮 21%,豆饼 19%,血粉 0.8%,骨粉 2.5%,虾粉 1%,无机盐添加剂 0.2%,食盐 0.4%。

配方 5:玉米 69.5%,麸皮 6.25%,豆饼 5%,棉籽饼 5%,花生饼 5%,苜蓿草粉 6.5%,骨粉 0.5%,磷酸氢钙 1.9%,食盐 0.35%。

配方 6:玉米 66%,麸皮 13.63%,豆粕 17%,磷酸氢钙 1.4%,石粉 1.1%,食盐 0.37%,预混料 0.5%。

2. 育成后期(大雏)饲料配方

(1)以玉米、豆饼、鱼粉为主要原料的配方

配方 1:玉米 53.2%,高粱 10%,大麦 5%,麸皮 10%,豆饼 6%,鱼粉 3%,槐叶粉 10%,骨粉 2%,蛎粉 0.5%,食盐 0.3%。

配方 2:玉米 53.2%,高粱 10%,大麦 5%,麸皮 10%,豆饼 6%,鱼粉 3%,槐叶粉 10%,骨粉 2%,蛎粉 0.5%,食盐 0.3%。

配方 3:玉米 68.5%,麸皮 18%,豆饼 8%,鱼粉 4%,骨粉 1%,石粉 0.5%。

配方 4:玉米 64.1%,麸皮 16%,豆饼 5%,苜蓿干草粉 9.6%,鱼粉 3%,无机盐 2%,食盐 0.3%。

配方 5:玉米 76.9%,麸皮 10%,豆饼 6%,鱼粉 5%,骨粉 1%,石粉 1%,蛋氨酸 0.1%。

配方 6:玉米 68.3%,麸皮 16%,豆饼 2.5%,苜蓿干草粉 8%,鱼粉 3%,骨粉 1%,石粉 1%,食盐 0.2%。

配方 7:玉米 69.2%,麸皮 14.9%,豆饼 2%,苜蓿干草粉 8%,鱼粉 3.8%,骨粉 1%,石粉 1%,食盐 0.1%。

配方 8:玉米 67%,麸皮 15%,豆饼 1.3%,苜蓿干草粉 11.8%,鱼粉 2.6%,骨粉 2%,食盐 0.3%。

配方 9:玉米 65%,高粱 8%,大麦 5%,麸皮 8%,豆饼 7%,苜蓿干草粉 3%,鱼粉 2%,骨粉 1.5%,磷酸氢钙 0.25%,食盐 0.25%。

配方 10:玉米 72.7%,豆饼 9%,葵花仁饼 14.5%,鱼粉 2%,骨粉 1.5%,食盐 0.3%。

配方 11:玉米 62%,麸皮 18%,豆饼 7%,槐叶粉 8%,鱼粉 2%,骨粉 1.5%,石粉 1.2%,食盐 0.3%。

配方 12:玉米 63%,麸皮 23%,菜籽饼 3%,棉籽饼 3%,豆饼 3%,鱼粉 2%,骨粉 2%,石粉 0.7%,食盐 0.3%。

(2)利用其他饼粕代替大豆饼的饲料配方

配方1:玉米70%,豆饼9%,亚麻籽饼9%,苜蓿草粉5.3%,鱼粉4.5%,骨粉1%,石粉1%,食盐0.2%。

配方2:玉米66.25%,高粱8%,大麦5%,麸皮4.5%,豆饼2.5%,棉籽饼2%,菜籽饼2%,苜蓿草粉3%,鱼粉4%,骨粉1.5%,磷酸氢钙1%,食盐0.25%。

配方3:玉米68%,高粱8%,大麦5%,麸皮2%,棉籽饼5%,菜籽饼5%,苜蓿草粉3%,鱼粉2%,骨粉1.5%,磷酸氢钙0.25%,食盐0.25%。

(3)无鱼粉饲料配方

配方1:玉米68%,麸皮6.8%,豆饼7.5%,亚麻籽饼7.5%,苜蓿草粉8%,骨粉1%,石粉1%,食盐0.2%。

配方2:玉米69.3%,高粱10%,大麦4%,麸皮1%,棉籽饼4.5%,菜籽饼6%,苜蓿草粉2.5%,骨粉0.95%,磷酸氢钙1.5%,食盐0.25%。

配方3:玉米55.1%,麸皮21%,豆饼19%,骨粉2.5%,血粉0.8%,虾粉1%,无机盐0.2%,食盐0.4%。

配方4:玉米73.5%,麸皮9%,豆饼2%,棉籽饼2%,花生饼2%,苜蓿草粉9%,骨粉0.65%,磷酸氢钙1.5%,食盐0.35%。

配方5:玉米63.6%,麸皮20%,豆饼3.5%,棉籽饼10%,骨粉1.5%,石粉1%,食盐0.4%。

配方6:玉米70%,麸皮12%,豆饼3%,槐叶粉12%,骨粉2.6%,食盐0.4%。

(三)产蛋期补饲配方

1. 以玉米、豆饼、鱼粉为主的补饲配方

配方1:玉米51.7%,高粱5%,大麦9%,豆饼15%,槐叶粉5%,鱼粉5.5%,骨粉2%,蛎粉6.5%,食盐0.3%。

配方 2:玉米 51.4%,高粱 5%,大麦 12%,豆饼 12.3%,槐叶粉 5%,鱼粉 5.5%,骨粉 2.5%,蛎粉 6%,食盐 0.3%。

配方 3:玉米 51.7%,高粱 5%,大麦 15%,豆饼 9%,槐叶粉 5%,鱼粉 5.5%,骨粉 2.5%,蛎粉 6%,食盐 0.3%。

配方 4:玉米 74.6%,豆饼 10.56%,苜蓿草粉 4%,鱼粉 2.5%,肉骨粉 1%,石粉 5.44%,磷酸氢钙 1.5%,食盐 0.4%。

配方 5:玉米 67.13%,麸皮 8%,豆饼 8%,鱼粉 8%,骨粉 1.5%,石粉 7%,食盐 0.37%。

配方 6:玉米 60%,麸皮 15%,豆饼 14%,鱼粉 5%,贝壳粉 6%。

配方 7:玉米 52%,麸皮 20%,豆饼 15%,葵花籽饼 5%,鱼粉 2%,贝壳粉 5.7%,食盐 0.3%。

配方 8:玉米 50%,麸皮 21%,豆饼 15%,鱼粉 8%,贝壳粉 6%。

配方 9:玉米 62.7%,豆饼 20%,花生饼 5%,鱼粉 3%,骨粉 1.6%,石粉 7.4%,食盐 0.3%。

配方 10:玉米 68%,麸皮 6%,豆饼 8%,鱼粉 10%,骨粉 2%,石粉 6%。

配方 11:玉米 64%,麸皮 14.9%,豆饼 12%,鱼粉 3%,贝壳粉 6%,蛋氨酸 0.1%。

配方 12:玉米 50%,小麦 9%,麸皮 13%,豆饼 15%,鱼粉 7%,骨粉 0.5%,贝壳粉 5.5%。

2. 无鱼粉补饲配方

配方 1:玉米 40.5%,高粱 7%,麸皮 12%,米糠 3%,豆饼 29.5%,骨粉 2.5%,贝壳粉 5%,食盐 0.5%。

配方 2:玉米 41%,高粱 10%,麸皮 10%,米糠 8%,豆饼 24%,骨粉 2.5%,贝壳粉 4%,食盐 0.5%。

配方 3：玉米 59.9%，麸皮 11.2%，豆饼 15%，蚕蛹 3%，血粉 2%，虾糠 1.5%，骨粉 1.5%，贝壳粉 5.5%，其他添加剂 0.2%，食盐 0.2%。

配方 4：玉米 64.8%，麸皮 0.5%，豆饼 15%，亚麻籽饼 10%，苜蓿草粉 1%，骨粉 1%，石灰石粉 7.5%，食盐 0.2%。

配方 5：玉米 63.65%，麸皮 1%，胡麻籽饼 3%，黄豆 25%，贝壳粉 5%，磷酸氢钙 2%，食盐 0.35%。

配方 6：玉米 64%，麸皮 2%，豆饼 13.25%，葵花子饼 10%，骨粉 2.5%，石粉 8%，食盐 0.25%。

配方 7：玉米 66.4%，麸皮 4%，豆饼 9.3%，亚麻籽饼 10%，苜蓿粉 2%，骨粉 1%，石粉 7%，食盐 0.3%。

配方 8：玉米 64.2%，麸皮 0.5%，豆饼 15%，亚麻籽饼 10.5%，苜蓿粉 1%，骨粉 1%，石粉 7.5%，食盐 0.3%。

配方 9：玉米 54%，麸皮 20%，棉籽饼 3%，菜籽饼 3%，酒糟 10%，蚕蛹粉 5%，骨粉 3.5%，添加剂 1%，食盐 0.5%。

配方 10：玉米 60%，麸皮 20%，棉籽饼 8%，豆腐渣 5.5%，蚕蛹粉 2%，骨粉 3%，添加剂 1%，食盐 0.5%。

配方 11：玉米 58%，麸皮 7.5%，豆饼 7%，棉籽饼 5%，花生饼 5%，小麻饼 4%，肉骨粉 4.5%，石粉 7.5%，添加剂 1.5%。

配方 12：玉米 64.2%，麸皮 0.5%，豆饼 15%，亚麻籽饼 10.5%，苜蓿草粉 1%，骨粉 1%，石灰石粉 7.5%，食盐 0.3%。

第五节　饲料的贮藏

1. 玉米贮藏

玉米主要是散装贮藏，一般立筒仓都是散装。立筒仓虽然贮藏时间不长，但因玉米厚度高达几十米，水分应控制在 14%以下，以防发热。不是立即使用的玉米,可以入低温库贮藏或通风贮藏。若是玉米粉,因其空隙小,透气性差,导热性不良,不易贮藏。如水分含量稍高,则易结块、发霉、变苦。因此,刚粉碎的玉米应立即通风降温,装袋码垛不宜过高,最好码成井字垛,便于散热,及时检查,及时翻垛,一般应采用玉米籽实贮藏,需配料时再粉碎。

其他籽实类饲料贮藏与玉米相仿。

2. 饼粕贮藏

饼粕类由于本身缺乏细胞膜的保护作用。营养物质外露,很容易感染虫、菌。因此,保管时要特别注意防虫、防潮和防霉。入库前可使用磷化铝熏蒸,用敌百虫、林丹粉灭虫消毒。仓底铺垫也要彻底做好,最好用砻糠作垫底材料。垫糠要干燥压实,厚度不少于 20 厘米,同时要严格控制水分,最好控制在 5%左右。

3. 麦麸贮藏

麦麸破碎疏松,孔隙度较面粉大,吸潮性强,含脂量多(多达5%),因而很容易酸败、霉变和生虫,特别是夏季高温潮湿季节更易霉变。贮藏麦麸在 4 个月以上,酸败就会加快。新出机的麦麸应把温度降至 10～15℃再入库贮藏,在贮藏期要勤检查,防止结露、吸潮、生霉和生虫。一般贮藏期不宜超过 3 个月。

4. 米糠贮藏

米糠脂肪含量高,导热不良,吸湿性强,极易发热酸败,贮藏时应避免踩压,入库时米糠要勤检查、勤翻、勤倒,注意通风降温。米糠贮藏稳定性比麦麸还差,不宜长期贮藏,要及时推陈贮新,避免损失。

5. 叶粉的贮存

叶粉要用塑料袋或麻袋包装,防止阳光中紫外线对叶绿素和维生素的破坏。另外,贮存场所应保持清洁、干燥、通风,以防吸湿结块。在良好的贮存条件下，针叶粉可保存2～6个月。

6. 配合饲料的贮藏

配合饲料的种类很多，包括全价饲料、预混饲料、浓缩饲料等。这些饲料因内容物不一致，贮藏特性也各不相同，因料型不同，贮藏性也有差异。

全价颗粒饲料，因经蒸汽加压处理，能杀死绝大部分微生物和害虫，而且孔隙度大，含水量较少，淀粉膨化后把维生素包裹，因而贮藏性能极好，短期内只要防潮，贮藏不易霉变，也不易因受光的影响而使维生素破坏。

全价粉状配合料大部分是由谷类籽实粉组成，表面积大，孔隙度小，导热性差，容易吸潮发霉。其中维生素因高温、光照等因素而造成损失。因此，全价粉状配合料一般不宜久放，贮藏时间最好不要超过2周。

浓缩饲料，蛋白质含量丰富，含各种维生素及微量元素。这种粉状饲料导热性差，易吸潮，有利于微生物和害虫繁殖，也易导致维生素变热、氧化而失效。因此，浓缩饲料宜加入适量抗氧化剂，且不宜长时期贮藏，要不断推陈贮新。

添加剂预混料主要是由维生素和微量元素组成，有的添加了一些氨基酸、药物或一些载体。这类物质容易受光、热、水、气影响，要注意存放在低温、遮光、干燥的地方，最好加入一些抗氧化剂，贮藏期也不宜过久。维生素添加剂也要用小袋遮光密闭包装，在使用时，以维生素作添加剂再与微量元素混合，效价影响不会太大。

第四章 蛋鸡的繁育技术

在养殖生产中繁殖是最关键的环节之一，繁殖是一个后代产生，使种族延续的过程。繁殖的成功，对保护物种的遗传多样性有重要意义，同时也意味着种群数量的增长，繁殖数量越多，经济效益会越大。如果不能正常繁殖，种群的数量不增或增加很少，会导致经济效益低或亏损。因此，饲养者应充分重视蛋鸡繁殖这一环节。

第一节 引 种

种源的纯正可靠，是养殖成功必备的前提条件之一。因此，养殖蛋鸡要从专业养殖场购买雏鸡和种蛋，在购买过程中要和孵化场或种鸡场签订雏鸡订购合同，保证雏鸡的数量和质量，同时确定大致接雏日期。在雏接前 1 周内要确定具体的接雏日期，以便育雏舍提前预热和其他准备工作的进行。

一、雏鸡的引进

(一)选购雏鸡

选择健康的雏鸡是育雏成功的基础。由于种用蛋鸡的健康、营养和遗传等先天因素的影响，以及孵化、长途运输与出壳时间过长等后天因素的影响，初生雏中常出现有弱雏、畸形雏和残雏等，对此需要淘汰。因此，选择健康雏鸡（图 4-1）是育雏成功的首要工作。雏鸡选择应从以下几个方面进行。

图 4-1　选雏

1. 外观

健雏表现活泼好动，无畸形和伤残，反应灵敏，叫声响亮，眼睛圆睁。而伏地不动，没有反应，腹部过大过小、脐部有血痂或有血线者则为弱雏。

2. 绒毛

健雏绒毛丰满，有光泽，干净无污染。绒毛有粘着的则为弱雏。

3. 手握感觉

健雏手握时，绒毛松软饱满，有挣扎力，触摸腹部大小适中、柔软有弹性。

4. 卵黄吸收和脐部愈合情况

健雏卵黄吸收良好，腹部不大、柔软，脐部愈合良好、干燥，上有绒毛覆盖。而弱雏表现脐孔大,有脐疔,卵黄囊外露,无绒毛覆盖。

5. 体重

鸡出壳重应在 35～42 克,同一品种大小均匀一致。

(二)雌雄鉴别

因为蛋鸡生产的需要,对初生雏鸡进行雌雄鉴别有非常重要的经济意义。首先可以节省饲料,其次可以节省鸡舍、设备、劳动力和各种饲养费用,同时可以提高母雏的成活率、均匀度。初生雏鸡雌雄鉴别的方法主要有:肛门鉴别法、器械鉴别法、伴性遗传鉴别法、动作鉴别法、外形鉴别法等。

1. 肛门鉴别法

肛门鉴别法是利用翻开雏鸡肛门观察雏鸡生殖隆起的形态来鉴别雌雄的方法,这种方法的准确率可达到 96%～100%,使用相当广泛。雏鸡出壳后 12 小时左右是鉴别的最佳时间,因为这时公母雏生殖突起形态相差最为显著,雏鸡腹部充实,容易开张肛门,此时雏鸡也最容易抓握,过晚实行翻肛鉴别,生殖突起常起变化,区别有一定难度,并且肛门也不易张开。鉴别时间最迟不要超过出壳后 24 小时。

运用肛门鉴别法进行鉴别雏鸡雌雄的操作手法是由抓握雏鸡、排粪翻肛、鉴别放雏三个步骤组成。

(1)抓雏、握雏:雏鸡抓握的手法有两种,即夹握法和团握法。

①夹握法:将雏鸡抓起,然后使雏鸡头部向左侧迅速移至左手;雏鸡背部贴掌心,肛门向上,使雏鸡颈部夹在中指与无名指之间,双翅夹在食指与中指之间,无名指与小拇指弯曲,将鸡两爪夹在掌面。

②团握法:左手朝鸡雏运动方向,掌心贴着雏鸡背部将其抓起,使雏鸡肛门朝上团握在手中。

(2)排粪、翻肛:在鉴别雏鸡之前,必须将粪便排出。用左手大拇指轻压雏鸡腹部左侧髋骨下缘,使粪便排进粪缸内。粪便排出后,左手拇指(左手握雏)从排粪时的位置移至雏鸡肛门的左侧,左手食指弯曲贴在雏鸡的背侧;同时将右手食指放在肛门右侧,右手拇指放在雏鸡脐带处;位置摆放好后,右手拇指沿直线往上方顶推,右手食指往下方拉,并往肛门处收拢,三个手指在肛门处形成一个小的三角形区域,三个手指凑拢一挤,雏鸡肛门即被翻开。

(3)鉴别:如果将雏鸡泄殖腔背襞纵向剖开,就可明显地看到雄雏具有1个比小米粒略小的、白色球状的生殖突起,该突起与两侧的皱襞构成明显的生殖隆起。雌雏无生殖突起,也无生殖隆起,而呈凹陷状。无论是雌雏还是雄雏,生殖隆起的形态是有差异的,尤其是作为生产上应用肛门鉴定法来鉴别雌雄时,仅仅是翻开肛门来观察这一构造,对这些差异的了解是十分重要的。

①雄雏鸡生殖隆起:雄雏鸡生殖隆起从形态结构上来看有正常型、小突起型、扁平型、肥厚型、纵型和分裂型。

正常形:生殖突起最发达,长0.5毫米以上,形状规则,充实似球形,富有弹性,外表有光泽,轮廓鲜明,位置端正,在肛门浅处,八状襞发达,但少有对称者。

小突起型:生殖突起特别小,长径在0.5毫米以下,八字状襞不明显,且稍不规则。

扁平型:生殖突起为扁平横生,如舌状,八字状襞均不规则,但很发达。

肥厚型:生殖突起与八字状襞相连,界限不明显,八字状襞特别发达,将生殖突起和八字状襞一起观看即为肥厚型。

纵型:生殖突起位置纵长,多呈纺锤形,八字状襞既不发达,又不规则。

分裂型:在生殖突起中央有一纵沟,将生殖突起分离,此型罕见。

②雌雏鸡生殖隆起:雌雏鸡生殖隆起的形态结构有:正常型、小突起型和大突起型。

正常型:生殖突起几乎完全退化,仅残存皱襞,且多为凹陷。

小突起型:生殖突起长0.5毫米以下,其形态为球形或近于球形,八字状襞明显退化。

大突起型:生殖突起的长径在0.5毫米以上,八字状襞也发达,与雄雏的生殖突起正常型相似。

③雌雄雏鸡生殖隆起的差异:在正确翻肛的前提下,鉴别的关键是能否准确地分辨雌雄生殖隆起的微小差异。然而雄雏正常型与雌雏大突起略相似,雄雏分裂型与雌雏正常型略相似,两者的小突起型略相似但若仔细观察还是能够相区别的(表4-1)。

表4-1　雌雄雏鸡生殖突起的区别表

比较项目	雌雏鸡	雄雏鸡
外观感觉	轮廓不明显,不充实	轮廓明显,充实
光泽	柔软透明	表面紧张,具光泽
弹性	差,压迫或伸缩易变形	强,压迫或伸缩不易变形
突起尖端形态	尖	圆
充血程度	血管不发达	血管发达

④翻肛操作注意事项:鉴别动作轻捷,速度要快。动作粗鲁易造成损伤,影响雏鸡的发育,严重者会造成雏鸡的死亡。鉴别时间过长,雏鸡肛门易被排出的粪便或渗出物掩盖无法辨认生殖隆起的状态,为了不使雏鸡因鉴别而染病,在进行鉴别前,每个鉴别人员必须穿工作服和鞋,戴帽子和口罩,并用苯扎溴铵消毒液洗手消毒。鉴别雌雄是在灯光下进行的一种细微结构形态的快速观察,采用具有反光罩的灯具,灯泡采用40～60瓦乳白灯泡,鉴别盒中放置雏鸡的位置要固定而一致。也就是说,一个鸡场要有统一的规定。例如,规定左边的格内放雌雏,右边的格内放雄雏,中间的格子是放置未鉴别的混合雏鸡。鉴别人员坐着的姿势要自然,使

持续的鉴别不至疲劳。若遇到肛门有粪便或渗出物排出时，则可用左手拇指或右手食指抹去，再行观察。若遇到一时难以分辨的生殖隆起时，则可用二拇指或右手食指触摸，并观察其弹性和充血程度，切勿多次触摸。若遇到不能准确判断时，先看清生殖隆起的形态特征，然后再进行解剖观察，以总结经验。注意不同品种间正常型和异常型的比例及生殖隆起的形状差异。

翻肛后，立即进行鉴别。鉴别后，根据鉴别的结果，将雌雄雏鸡分别放进鉴别盒中。

2. 器械鉴别法

器械鉴别法是利用专门的雏鸡雌雄鉴别器来鉴别雏鸡的雌雄。这种工具的前端是一个玻璃曲管，插入雏鸡直肠，通过直接观察该雏鸡是否具有卵巢或睾丸来鉴别雌或雄。这种方法对于操作熟练者来说，其准确度可达98%～100%。但是，这种方法鉴别速度较慢，且由于鉴别器的玻璃曲管需插入雏鸡直肠，使雏鸡易受伤害和容易传播疫病，因而使应用受到了限制。

3. 自别雌雄法

所谓自别雌雄是根据伴性交叉遗传的原理，采用固定的公母鸡配种组合（多数是品种间或品系间杂交），繁殖下来的雏鸡在初生阶段，有的是羽毛色泽，有的是生羽速度，有的在腿脚颜色方面，表现出明显的公母差异。肉眼极容易把它们分开，准确率在百分之百。这是一种很方便的雌雄鉴别法。

如果用带隐性伴性基因的公鸡，跟带显性伴性基因的母鸡交配，繁殖下来的雏鸡，凡公的像亲代的显性性状，母的像亲代的隐性性状。例如，非芦花公鸡（伴性隐性），配芦花母鸡（伴性显性），后代雏鸡公的为芦花羽（显性性状），母的则为非芦花羽（隐性性状）。

应用自别雌雄法，必须明确如下事项：①配合的公母鸡应该固定,不能相反。②繁殖下来的商品代,只能自别雌雄这一代,若再利用本代公母鸡横交,后代已失去自别雌雄的作用。③凡能自别雌雄的配对鸡种,是经过系统选育提纯并经准确的杂交试验证实了的,如没有经过选育和试验证实的,则不会有应用效果。

4. 羽毛鉴别法

主要根据翅、尾羽生长的快慢来鉴别,雏毛换生新羽毛,一般雌的比雄的早,在孵出的第 4 天左右,如果雏鸡的胸部和肩尖处已有新毛长出的是雌雏;若在出壳后 7 天以后才见其胸部和肩尖处有新毛的,则是雄雏。

5. 动作鉴别法

总的来说,雄性要比雌性活泼,活动力强,悍勇好斗,雌雏比较温驯懦弱。因此,一般强雏多雄,弱雏多雌;眼暴有光为雄;柔弱温文为雌;动作锐敏为雄,动作迟缓为雌;举步大为雄,步调小为雌;鸣声粗浊多为雄,鸣声细悦多为雌。

6. 外形鉴别法

雄雏鸡的头一般较大,个子粗壮,眼圆形,眼球较突出,喙长而尖,呈钩状;雌雏鸡的头较小,体较轻,眼椭圆形,喙短而圆,细小而平直。不过,孵化时如种蛋大小不一,雏群数量很大,缺乏经验的人则较难掌握此法。

(三)了解相关信息和承诺

(1)为顺利地培育好雏鸡,应尽可能向孵化厂了解一些情况。

①鸡种生产性能、生活力。

②出雏时间和存放环境,如出雏后存放时间过长、温度过低、通风不良,会严重影响雏鸡质量。

③雏鸡接种疫苗情况。

④此批种蛋的受精率、孵化率、健雏率,这些指标越高雏鸡质

量越好。

⑤种鸡的日龄、群体大小、种鸡的产蛋率,种鸡盛产期的后代体质等。

⑥种鸡的免疫程序,可推测雏鸡母源抗体水平。

⑦鸡场经常使用什么药品。

⑧有可能的话,再了解一下种鸡群曾发生过什么疾病。

(2)如果可能,在购买雏鸡时,应要求种鸡场有以下的承诺。

①保证鸡种无掺杂作假。

②保证马立克疫苗是有效的,对每只鸡的免疫是确实的。

③保证5日龄内因细菌感染引起的死亡率在2%以下。

④保证因为鉴别误差混入的公雏在5%以下。

⑤对日常的饲养管理、疫病预防等给予免费的咨询服务,还应得到种鸡场赠送的该品种的饲养管理手册。

(四)雏鸡的运输

雏鸡生命力柔弱,经不起外界的剧烈震动和多变的气温。因此,自孵化出壳到1个月脱温的雏鸡不宜长途运输,否则死亡率极高。一般1个月后的雏鸡可长途运输,宜用纸箱装运,箱底垫铺麻袋片,以防滑。要在雏鸡存放室的温度在24～28℃,通风良好且无穿堂风,雏鸡应当尽快运到养殖场。

1. 运输方式

雏鸡的运输方式依季节和路程远近而定。汽车运输时间安排比较自由,又可直接送达养鸡场,中途不必倒车,是最方便的运输方式。火车也是常用的运输方式,适合于长距离运输和夏、冬季运输,安全快速,但不能直接到达目的地。

2. 携带证件

雏鸡运输的押运人员应携带检疫证、身份证、合格证和畜禽生产经营许可证以及有关的行车手续。

3. 运输要点

汽车运输时,车厢底板上面铺上消毒过的柔软垫草,每行雏箱之间,雏箱与车厢之间要留有空隙,最好用木条隔开,雏箱两层之间也要用木条(玉米秸、高粱秸、竹竿均可)隔开,以便通气。

冬季,早春运输雏鸡要用棉被,棉毯遮住运雏箱,千万不能用塑料包盖,更不应将运雏箱放在汽车发动机附近,否则会将雏鸡闷死、热死。车内有足够的空间,保证运输箱周围空气流通良好。运输途中,要时时观察雏鸡动态,防止事故发生。

夏季运输雏鸡要携带雨布,千万不能让雏鸡着雨,着雨后雏鸡感冒,会大量死亡,影响成活率。夏季最好在早晚凉爽时运输雏鸡,以防雏鸡中暑。运输初生雏鸡时,行车要平稳,转弯、刹车时都不要过急,下坡时要减速,以免雏鸡堆压死亡。

运输雏鸡要有专用运雏箱,一般的运雏箱规格为 60 厘米×45 厘米×18 厘米的纸箱、木箱或塑料瓦楞箱。箱的上下左右均有若干 1 厘米洞孔,箱内分成 4 个格装鸡,如用其他纸箱应注意留通风孔,并注意分隔。每箱装雏鸡数量最多不超过 100 只为宜,防止挤压。车厢、雏箱使用前要消毒,为防疫起见,雏箱不能互相借用。

运输雏鸡的人员在出发前应准备好食品和饮用水,中途不能停留。远距离运输应有两个司机轮换开车,押运雏鸡的技术人员在汽车启动 30 分钟后,应检查车厢中心位置的雏鸡活动状态。如果雏鸡精神状态良好,每隔 1～2 个小时检查 1 次,检查间隔时间的长短应视实际情况而定。

二、种蛋的选择

种蛋品质的好坏与孵化率的高低、初生雏鸡的品质及其以后的健康、生存力和生产性能都有着密切的关系。因此,种蛋必须根据具体情况进行严格认真的挑选。

1. 选蛋

(1)种蛋来源:了解种鸡场情况,包括种鸡状况、种鸡群体是否健康、种鸡营养水平等。凡是用来育雏的种蛋,都必须要求来源于饲养、管理正常的健康鸡群,以免出现病症。

(2)种蛋新鲜度:实践证明,种蛋愈新鲜,孵化率越高,雏鸡的体质也越好。新鲜种蛋外表有光泽,气室很小,陈蛋则相反。种蛋保存期限越长,孵化率越低。一般来说,种蛋产后于 1 周内入孵合适,以 3～5 天最好;保存 2 周的种蛋孵化率仅达 50%左右,延迟出雏近 5 小时。保存期超过 2 周,孵化率明显下降,不可入孵。

(3)种蛋大小、外观:蛋重应符合本品种标准,一般以 45～55 克为宜。蛋壳应清洁,蛋重适宜。种蛋形状以椭圆形为好,过大的、过小的、过长的、过圆的、腰鼓等畸形蛋均不宜做种蛋,而且双黄、三黄、蛋中蛋,血斑、肉斑蛋都不可作种蛋。应该注意,一批蛋的大小要一致,这样出雏时间整齐。蛋体过小,孵出的雏鸡也小;蛋体过大,孵化率比较低。

(4)蛋壳厚度:蛋壳应致密,厚薄要适度,过厚不利于破壳出雏,过薄易破碎。凡蛋壳无光泽、粗糙有砂眼(称砂皮蛋)或硬壳(称钢皮蛋)、薄壳蛋、皱皮者等外表结构异常的蛋都不可用作种蛋。

(5)蛋壳表面的清洁度:如蛋上沾染粪便、污泥、饲料等过脏的蛋或有裂纹的蛋常会受微生物污染而最容易腐坏,引起种蛋变质或造成死胎。

(6)蛋白的浓稠度:蛋白的浓稠度,跟孵化率的高低有密切关系。有人试验指出,蛋白浓稠的孵化率为 82.2%,稀薄的则只有 69.6%。生稀薄蛋白蛋的产蛋母鸡,是因为饲料中缺乏维生素 D 和维生素 B_2。测定蛋白浓稠度的方法,可用照蛋器看蛋黄飘浮的速度来判断,飘浮较快的,蛋白较稀薄,蛋黄在蛋内移动缓慢的,说明蛋白浓稠。蛋白稀薄的蛋,难于孵出鸡来,不应该选做种蛋。

2. 种蛋运输

种蛋运输应包装完善,以免震荡而遭破损。常采用专用蛋箱装运,箱内放 2 列 5 层压膜蛋托,每枚蛋托装蛋 30 枚,每箱装蛋 300 枚或 360 枚。装蛋时,钝端向上,盖好防雨设备。

如无专用蛋箱,也可用硬纸箱、木箱或竹筐装运。用硬纸箱、木箱或竹筐装蛋时,先把箱底底铺 1 层碎干草,然后 1 层蛋 1 层稻壳(或麦糠)分层摆放。摆放完毕后应轻摇一下箱,使蛋紧靠稻壳贴实,这样途中不容易破碎,然后加盖钉牢或用绳子捆紧。

装车时,箱外应标上品名、小心轻放和切勿倒置等字样。将蛋箱放在合适的地点,箱筐之间紧靠,周围不能潮湿、滴水或有严重气味。如用汽车、三轮车运输种蛋时先在车板上铺上厚厚的垫草或垫上泡沫塑料,有缓冲震荡的作用。

运输途中,防止日晒雨淋,冬季要保暖防冻。装卸车时,动作要轻缓。种蛋运至目的地后,应尽快将蛋取出,并平放在蛋盘里,剔除破蛋,静置半天,然后进行孵化前处理。

第二节 鸡的生殖生理

一、鸡的生殖系统结构和功能

鸡的生殖系统分雌性生殖系统和雄性生殖系统。生殖系统功能是产生新个体,繁育后代,使种族延续。

1. 母鸡

母鸡生殖器官位于体躯左侧，包括一个卵巢和输卵管。

(1)卵巢：卵巢是母鸡的性腺，雌性配子(卵细胞)在这里生长和成熟，雏鸡孵出后，左侧卵巢成为很易辨认的平滑小叶状，一日龄雏的卵巢大小和重量是很小的，平均为0.003克，内含有大量卵母细泡，数量600～500000个不等，每个卵母细胞构成卵泡，为其生长和构成卵黄提供必要的物质。由于卵黄物质积聚结果，卵母细胞的体积不断增加，卵巢的活跃活动开始于性成熟之前不久，卵巢呈一串葡萄状，包含大小不同的卵母细胞(重1～10克)，小的卵母细胞呈浅灰至白色，成熟后呈橙黄色。

卵巢的激素产物是雌激素、雄激素和孕酮，它们是从表层间质细胞和髓质中产生。可调节卵泡的生长、成熟和排卵，以及输卵管的活动。

(2)输卵管：输卵管从形态上可分为5个独立的组成部分。

①漏斗部：朝向卵巢，开口边缘薄，呈伞状形如漏斗，以接纳成熟的卵泡。

②膨大部：最长，弯弯曲曲，黏膜皱褶明显，乳白色卵白就是在这里产生的。

③峡部：短而细，黏膜较透明。主要形成卵壳膜。

④子宫部：扩大成囊状。壁较厚，灰红或淡灰色。卵在此处形成卵壳和卵壳色素。

⑤阴道部：短，弯曲成“S”形。

2. 公鸡

公鸡的生殖器由本身的生殖腺(睾丸)及副性腺(附睾)、输精管、精囊和生殖乳头组成。阴茎退化形成射精沟。

(1)睾丸：对称地位于脊柱的两边，靠近肾的前端，形状椭圆形,颜色乳黄色或深乳黄色。成年公鸡睾丸重量大约为其体重的1%～2%。睾丸由大量的小曲管组成,小曲管间的空隙被血管和淋巴管以及间质细胞所充满。睾丸主要功能是生产精子,分泌雄性类固醇激素(睾酮)。

(2)附睾:被睾丸总囊所包围,呈长椭圆形位于睾丸的背侧面,色深黄,鸡的附睾发育较差,只有在睾丸活动期才明显扩大。

(3)输精管:为细的曲管,管的上部腹面上有输出的横静脉,而下部与输尿管平行,在性活动期,输精管以及精囊(输精管扩展的下部)被精子所充满,输精管开口于泄殖腔中,称为生殖突起不大的膨大部。

(4)精子生成过程:鸡精子生成基本与其他脊椎动物相同,都以初级胚细胞(精原细胞)分裂开始,以形成成熟的精子而结束。

二、性成熟

蛋鸡一般在16周龄性成熟,20～21周龄即可达到5%的产蛋率,到26周龄时,产蛋率可达到50%。

三、配种方法

散养种鸡多行分群自然交配,公母比例为1∶(10～13)。3～8月份的种蛋受精率平均为80%,高者可达到86%～90%。

第三节　鸡种蛋的保存与消毒

一、种蛋的保存

1. 蛋库

大型鸡场有专门保存种蛋的房舍，叫做蛋库；专业户饲养群鸡，也得有个放种蛋的地方。保存种蛋的房舍，应有天花板，四墙厚实，窗户不要太大，房子可以小一点，保持清洁、整齐，不能有灰尘、穿堂风，防止老鼠、麻雀出入。

2. 存放要求

为了保证种蛋的新鲜品质，以保存时间愈短愈好，一般不要超过1周。如果需要保存时间长一点，则应设法降低室温，提高空气的相对湿度。

保存种蛋标准温度的范围是12～16℃，若保存时间在1周以内，以15～16℃为宜；保存2周以内，则把温度调到12～13℃；3周以内应以10～11℃为佳。

室内空间的相对湿度以70%～80%为宜。湿度小则蛋内水分容易蒸发，但湿度也不能过高，以防蛋壳表面上发霉，真菌侵入蛋内会造成蛋的霉败。种蛋保存3周时间，湿度可以提高到85%左右。

保存1周以内的种蛋，大端朝上或平放都可以，也不需要翻蛋；若保存时间超过1周以上，应把蛋的小端朝上，每天翻蛋1次。

二、种蛋的消毒

种蛋的存放期,应进行消毒。最方便的消毒方法是,在一个15平方米的贮蛋室里放一盏40瓦紫外线灯,消毒时开灯照射10～15分钟,然后把蛋倒转1次,让蛋的下面转到上面来,使全部蛋面都照射到。

正式入孵时,种蛋还要进行1次消毒,这次消毒要彻底。种蛋孵前消毒的方法有许多种,除紫外线灯消毒外,还有熏蒸消毒法和液体消毒法。

1.熏蒸消毒法

(1)甲醛熏蒸消毒法:熏蒸消毒法适用于大批量立体孵化机的消毒。把种蛋摆进立体孵化机内,开启电源,使机内温度、湿度达到孵蛋要求,并稳定一段时间,这时种蛋的温度也升高了。按照已经测量的孵化机内的容积,准备甲醛、高锰酸钾的用药量(每1立方米容积用甲醛30毫升,高锰酸钾15克),准备耐热的玻璃皿和搪瓷盘各1个。将玻璃皿摆在搪瓷盘里,再把两种药物先后倒进玻璃皿中,送进孵化机内,把机门和气孔都关严。这时玻璃皿中冒出刺鼻的气体,经20～30分钟后,打开机门和气孔。排除气体,接着进行孵化。

(2)过氧乙酸熏蒸消毒法:过氧乙酸也叫过醋酸,具有很强的杀菌力。按每立方米空间用药1克称量,放入陶瓷或搪瓷容器内。下面准备酒精灯一盏,把种蛋放入孵化机(暂不必开启电源加温),关严气孔,保持机内20～30℃,相对湿度为70%以上。在密闭条件下,点燃酒精灯加热,这时开始冒出烟雾。把机门关严,熏蒸15～20分钟,还要开几次风扇,使内部空气均匀,注意酒精灯不要熄灭。消毒结束,打开机门和气孔,排除气体,取出消毒用具,最后开启电源进行正式孵化。

2. 液体消毒法

液体消毒法适于少量种蛋消毒。

(1)苯扎溴铵消毒法:把种蛋平铺在板面上,用喷雾器把0.1%的苯扎溴铵溶液(用5%浓度的苯扎溴铵1份,加50倍水后均匀混合即可)喷洒在蛋的表面。或者用温度为40～45℃的0.1%苯扎溴铵溶液,浸泡种蛋3分钟。苯扎溴铵水溶液为碱性,不能与肥皂、碘、高锰酸钾和碱等配合使用。蛋面晾干后即可入孵。

(2)有机氯溶液消毒法:将蛋浸入含有1.5%活性氯的漂白粉溶液内消毒3分钟(水温43℃)后取出晾干。

(3)高锰酸钾消毒法:将种蛋浸泡在0.2%～0.5%的高锰酸钾溶液中,溶液温度在40℃左右,经1～2分钟后,捞出沥干即可入孵。

(4)碘消毒法:将种蛋浸泡在0.1%的碘溶液中进行浸泡消毒。即在1千克水中加入10克碘片和15克碘化钾,使之充分溶解,然后倒入9千克清水中,即成为0.1%的碘溶液。浸泡1分钟后,将种蛋捞出沥干装盘。经过多次浸泡种蛋的碘液,浓度逐渐降低,应增加新液或延长浸泡时间,以达到消毒的目的。

(5)抗生素溶液浸泡清毒法:将蛋温提高到38℃,保持6～8小时后,置于配好的万分之五的土霉素、链霉素或红霉素溶液(即50千克水中加25克土霉素、链霉素或红霉素拌均匀)中,浸10～15分钟即可。

(6)呋喃西林溶液消毒法:将呋喃西林碾成粉后配成0.02%浓度的水溶液浸泡种蛋3分钟洗净晾干即可。

(7)氢氧化钠溶液消毒法:将种蛋浸泡在0.5%氢氧化钠溶液中5分钟,能有效地杀灭蛋壳表面的鼠伤寒沙门菌。

3. 种蛋消毒的注意事项

(1)用药量一定要准确,不能多也不能少。

(2)在一批种蛋消毒时,只须选用一种消毒药物。

(3)液体浸泡消毒,消毒液的更换是很重要的,也就是说,一盆配制好的消毒液,只能消毒有限的种蛋,但究竟能消毒几批蛋,目前尚没有一定的标准,可适当更换新药液。

第四节 种蛋的孵化

多年来,我国研制的孵化器、出雏器均达到国际领先水平,实现了全自动化、电脑化和模糊控制等。电力不便的地方或偏远山区可选用火炕孵化、水孵化、缸孵化等传统方法。

一、种蛋孵化所需的外界条件

鸡胚胎母体外的发育,主要依靠外界条件,即温度、湿度、通风、转蛋等。

1. 温度

温度是孵化成功的核心条件。鸡胚发育的适宜温度为37～39.5℃(98.6～103.1 ℉)。

孵化机的温度应保持在37.8℃(100 ℉)恒温条件,出雏机的温度为37.2℃(99 ℉)。孵化温度高时,胚胎发育快,但雏鸡体质软弱,若温度超过42℃,经2～3小时胚胎就会死亡。孵化温度高,还会妨碍蛋的内容物正常吸收,雏鸡绒毛短、色素缺乏、体重小、脐部愈合不良。相反,温度低时,胚胎生长发育迟缓,推迟出雏,孵化率降低,若温度低于24℃时,经30小时左右胚胎全部死亡。据研究，鸡胚胎孵化至10天时，蛋内温度已经比孵化器内温度高0.4℃，15天时高出1.3℃，20天时高出1.9℃，而到孵化末期则能高出3.3℃。所以，在孵化后期要为胚胎散热创造条件。采用变温孵化时，应"变中求恒，恒中有变，变中求稳"。温度掌握的原则是前期高，中期平，后期低，应注意"看胎施温"。

2. 湿度

整批孵化时，湿度应掌握"两头高，中间低"的原则。在孵化初期胚胎需要形成羊水和尿囊液，同时又需要较高的温度，因此，湿度应稍高，相对湿度应为65%～70%，以防蛋内水分过度蒸发；在孵化的中、后期，为了便于尿囊液和羊水的排出，相对湿度降至50%～55%；当雏鸡破壳出雏时，为了防止绒毛与蛋膜粘连，造成胶毛和出雏困难，湿度又应提高，相对湿度应为65%～75%。充分的湿度与空气中的二氧化碳作用，使蛋壳的碳酸钙变成碳酸氢钙，蛋壳变脆，有利于出雏。

在整个孵化过程中，孵化的湿度不能过高或过低。湿度过高时，影响蛋内水分正常蒸发，尿囊闭合缓慢，嗉囊、胃肠中有过量的液体，出壳缓慢。由于湿度大，蛋白水分多，雏鸡啄壳时蛋白不能完全吸收，蛋白粘住雏鸡绒毛，外观很脏。雏鸡体重偏大，腹部膨大，弱雏多，成活率低。湿度过低时，蛋内水分大量蒸发，胚胎同样发育不良，刚出壳的雏禽毛短、干瘦，易与蛋壳粘连，雏鸡毛色污浊。在孵化过程中要每4小时记录1次湿度。湿度低时，在孵化机内增加水盘，往水盘内加45～50℃水，室内地面多洒水，如果湿度过大时，要减少水盘或少添水，地面也要少洒水，若湿度过大，可加强室内通风。孵化室与出雏室相对湿度保持在75%左右。

3. 通风

通风换气好坏直接影响孵化效果。孵化过程也是雏鸡胚胎代谢过程。胚胎发育需要充足的氧气，同时也要排出大量的二氧化碳。

若通风换气不良,二氧化碳过多,常导致胚胎死亡增多,或引起胚胎畸形及胎位不正等异常现象,降低孵化率和雏鸡质量。要提高孵化率和雏鸡的质量,孵化过程中必须注意通风。据测定,1个鸡蛋孵化成雏鸡,胚胎共吸入氧气4000～4500立方厘米,排出二氧化碳为3000～5000立方厘米。通风量大小根据胚胎发育阶段而定。孵化初期,胚胎需要的氧气不多,利用卵黄中的氧气就能满足,通风量可以少些,此时机器通气孔少打开点即可。一般孵化的头7天,每天换气2次,每次3小时。孵化中后期,胚胎逐渐长大,代谢旺盛,需要氧气和排出的二氧化碳增多,通风量应加大。一般入孵7天以后,或者连续孵化,机内有各期胚胎,应打开进出气孔进行不停地通风换气,尤其当机内有破壳出雏的情况下,更应持续换气,否则,易使小鸡闷死。孵化室内也要注意通风。

4. 翻蛋

据观察,抱窝鸡24小时用爪、喙翻动胚蛋达96次之多,这是生物本能。从生理上讲,蛋黄含脂肪多,比重较轻,胚胎浮于上面,如果长时间不翻蛋,胚胎容易粘连。转蛋的主要目的在于改变胚胎方位,防止粘连,促进羊膜运动。孵化器中的转蛋装置是模仿抱窝鸡翻蛋而设计的。但转蛋次数比抱窝鸡大大减少,因抱窝鸡的转蛋目的还在于调节内外胚蛋的温度。

(1)转蛋的次数和时间:一般每天转蛋6～8次。实践中常结合记录温湿度,每2小时转蛋1次。也有人主张每天不少于10次,第一至第二周转蛋更为重要,尤其是第一周。有关试验的结果:孵化期间(1～18天)不转蛋,孵化率仅29%;第1～7天转蛋,孵化率为78%;第1～14天转蛋,孵化率95%;第1～18天转蛋,孵化率为92%。在孵化第16天停止转蛋并移盘是可行的。这是因为孵化第12天以后,鸡胚自温调节能力已很强,同时孵化第14

天以后，胚胎全身已覆盖绒毛，不转蛋也不至于引起胚胎贴壳粘连。

(2)转蛋角度：鸡蛋转蛋角度以水平位置前俯后仰各 45°为宜。转蛋角度对孵化率有影响，20°时，孵化率为 69.3%；30°时孵化率为 78.9%；45°时为 84.6%。

5. 凉蛋

凉蛋的目的是散热、调节温度。特别是在胚胎发育后期，代谢旺盛、产热多，必须向外及时排出过剩的热量，以防胚胎“自烧”引起死亡。凉蛋还能提高胚胎的生活力，增强雏鸡的耐寒性、适应性，提高健雏率。一般鸡蛋入孵 7 天后开始凉蛋，凉蛋的方法根据孵化的方式而定。机器孵化时，一般采用关断电源、开气门鼓风凉蛋，天热时可开启机门，以加速凉蛋的过程。采取其他方式孵化，可利用增减覆盖物或结合翻蛋进行凉蛋。凉蛋时间的长短应根据孵化日期及季节而定。早期胚胎及寒冷季节不宜多凉，以防胚胎受凉，后期胚胎及热天应多凉。一般冬天每天凉蛋 1 次，春秋每天 2 次，每次 5～15 分钟，夏季每天 2～3 次，每次 15～30 分钟。凉蛋时间长短还应根据蛋温来决定。一般可用眼皮来试温，即以蛋贴眼皮，感到微凉(30～33℃)就应停止凉蛋。凉蛋时应注意：若胚胎发育缓慢，可暂停进行凉蛋。在超温的情况下，不可突然喷水降温凉蛋。夏季高温情况下，首先在地面上洒水，增加孵化室的湿度后再凉蛋。凉蛋时间不宜过长，否则死胎增多、脐带愈合不良。

二、鸡蛋的胚胎发育

雏鸡的孵化期为 21 天。

第 1 天末：鸡蛋孵化 24 小时后，在照蛋器透视下，于蛋黄原来胚盘的部位，可见一颗透亮的圆形物。它形似小鱼的眼珠(俗称

"鱼眼珠"),是初期受精蛋与无精蛋区别的主要标志。

第 2 天末:可看到卵黄囊血管区,其形似黄豆大小的樱桃(俗称"樱桃珠"),胚胎心脏已初步形成,并开始跳动,蛋黄吸收了蛋白的水分而显得较大一些。

第 3 天末:可见胚胎和伸展的卵黄囊血管的形状,像 1 只静止的蚊子(俗称"蚊虫珠"),尿囊开始发育,蛋黄吸收蛋白更多的水分而明显扩大。

第 4 天末:胚胎和卵黄中血管形成小蜘蛛状(俗称"小蜘蛛",在照蛋器下转动胚胎蛋,蛋黄不容易跟着转动,故又称"落盘",卵黄囊血管贴近蛋壳,开始利用壳外的气体进行代谢。

第 5 天末:照蛋时可看到头部黑色的眼珠(俗称"单珠"),胚胎已经弯曲,四肢开始发育。

第 6 天末:可见胚体两个小圆团:一个是头部,另一个是增大弯曲的躯干部(俗称"双珠"),这时羊膜开始收缩,胎儿开始运动。

第 7 天末:照蛋时,由于胚胎在起保护作用的羊水中被遮盖而看不见(俗称"七沉"),这时半个蛋面布满血管,胎儿出现鸟类形状。

第 8 天末:照胚蛋正面,易见到胎儿在羊水中浮游(俗称"八浮"),照蛋的背面,将蛋转动,两边蛋黄不易晃动,故又称"边口发硬",用放大镜能见到胚体上的羽毛原基。

第 9 天末:鸡胚在照蛋器下,见一头一尾,忽隐忽现,摇摆不定(俗称"摇头")蛋转动时,两边蛋黄容易晃动,又称"晃得动",背面尿囊血管很快伸展越出蛋黄的范围。

第 10～10.5 天:尿囊血管继续伸展,在蛋的背面小端吻合(俗称"合拢"),这是胚胎发育正常与否及施温好坏的重要标志。

第 11～12 天:血管分布均匀、颜色渐变深,管径加粗,12 天末,背部两侧蛋黄在大端连接。

第 13～14 天:头部和身体大部分已形成绒毛,胎儿与蛋的长轴呈平行。

第 15～16 天：是胎儿长骨、长肉的剧烈阶段。由于胎儿长大，蛋内黑影部分逐天增加，小端发亮部分逐天缩小。

第 17 天末：以蛋的小端对准光源，见不到发亮的部分（俗称“封门”，蛋白已完全利用，胎儿下坐到小端。

第 18 天末：胎儿转身，喙朝上气室，气室明显增大而倾斜（俗称“转身”、“斜口”），除蛋的大端外，整个发黑（是胚胎长成的标志），尿囊液及羊水明显消失。

第 19 天末：胎儿颈、翅部突入气室，可见到黑影在闪动（俗称“闪毛”，这时，绝大部分甚至全部蛋黄被吸入腹内。

第 20 天末：雏嘴啄破壳膜，伸入气室内（俗称“起嘴”），接着雏鸡破壳，即为“见嘌”。

第 21 天：雏鸡用喙将壳啄开 2/3，以头颈用力往外顶，破壳而出。从“见嘌”开始，到出壳为止，需 2～10 个小时。

三、常用的孵化方法

无论采取何种孵化方法，其孵化原理都是相同的，都要保证供给适宜的孵化温度、湿度，定期翻蛋、通风、凉蛋和照蛋。但是不同的孵化方法与孵化工艺，其工作量、劳动效率和孵化效果却不尽相同。自然孵化效率低，只适合少量生产使用。人工孵化中的温室孵化、火炕孵化、塑料热水袋孵化法、桶孵法、温水孵化法等孵化方式，虽然成本较低，但劳动量大，效率较低，不能满足规模化生产的要求。使用孵化器孵化鸡蛋，需要投入的资金成本较高，自动化程度也高，工作效率高，孵化率也相对较高，还节省了大量的劳动力资源。

养殖户可根据所具备的条件，选择一种适合自己的孵化方法。主要应考虑的因素有以下几个方面，如养殖的规模、场地空间的大小、物质条件、经济实力和人员的素质等,进行综合分析。一般来说,养殖规模较大的养殖场,经济实力较强,供电条件好的,应首先考虑用机械孵化器来孵化。因为先进的孵化器可以实现温度、湿度的自动控制,自动翻蛋,自动通风与自动报警,准确可靠,既可节省劳动力,孵化率也会更高。而规模较小、经济条件有限或供电条件不好的,可以采用其他的孵化方式。这些方法虽成本低,但消耗的劳动力资源会多一些,且需要一定的经验,总结摸索出孵化规律。饲养者在练习阶段可用成本低的鸡蛋、鸭蛋或鹅蛋来做孵化实验,积累了一定的经验后,再用优质鸡蛋来孵化,这样能有效降低成本,提高鸡蛋的孵化率。

(一)自然孵化法

自然孵化法是我国广大农村家庭养鸡一直延用的方法。这种方法的优点是设备简单、管理方便、孵化效果好,雏鸡由于有母鸡抚育,成活率比较高。但缺点是孵量少、孵化时间不能按计划安排,因此,只限于饲养量不大的情况下使用。

1. 抱窝鸡的选择

要选择抱性强的母鸡,鸡体要健康无病,大小适中,为了进一步试探母鸡的抱性,最好先在窝里放两枚蛋,试抱3～5天,如果母鸡不经常出窝,就是抱性强的表现。

2. 孵化前的准备

(1)选择种蛋:种蛋在入孵前应按种蛋的标准进行筛选,不合格的种蛋不要入孵。

(2)准备巢窝:一只中等体型的母鸡,一般孵蛋18～20枚,以鸡体抱住蛋不外露为原则。鸡窝用木箱、竹筐、硬纸箱等均可,里面应放入干燥、柔软的絮草。鸡窝最好放在安静、凉爽、比较暗的地方。入孵时,为使母鸡安静孵化,最好选择晚上将孵蛋母鸡放入孵化巢内,并要防止猫、鼠等的侵害。

(3)消毒入孵:将选好的种蛋用0.5%的高锰酸钾溶液浸泡2分钟消毒。

3.孵化期管理

(1)就巢母鸡的饲养管理:首先对抱窝鸡进行驱虱,可用除虱灵抹在鸡翅下。以后每天中午或晚上提出母鸡喂食、饮水、排粪,每次20分钟。到21天小鸡出壳。

(2)照蛋:孵化过程中分别于第7天和第18天各验蛋1次,将无精蛋、死胚蛋及时取出。

(3)出雏:出壳后应加强管理将出壳的雏鸡和壳随时取走。为使母鸡安静,雏鸡应放置在离母鸡较远的保暖地方,待出雏完毕、雏鸡绒毛干后接种疫苗,然后将雏鸡放到母鸡腹下让母鸡带领。

(4)清扫:出雏结束立即清扫、消毒窝巢。

(二)人工孵化法

1.机器孵化法

(1)孵化前的准备工作

①准备好所有用品:入孵前一周应把一切用品准备好,包括照蛋器、干湿温度计、消毒药品、马立克疫苗、装雏箱、注射器、清洗机、易损电器元件、电动机、皮带、各种记录表格、保暖或降温设备等。

②温度校正与试机:新孵化机安装后,或旧孵化机停用一段时间,再重新启动,都要认真校正检验各机件的性能,尽量将隐患消灭在入孵前。

(2)种蛋的预热:入孵前把种蛋放到不低于22～25℃的环境下4～9小时或12～18小时预热,能使胚胎发育从静止状态中逐渐苏醒过来,减少孵化器温度下降的幅度,除去蛋表凝水,可提高孵化率。在整机入孵时,温度从室温升至孵化规定温度需8～12小时,就等于预热了,不必再另外预热。

(3)码盘:码盘即种蛋的装盘,即把种蛋一枚一枚放到孵化器蛋盘上再入机器内孵化。人工码盘的方法是挑选合格的种蛋大头向上,小头向下一枚一枚地放在蛋盘上。若分批入孵,新装入的蛋与已孵化的蛋交错摆放,这样可相互调温,温度较均匀。为了避免差错,同批种蛋用相同的颜色标记,或在孵化盘贴上胶布注明。种蛋码好后要对孵化机、出雏机、出雏盘及车间空间进行全面消毒。

(4)入孵:入孵的时间应在下午 4～5 时,这样可在白天大量出雏,方便进行雏鸡的分级、性别鉴定、疫苗接种和装箱等工作。

(5)孵化管理

①温度、湿度调节:入孵前要根据不同的季节和前几次的孵化经验设定合理的孵化温度、湿度,设定好以后,旋钮不能随意扭动。刚入孵时,开门上蛋会引起热量散失,同时种蛋和孵化盘也要吸收热量,这样会造成孵化器温度暂时降低,经 3～6 个小时即可恢复正常。孵化开始后,要对机显温度和湿度、门表温度和湿度进行观察记录。一般要求每隔半个小时观察 1 次,每隔 2 个小时记录 1 次,以便及时发现问题,尽快处理。有经验的孵化人员,要经常用手触摸胚蛋或将胚蛋放在眼皮上测温,实行"看胚施温"。正常温度情况下,眼皮感温要求微温,温而不凉。

②通风换气:在不影响温度、湿度的情况下,通风换气越通畅越好。在恒温孵化时,孵化机的通气孔要打开一半以上,落盘后全部打开。变温孵化时,随胚胎日龄的增加,需要的氧气量逐渐增多,所以要逐渐开大排气孔,尤其是孵化第 14～15 天以后,更要注意换气、散热。

③翻蛋:入孵后 12 个小时开始翻蛋,每 2 个小时翻蛋 1 次,1 昼夜翻蛋 12 次。在出雏前 3 天移入出雏盘后停止翻蛋。孵化初期适当增加翻蛋次数,有利于种蛋受热均匀和胚胎正常发育。每次翻蛋的时间间隔要求相等,翻蛋角度以水平位置前俯后仰各 45°为宜,翻蛋时动作要轻、稳、慢。

④照蛋：一个孵化期中，生产单位一般进行2～3次照蛋。3次照蛋的时间是：头照5～7天；二照10～11天；三照18～19天。照蛋的目的：一是查明胚胎发育情况及孵化条件是否合适，为下一步采取措施提供依据；二是剔出无精蛋和死胚蛋，以免污染孵化器，影响其他蛋的正常发育。

第一次照蛋：在入孵后5～7天进行，以及时剔出无精蛋、死胚蛋、弱胚蛋和破蛋。

活胚蛋：可见明显的血管网，气室界限明显，胚胎活动，蛋转动胚胎也随着转动，剖检时可见到胚胎黑色的眼睛。受精蛋孵到第5天，若尚未出现"单珠"，说明早期施温不够，若提早半天或1天出现"单珠"，说明早期施温过高。若查出温度不够或过高，都应做适当调整。正常的发育情况是，在照蛋器透视下，胚蛋内明显地见到鲜红的血管网，以及1个活动的位于血管网中心的胚胎，头部有一黑色素沉积的眼珠。若系发育缓慢一点的弱胚，其血管网显得微弱而清淡。

无精蛋：没有受精的蛋，仍和鲜蛋一样，蛋黄悬在中间，蛋体透明，旋转种蛋时，可见扁形的蛋黄悠荡飘转，转速快。

弱胚蛋：胚体小，黑色眼点不明显，血管纤细，有的看不到胚体和黑眼点，仅仅看到气室下缘有一定数量的纤细血管。

死胚蛋：可见不规则的血环或几种血管贴在蛋壳上，形成血圈、血弧、血点或断裂的血管残痕，无放射形的血管。

第二次照蛋：一般在入孵后第10～11天进行，主要观察胚胎的发育程度，检出死胚。种蛋的小头有血管网，说明胚胎发育速度正好。死胚蛋的特点是气室界限模糊，胚胎黑团状，有时可见气室和蛋身下部发亮，无血管，或有残余的血丝或死亡的胚胎阴影。活胚则呈黑红色，可见到粗大的血管及胚胎活动。

第三次照蛋：三照在18～19天进行，目的是查明后期胚胎的发育情况。发育好的胚胎，体形更大，蛋内为胎儿所充满，但仍能见到血管。颈部和翅部突入气室。气室大而倾斜,边缘成为波浪状,毛边(俗称"闪毛"),在照蛋器透视下,可以观察到胎儿的活动。死胎则血管模糊不清,靠近气室的部分颜色发黄,与气室界线不十分明显。

⑤落盘:孵化到第 18～19 天时,将入孵蛋移至出雏箱,等候出雏,这个过程称落盘。要防止在孵化蛋盘上出雏,以免被风扇打死或落入水盘溺死。

⑥出雏和捡雏:孵满 20 天便开始出雏。出雏时雏鸡呼吸旺盛,要特别注意换气。

捡雏分 3 次进行:第一次在出雏 30%～40%时进行;第二次在出雏 60%～70%时进行;第 3 次全部出雏完时进行。出雏末期,对少数难于出壳的雏鸡,如尿囊血管已经枯萎者,可人工助产破壳。正常情况下,种蛋孵满 21 天,出雏即全部结束。每次捡出的雏鸡放在分隔的雏箱或雏篮内,然后置于 22～25℃的暗室中,让雏鸡充分休息。

⑦清扫消毒:为保持孵化器的清洁卫生,必须在每次出雏结束后,对孵化器进行彻底清扫和消毒。在消毒前,先将孵化用具用水浸润,用刷子除掉脏物,再用消毒液消毒,最后用清水冲洗干净,沥干后备用。孵化器的消毒,可用 3%来苏儿喷洒或用甲醛熏蒸(同种蛋)消毒。

⑧雏鸡出壳前后管理

雏鸡出壳前:落盘时手工将种蛋从孵化蛋盘移到出雏盘内,操作中室温要保持 25℃左右,动作要快,在 30～40 分钟内完成每台孵化机的出蛋,时间太长不利胚胎发育。适当降低出雏盘的温度,温度控制在 37℃左右。适当提高湿度,湿度控制在 70%～80%。

雏鸡出壳后:鸡孵化到 20 天大批破壳出雏,整批孵化的只要捡二次雏即可清盘,分批入孵的种蛋,由于出雏不齐则每隔 4～6

小时捡一次。操作时应将脐带吸收不好、绒毛不干的雏鸡暂留出雏机内。提高出雏机的温度0.5～1℃，鸡到21.5天后再出雏作为弱雏处理。鸡苗出壳24小时内做马立克疫苗免疫并在最短时间内将雏鸡运到育雏舍。

(6)孵化过程中停电的应及处理：要根据停电季节，停电时间长短，是规律性的停电还是偶尔停电，孵化机内鸡蛋的胚龄等具体情况，采取相应的措施。

①早春，气温低，室内若没有加取暖设备，室温仅(5～10℃)，这时孵化机的进、出气孔一般全是闭着的。如果停电时间在4小时之内，可以不必采取什么措施。如停电时间较长，就应在室内增加取暖设备，迅速将室温提高到32℃。如果有临出壳的胚蛋，但数量不多，处理办法与上述同。如果出雏箱内蛋数多，则要注意防止中心部位和顶上几层胚蛋超温，发觉蛋温烫眼时，可以调一调蛋盘。

②电孵机内的气温超过25℃，鸡蛋胚龄在10天以内的，停电时可不必采取什么措施，胚龄超过13天时，应先打开门，将机内温度降低一些，估计将顶上几层蛋温下降2～3℃(视胚龄大小而定)后，再将门关上，每经2小时检查1次顶上几层蛋温，保持不超温就行了，如果是出雏箱内开门降温时间要延长，待其下降3℃以上后再将门关上，每经1小时检查1次顶上几层蛋温，发现有超温趋向时，调一下盘，特别注意防止中心部位的蛋温超高。

③室内气温超过30℃停电时，机内如果是早期的蛋，可以不采取措施，若是中、后期的蛋，一定要打开门(出、进气孔原先就已敞开)，将机内温度降到35℃以下，然后酌情将门关起来(中期的蛋)或者门不关紧，尚留一条缝(后期的蛋)，每小时检查1次顶上几层的蛋温。若停电时间较长，或者是停电时间不长，但几乎每天都有规律地暂短停电(如2～3小时)，就得酌情每天或每2天调盘1次。

为了弥补由于停电所造成的温度偏低(特别是停电较多的地区),平时的孵化温度应比正常所用的温度标准高 0.28℃左右。这样,尽管每天短期停电,也能保证鸡胚在第 21 天出雏。

(7)提高种蛋孵化率的关键

①运输管理:种蛋进行孵化时,需要长途运输,这对孵化率的影响非常大,如果措施不到位,常会增加破损,引起种蛋系带松弛、气室破裂等,从而导致种蛋孵化率降低。

种蛋运输应有专用种蛋箱,装箱时箱的四壁和上下都要放置泡沫隔板,以减少运输途中的振荡。每箱一般可装 3 层托盘,每层托盘间也应有纸板或泡沫隔板,以降低托盘之间的相互碰撞。

种蛋运输过程中应避免日晒雨淋,夏春季节应采用空调车,运蛋车应做到快速平稳行驶,严防强烈振动种蛋,装卸也应轻拿轻放,防止振荡导致卵黄膜破裂。种蛋长途运输应采用专用车,避免与其他货物混装。

②加强种蛋储存管理:种蛋产下时的温度高于 40℃,而胚胎发育的最佳温度为 37～38℃,种蛋储存最好在“生理零度”的温度之下。

研究表明,种蛋保存的理想环境温度是 13～16℃,高温对种蛋孵化率的影响很大,当储存温度高于 23℃时,胚胎即开始缓慢发育,会导致出苗日期提前,胚胎死亡增多,影响孵化率,当储存温度低于 0℃时,种蛋会因受冻而丧失孵化能力。保存湿度以接近蛋的湿度为宜,种蛋保存的相对湿度应控制在 75%～80%。如果湿度过高,蛋的表面回潮,种蛋会很快发霉变质,湿度过低,种蛋会因水分蒸发而影响孵化率。

种蛋储存应有专用的储存室,要求室内保温隔热性能好,配备专用的空调和通风设备。并且应定期消毒和清洗,保存储存室可以提供最佳的种蛋储存条件。种蛋储存时间不能太长,夏季一般 3 天以内,其他季节 5 天以内,最多不超过 7 天。

③不要忽视装蛋环节:孵化前装蛋应再次挑蛋,在装蛋时一边装一边仔细挑选,把不合格的种蛋挑选出来。种蛋应清洁无污染;蛋形正常,呈椭圆型,过长过圆等都不适宜使用;蛋的颜色和大小应符合品种要求,过小过大都不应入孵;蛋壳表面致密、均匀、光滑、厚薄适中,钢皮蛋、沙壳蛋、畸形蛋、破壳蛋和裂蛋等都要及时剔除。装蛋时应轻拿轻放,大头朝上。种蛋装上蛋架车后,不要立即推入孵化机中,应在20～25℃环境中预热4～5小时,以避免温度突然升高给胚胎造成应激,降低孵化率。

为避免污染和疾病传播,种蛋装上蛋架车后,应用苯扎溴铵或百毒杀溶液进行喷雾消毒。

④控制好孵化的条件

a.温度:鸡胚对温度非常敏感,温度必须控制在一个非常窄的范围内。胚胎发育的最佳温度37～38℃,若温度过高,胚胎代谢过于旺盛,产生的水分和热量过多,种蛋失去的水分过多,可导致死胚增多,孵化率和健苗率降低,温度过低,胚胎发育迟缓,延长孵化时间,使胚胎不能正常发育,也会使孵化率和健苗率降低。

胚胎的发育环境是在蛋壳中,温度必须通过蛋壳传递给胚胎,而且胚胎在发育中会产生热量,当孵化开始时产热量为零,但在孵化后期,产热量则明显升高。因此,孵化温度的设定采取"前高、中平、后低"的方式。

b.湿度:胚胎发育初期,主要形成羊水和尿囊液,然后利用羊水和尿囊液进行发育。孵化初期,孵化机内的相对湿度应偏高,一般设定为60%～65%,孵化中期孵化机内的相对湿度应偏低,一般设定为50%～55%。

c.通风换气:孵化机采用风扇进行通风换气,一方面利用空气流动促进热传递,保持孵化机内的温度和湿度均匀一致;另一方面供给鸡胚发育所需要的氧气和排出二氧化碳及多余的热量。孵化机内的氧气浓度与空气中的氧气浓度达到一致时,孵化效果最理想。研究表明,氧气浓度若下降 1%,则孵化率降低 5%。

d. 翻蛋:翻蛋可使种蛋受热均匀,防止内容物粘连蛋壳和促进鸡胚发育。在孵化阶段(0~18 天)通常翻蛋频率以 2 小时 1 次为宜。对于孵化机的自动翻蛋系统,应经常检查其工作是否正常,发现问题要及时解决。

e. 出雏:通常情况下,种蛋孵化到第 18 天时,应从孵化机中移出,进行照蛋,挑出全部坏蛋和死胚蛋,把活胚蛋装入出雏箱,置于车架上推入出雏机直到第 21 天。出雏阶段的温度控制在 36~37℃;湿度控制在 70%~75%,因为这样的湿度即可防止绒毛粘壳,又有助于空气中二氧化碳在较大的湿度下使蛋壳中的碳酸钙变成碳酸氢钙,使蛋壳变脆,利于雏鸡破壳;同时,保持良好的通风,也可以保证出雏机内有足够的氧气。在第 21 天大批雏鸡捡出后,少量尚未出壳的胚蛋应合并后重新装入出雏机内,适当延长其发育时间。出雏阶段的管理工作非常重要,温度、湿度、通风等一旦出现问题,即使时间较短,也会引起雏鸡的大批死亡。

(8)加强孵化场的卫生管理

①工作人员的卫生要求:孵化场工作人员进场前,必须经过淋浴更衣,每人一个更衣柜,并定期消毒。运种蛋和接雏人员不得进入孵化场,更不许进入孵化室。孵化场仅设内部办公室供本场工作人员使用,对外部门,应设在隔离区之外。

②两批出雏间隔期间的消毒:孵化场易成为疾病的传播场所,因此应进行彻底消毒。洗涤室和出雏室是孵化场受污染最严重的地方,清洗消毒丝毫不能放松。在每批孵化结束之后,立刻对设备、用具和房间进行冲洗消毒。

a. 孵化器及孵化室的清洁消毒步骤:取出孵化盘及增湿水盘,先用水冲洗,再用苯扎溴铵对孵化器内外消毒。用高压水冲刷孵化室地面,然后用熏蒸法消毒孵化器,每立方米用甲醛 42 毫升、高锰酸钾 21 克,在温度 24℃、湿度 75%以上的条件下,密闭熏蒸 1

小时，然后打开进出气孔通风1小时左右，驱除甲醛蒸汽。孵化室用甲醛14毫升、高锰酸钾7克，密封熏蒸1小时。

b. 出雏器及出雏室的清洁步骤：取出出雏盘，将死胚蛋（毛蛋）、死弱雏及蛋壳装入塑料袋中，将出雏盘送洗涤室浸在消毒液中消毒。清除出雏室地面、墙壁、天花板上的废物，冲刷出雏器内外表面后，用苯扎溴铵水擦洗，然后每立方米用42毫升甲醛和21克高锰酸钾，熏蒸消毒出雏器和出雏盘。用浓度为0.3%的过氧乙酸（每立方米用量30毫升）喷洒出雏室的地面、墙壁和天花板。

c. 洗涤室和雏鸡存放室的清洁：洗涤室是最大的污染源，应特别注意清洗消毒。将废弃物（绒毛、蛋壳等）装入塑料袋，冲刷地面、墙壁和天花板，洗涤室每立方米用42毫升甲醛和21克高锰酸钾熏蒸消毒30分钟。雏鸡存放室也经冲洗后用过氧乙酸喷洒消毒（或甲醛熏蒸消毒）。

③废弃物处理：收集的废弃物装入密封的容器内才可以通过各室，并按"种蛋→雏鸡"流程不可逆转原则运送，然后及时经洗涤室（或雏鸡处置室）的"废弃物出口"用车送至远离孵化场的垃圾场。孵化场附近不设垃圾场。

2. 电褥子孵化法

目前使用电褥子孵鸡较为普遍，效果较好。用双人电褥子（规格为95厘米×150厘米）2条，一条电褥子铺在火炕上（停电时可烧炕供温），火炕与电褥子之间铺设2～3厘米厚的垫草，电褥子上面铺一层薄棉被，接通电源，预热到40℃。然后将种蛋大头向上码放在电褥子上边，四周用保温物围好，上边盖棉被，在蛋之间放1支温度计，即可开始孵化。另一条电褥子放在铺有垫草的摊床上备用。

孵化室的温度要求在27～30℃。蛋的温度要求：入孵1～3

天 38.5～40℃,4～10 天 38～39℃,11～19 天 37.5～38.5℃,20～21 天 38～39℃。

孵蛋的温度用开闭电褥子电源的方法来控制,每半小时检查1次。湿度用往地面洒水或在电褥上放小水盆等方法来调节。一般相对湿度为 60%～75%。用两个电褥子可连续孵化,等第 1 批孵化到 11 天时移到摊床上的电褥子进行孵化,炕上的电褥子可以继续入孵新蛋。摊床上雏鸡出壳后,第二批蛋再移到摊床上的电褥子进行孵化。如此反复循环,每批可孵化 400～500 个蛋。

在孵化过程中,每 3～4 小时翻蛋 1 次,同时对调边蛋和心蛋的位置。凉蛋从第 13 天开始,每天凉蛋 1～2 次,17 天时加强通风凉蛋,第 21 天时停止翻蛋、凉蛋。为通风换气,可在门下设进气孔,上边窗设排气孔。

3. 火炕孵化法

火炕孵化是农村传统的孵化方法之一。为了增加孵化量,提高房间的利用率,在一般住房内两侧砌造火炕,中间留有走道,炕上设两层出雏层。在房外设炉灶,火烟通过火炕底道由另一端烟筒排出,使炕面温度达到均匀平衡。炕上放麦秸,铺苇席。出雏层用木头作支架吊在房梁上,将秫秸平摊,上面铺棉絮,四面不靠墙。

(1)孵化设备及用具:主要包括孵化室、火炕、摊床、蛋盘等。

①孵化室:如果专门建造孵化室要规格化,顶棚距地面 3.6 米以上,以便于在炕上设摊床。

孵化室的大小视孵化规模而定,一般火炕面积为 30 平方米。1 个孵化室里有两个火炕和摊床,每隔 7 天可上 1 批蛋;有 3 个火炕及摊床,可每隔 5 天入孵 1 批种蛋。孵化室保温性能要好,要有天窗、天棚。如果小规模孵化,可用普通住房代替。普通住房一间,用泥砂抹好,室内、棚顶糊严,挂上门帘,以防透风。整个孵化室只留一个小窗,以便调节室内空气。

②火炕：火炕是整个孵化过程中的热源。火炕用砖砌成，高0.5～0.6米，宽度应能对放两个蛋盘，四周再留出0.2米宽的空间，以便盖被，长度根据生产规模而定。炕面四周用单砖砌成0.34米高的围子，以利保温和作为上摊操作的踏板。炕必须好烧，不漏烟、不冒烟。孵化量大应搭两铺炕，南炕为热炕，北炕为温炕。

③摊床：摊床又叫棚架，设在炕的上方，约距炕上方1米，可根据情况设一层或二层，两层间隔0.6～1米。先在炕上方用木杆搭个棚架，其高度以孵化人员来往不碰头为宜，宽度比炕面窄些，长度根据孵化量而定。床面用秫秸铺平，再铺上稻草和棉被保温。也可用秫秸作床底，然后糊上纸，再铺上棉被和麻袋片。为防止种蛋或鸡雏滑落在地上，床面四周用秫秸秆或木板围成高10厘米的围子，摊床架要牢固，防止摇动。

④蛋盘：可用木板做成长方形盘，盘底钉上方孔铁丝网或纱布，孵化时，将种蛋平摆于蛋盘内，每盘装50～100只蛋，每次可孵化5000～10 000只蛋。

此外，还要准备好灯、棉被、被单、火炉、温度计、手电、照蛋器等孵化用具。

(2)孵化操作方法

①试温：在入孵的前3～4天应烧炕试温，使室温达到25℃左右，用温度计测试一下火炕各处的温度是否均匀，并做好标记。对温度高的地方要铺干沙和土进行调整，直到各处温度基本均衡为止。在试温时，要注意火炕达到所需要的温度时使用的燃料量，积累一些经验。一般炕温在停火后2小时达到高峰。因此，烧炕时切不可一直烧到所需的温度，否则，2小时以后要超温，影响孵化效果。

②入孵：按次序一盘一盘地将蛋盘平放在炕面上，上用棉被盖好。装蛋之前，先用铁丝筛盛蛋，放入42～45℃的热水中洗烫7～8分钟，进行消毒预温。

1～2 天温度为 41.5～41℃,3～5 天温度为 39.5℃,6～11 天温度为 39℃,12 天温度为 38℃,13～14 天温度为 37.5℃,15～16 天温度为 38℃,17～21 天温度为 37.5℃。

室内的湿度靠炉火上的水壶溢气调节,相对湿度保持在 60%～65%。入孵开始几个小时内,蛋面温度不宜升得太快,入孵后 12 小时达到标准温度为宜。为了使炕温保持稳定,每隔 4 小时烧 1 次炕,定量加入燃料,以防炕温忽高忽低。入孵后每 15～20 分钟检查 1 次温度(测量蛋温的温度计放在蛋中间,炕的不同位置都要放温度计)。每天打开小窗通风 2～3 次。为了不影响孵化温度,通风前要适当提高室内温度。

若两个炕流水作业,按先后时间,分别控制不同温床,先批入孵的炕温为 38～39℃,转移到另一炕上,温度保持在 37.5℃。初学孵化时,要靠温度表掌握温度,温度表分别放在炕面和种蛋上,有经验以后,可以不用温度计,靠感觉或把蛋置于眼皮上的感觉估量,可以相当准确。

整个孵期验蛋两次,入孵后第 6～7 天验蛋一次,可以准确地捡出无精蛋,入孵后第 18 天,进行第二次验蛋,捡出死胎蛋,并把正常发育的种蛋移到出雏摊上去准备出雏。正常情况下 21 天出雏,出雏时每 2 小时捡 1 次雏,放在事先准备好的雏鸡筐或雏鸡盒内。

③倒盘与翻蛋:种蛋上炕入孵后每小时倒 1 次盘,即上下、前后、左右各层蛋盘互换位置。在整个孵化期间,每天要揭开棉被翻蛋 6～8 次,翻蛋时把盘中间的蛋移到两边,把两边的移到中间。由于手工翻蛋时间较长,也就等于凉蛋了。

④照蛋:火炕孵化共照蛋两次。第一次在入孵后的第 5 天进行。照蛋前应稍升高炕温和室温(0.5～1℃)。第二次照蛋在 11 天进行。然后上摊。

⑤上摊孵化:炕孵 12 天后,转入摊床孵化,上摊前将孵化室内

温度升高到28～29℃，将蛋盘中的胚蛋取出放到摊床上，开始时可堆放2～3层，盖好棉被，待蛋温达到标准温度后，逐渐减少堆放层数。上摊后每15～20分钟检查1次蛋温，每2小时翻蛋1次。第18天后将种蛋大头向上立起，单层摆放，等待出雏。

(3)注意事项：火炕孵鸡成功与否，关键在于控制好温度。控制温度，一是通过烧炕；二是通过增减覆盖物。刚入孵，外界气温低时，炕应多烧一点，用棉被把种蛋盖严；入孵中后期，或外界气温高时，应少烧，同时减少覆盖物。在烧炕时，当炕温高了或继续升高时，应立即停火，并除掉灶内余火，同时掀起棉被。切记炕温不能超过60℃。

4. 温水缸孵化法

温水缸孵化又叫水孵法，就是利用水缸中的水温使座在缸口盆内的种蛋受温而孵出鸡雏的方法。这种方法简单，孵化率较高。

(1)入孵前需做好以下准备工作

①选择孵化室：选用保温好的房舍，如室温能保持在18℃以上，则不必加温。也可利用住屋作孵化室。

②缸盆的选择：缸盆的大小要根据孵化数量而定。但缸盆要合套、口径一致，盆座在缸口时，盆与缸口间要吻合。

③安置孵化缸：先在放缸的地面上垫块厚木板或麦秸、稻草、木屑等保温填充物，也可直接放在炕面上。如果用多个缸孵化，把孵化缸排成数行，各行之间距离为50～60厘米，在缸行间以及缸与窗户、墙壁之间用草秸、碎草、树叶等保温物塞严，并使垫草略高于缸口。如果一缸一盆，也可用棉被、棉帘裹严保温。

④种蛋及缸盆预温：将选好的种蛋装铁筐中，放入45～50℃温水中烫5分钟左右，使蛋温提高到35℃左右。孵化前1～2天，盆内种蛋的温度为37.5～38.5℃，孵化室温度要达到18℃以上，盆温要达到39℃左右，缸内水温为60～70℃；室内相对湿度为

55%～65%。蛋盆内的热源来自缸内高温的热气。

(2)入孵及管理。

①入孵:盆内垫好棉花,将蛋的小头向下摆放,摆完第1层后,摆其他各层,一般放2～6层,方法同第1层。摆好后盖棉被。盛1担水的缸,上面的盆可装150～200个蛋;2担水的缸,上面的盆可装250～300个蛋;3担水的缸或口径更大的缸,上面的盆可装400个以上。每盆插入底层蛋1支温度计,每盆蛋表面放1支温度计。也可用塑料丝小网兜装种蛋,每兜5～10个,放在盆内。此法可简化翻蛋手续。

②调温:入孵数小时,手伸入盆内感到蛋面微温,且在许多蛋面凝有小水珠。若底层蛋温上升到39℃,应及时翻蛋。开始时,盆中心、盆边及盆底蛋的温差较大,经几次翻蛋后(需12～15小时),蛋温即能达到均匀。随后每隔2～4小时观察1次温度,4～6小时翻1次蛋。并利用向缸内加入冷水或热水、适时翻蛋或增减覆盖物等方法来调节盆温和蛋温。

盆内蛋温一般应保持在38.5℃。1～5天39.5℃,6～7天38.5～39℃,8～10天38.5℃。入孵的第1天,种蛋需要升温吸热,缸内水温应高些,随着入孵日期的增加和胚蛋自温的升高,缸内水温应逐渐下降。水温由入孵时的60～70℃逐渐下降到第10天的40℃左右,此时符合蛋温要求,可不必换水。在入孵的第10～13天间换水的次数应根据室温和保温情况来决定,一般每天换1次水。如室温高,保温条件好,也可2天换1次水,每次每缸只需换进0.5～1桶热水。换水后2～4小时内,应特别注意盆内升温情况,防止温度偏高。换水时可从缸口直接加入,也可用橡皮管或其他导管应用虹吸的原理换水。

鸡蛋入孵到11天左右,自温显著增高,可移到摊床上继续孵化,以其自温保持上摊孵化所需要的温度37～38℃,一直孵到出雏。上摊前种蛋应增温至39℃左右,以免上摊后温度下降过快而影响孵化效果。在摊上主要用增减棉被、换盖被单和翻蛋等方法来调节蛋温。上摊后，如果外界气温低，不能保温，应放回原缸加温，到上摊能保温为止。上摊后，待蛋温升到39.5℃时，应进行“抢摊”，即把边缘和中心的蛋对调，以使温度均匀。抢摊后再进行增温。摊上温度一般保持在37～38℃。刚上摊1～2天，如果外界气温低，可不必抢摊。

③出雏。在正常情况下，鸡蛋经过21天孵化，雏鸡都能自行啄壳而出。出雏时，蛋温应保持在39℃左右，室温27～29℃，相对湿度70%左右，雏鸡羽毛干后及时拣入出雏箱内。

5. 塑料薄膜热水袋孵化法

塑料薄膜热水袋孵鸡蛋是近年来兴起的一种孵鸡法。这种方法温度容易调节，孵化效果好，成本低，简单易行。

(1)孵化设备及用具：普通火炕，根据孵化量制作1～2个长方形木框（长165厘米、宽82.5厘米、高16.5厘米），棉被、棉毯、被单数条，温度计数个，塑料薄膜水袋（用无毒塑料薄膜制作，应长于长方形木框，其宽与木框相同）等。

(2)孵化法：把木框平放在炕上（炕要平、不漏烟、各处散热均匀），框底铺两层软纸，将塑料水袋平放在框内，框内四周与塑料薄膜热水袋之间塞上棉花及软布保温，然后往塑料薄膜热水袋中注入40℃温水（以后加的水始终要比蛋温高0.5～1℃），使水袋鼓起13厘米高。把种蛋平放在塑料薄膜热水袋上面，每个蛋盘装300～500个种蛋。温度计分别放在蛋面上和插入种蛋之间，用棉被把种蛋盖严。种蛋的温度主要靠往水袋里加冷、热水来调节。整个孵化期内只注入1～2次热水即可。在必要情况下，也可以在开始入孵时，把炕烧温，这样能延长水袋中水的保温时间。每次注入热水前，先放出等量的水，使水袋中水始终保持恒温。火炕可不必烧得太热。

从入孵到第 14 天,蛋面温度要保持在 38～39℃(第 1 周为 39～38.5℃,第 2 周为 38.5～38℃),不得超过 40℃。第 15 天到出雏前 2 天,蛋面温度应保持在 38～37.5℃,在临出雏前 3～5 天,用木棒把棉被支起来,使蛋面与棉被之间有个空隙,以便通风换气。整个孵化期间,室内温度要保持在 24℃左右,室内湿度以人不觉干燥为宜,若太干燥,可往地面洒水。

入孵 1～15 天,每昼夜翻蛋 3～4 次,第 16～19 天,每昼夜翻蛋 4～6 次。翻蛋时应注意互换位置,在孵化量大、蛋床多时,要把第 1 床种蛋逐个拣到第 2 床,第 2 床拣到第 3 床,第 3 床拣到第 1 床上。孵化量小时,可用双手将种蛋有次序地从水袋一端向另一端轻轻推去,使种蛋就地翻动一下。胚蛋发育到中、后期,自身热量逐渐增大,同时产生大量污浊气体,通过凉蛋和翻蛋可散发多余热量,排除污浊气体。胚蛋在低温刺激下,能促进胚胎发育,增强雏鸡适应外界环境的能力。前期凉蛋可结合翻蛋进行,每次约 10 分钟,后期每次 15～20 分钟。第 19 天时,将蛋大头向上摆放,等待出雏。

(三)孵化不良原因的分析

孵化不良的原因有先天性和后天性两大类。每一类中,尚存在许多具体的因素。

1. 影响种蛋受精率的因素

种蛋受精率,高的应在 90%以上,一般应在 80%以上。若不足 80%,应该及时检查原因,以便改进和提高。影响种蛋受精率的主要原因有种鸡群的营养不良,特别是饲料中缺少维生素 A 的供给;公母鸡配种比例失调,鸡群中种公鸡太少;气温过高或过低,导致种公鸡性活动能力的降低;公鸡或有腿病,或步态不正,影响与母鸡交配;公母鸡体重悬殊太大,特别是公鸡很大而母鸡太小,常造成失配等。

2. 孵化期胚胎死亡的原因

鸡蛋在孵化期常出现胚胎死亡现象，给养殖户造成损失。引起胚胎死亡的原因是多方面的。

(1)孵化前期(1～5 天)

①种蛋被病菌污染：病菌主要是大肠杆菌、沙门杆菌等，或经母体侵入种蛋，或检蛋时未妥善处理，被病菌直接感染，造成胚胎死亡。因此种蛋在产后 1 小时内和孵化前都要严格消毒，方法为 1∶1000 苯扎溴铵溶液喷于种蛋表面，或按每立方米空间 30 毫升福尔马林加 15 克高锰酸钾熏蒸 20～30 分钟，并保持温度为 25～27℃，湿度 75%～80%。

②种蛋保存期过长：陈蛋胚胎在孵化开始的 2～3 天内死亡，剖检时可见胚盘表面有泡沫出现、气室大、系膜松弛，因此种蛋应在产后 7 天内孵化为宜。

③剧烈震动：运输中种蛋受到剧烈震动，致使系膜松弛、断裂、气室流动，造成胚胎死亡。因此，种蛋在转移时要做到轻、快、稳，运输过程中做好防震工作。

④种蛋缺乏维生素 A：胚胎缺乏必需的营养成分导致死亡，在种鸡饲养时应保证日粮营养丰富、全面。

(2)孵化中期(6～13 天)：胚胎中期死亡主要表现为胚位异常或畸形。主要是种蛋缺乏维生素 D、维生素 B_2 所致。应加强种鸡的饲养。

(3)孵化后期(14～16 天)

①通风不良，缺氧窒息死亡：剖检可见脏器充血或淤血，羊水中有血液。因此，必须保持孵化室内通风良好，空气清新，氧气达到 21%，二氧化碳低于 0.04%，不得含有害气体。

②温度过高或过低：温度过低，胚胎发育迟缓；温度过高，脏器大量充血，出现血肿现象。孵化期温度控制的原则是前高、中平、

后低,即前中期为 38℃,后期为 37～38℃。

③湿度过大或过小:湿度过大,胚胎出现“水肿”现象,胃肠充满液体;湿度过小,胚胎“木乃伊”化,外壳膜、绒毛干燥。湿度控制原则是两头高、中间低,即前期湿度为 65%～70%,中期为 50%～55%,后期为 65%～75%。

(4)出雏(17～18 天):出雏死亡表现为未啄壳或虽啄壳但未能出壳而致死亡。原因是种蛋缺乏钙、磷,喙部畸形。

综合以上原因可知,前期鸡胚胎死亡主要是因为种蛋不好,或因内源性感染,中期主要是营养不良,后期主要是孵化条件不良所致。养殖户应对症下药,加强管理,积极预防,以取得最大的经济效益。

四、雏鸡的分级与存放

1. 强弱分级

雏鸡经性别鉴定后,即可按体质强弱进行分级。健康的雏鸡精神活泼,眼睛明亮;绒毛均匀、干净、整齐,具有本品种的羽毛色;除个别小型鸡种以外,初生体重应在 35～42 克;腹部大小适中;脐门收缩良好,肛门也干净利落,不粘有黄白色的稀便;两腿结实,站立稳健;喙、胫、趾色素鲜浓;全身没有畸形表现。

较弱的雏鸡,精神表现一般,脐门愈合不良,摸得着小疙瘩;出雏时蛋壳上粘有血液;腹大,体重有时超过标准;出现非品种化的青腿,有时脐门见有绿环色素;两腿张开,站立不稳;出现较轻的畸形,如单眼、单腿曲趾等。可把这类雏鸡列为弱雏群,精心养育,多数能成活。

凡有下列情况的雏鸡要坚决淘汰,千万不要入群饲养:拖黄,即脐外尚有卵黄囊外露;吐黄,即雏鸡啄壳处蛋黄往外淌;颅瘤,即头顶出现 1 个粉红色的肉瘤；双眼失明，上下喙吻合极度不良，双腿曲趾；精神呆滞，颈部无力，站不直，身体瘫痪；出壳时流血过多；除小型鸡种外，初生重在 35 克以下。

2. 雏鸡存放

雏鸡存放室的温度较温暖，一般要求 24～28℃，通风良好并且无穿堂风。雏鸡盒的码放高度不能太高，一般不超过 10 个，并且盒之间有缝隙，以利于空气流通。不要把雏鸡盒放在靠暖气、窗户处，更不能日晒、风吹、雨淋。雏鸡应当尽快运到鸡场，越早运到饲养场，饲养效果越好。

第五章　散养蛋鸡的饲养管理

蛋鸡的散养是指鸡在育雏期和育成期圈养至120日龄(即蛋鸡开产前20～30天,所有免疫均全部完成)再散养的饲养方式,因此散养蛋鸡的圈养期和散养期的饲养管理皆然不同。

第一节　圈养期的饲养管理

一、雏鸡的饲养管理

雏鸡(0～6周龄)的体温调节功能不健全,不能直接把雏鸡放到山坡上散养,应在育雏室中育雏。

(一)雏鸡的生理特点

育雏期是鸡比较特殊、难养的饲养阶段,了解和掌握雏鸡的生理特点,对于科学育雏至关重要。

1. 体温调节能力差

雏鸡个体小,自身产热量少,绒毛稀短,抗寒能力差。刚出壳的雏鸡体温比成年鸡低2℃,为39℃左右,直到10日龄时才逐渐恒定,达到正常体温。体温调节能力到3周龄末才趋于完善。因此,育雏期要有人工控温设施,保证雏鸡正常生长发育所需的温度。

2. 消化能力弱

幼雏嗉囊和肌胃容积很小，贮存食物有限，消化机能尚未发育健全，消化能力差。因此要求饲料养分充足，营养全面，容易消化，特别是蛋白质饲料要充足。饲喂要少吃多餐，增加饲喂次数。饲粮中粗纤维含量不能超过5%，配方中应减少菜籽饼、棉籽饼、芝麻饼、麸皮等粗纤维高的原料，增加玉米、豆粕及鱼粉的用量。

3. 代谢旺盛，生长迅速

雏鸡1周龄时体重约为初生重的2倍，至6周龄时约为初生重的15倍，其前期生长发育迅速，在营养上要充分满足其需要。由于生长迅速，雏鸡的代谢很旺盛，单位体重的耗氧量是成鸡的3倍，在管理上必须满足其对新鲜空气的需要。

4. 胆小易惊，抗病力差

雏鸡胆小，异常的响动、陌生人进入鸡舍和光线的突然改变等都会造成惊群。生产中应创造安静的育雏环境，饲养人员不能随意更换。

5. 免疫力弱

雏鸡抵抗力弱，很容易受到各种有害微生物的侵袭而感染疾病。雏鸡免疫系统功能低下，对各种传染病的易感性较强，生产中要严格执行免疫接种程序和预防性投药，增加雏鸡的抗病力，以防患于未然。

6. 合群性强

雏鸡模仿性强，喜欢大群生活，一块儿进行采食、饮水、活动和休息。因此，雏鸡适合大群高密度饲养，有利于保温。但是雏鸡对啄斗也具有模仿性，密度不能太大，防止啄癖的发生。

7. 初期易脱水

刚出壳的雏鸡含水率在75%以上,如果在干燥的环境中存放时间过长,则很容易在呼吸过程中失去很多水分,造成脱水。育雏初期干燥的环境也会使雏鸡因呼吸失水过多而增加饮水量,影响消化功能。因此鸡在出雏之后的存放期间、运输途中及育雏初期必须注意湿度问题以提高育雏的成活率。

(二)育雏方式

饲养者可根据自己的条件、雏鸡的数量及育雏的季节等因素,来确定育雏方式。一般有笼养、箱育雏、网上平养、地面平养及坑上平养等方式。

1. 笼养

笼养适合规模饲养户采用,可以增加饲养密度,节省建筑面积和土地面积,便于实行机械化和自动化管理,管理定额高,提高了雏鸡的成活率和饲料效率。

(1)立体育雏笼:一般四层立体育雏笼140厘米宽,420厘米长,每层高度20～30厘米,两层笼间设置承粪板,间隙5～7厘米。使用这种育雏笼时,要注意上下的温差,尤其是在冬季,一般先用上面二层育雏,待雏鸡稍大以后,再将体重大的逐渐移至下面二层。这种育雏笼的缺点是太宽,抓鸡不便,不利于管理,上下温差大。

(2)小笼或立体小笼育雏:采取每群在50～100只之内的小群体育雏,能取得较好的效果。育雏笼的宽度不超过70厘米,每笼长度不超过140厘米。这种方式便于观察,便于抓鸡做免疫,也便于对鸡群消毒。雏鸡生长快,发育整齐。

2. 箱育雏

箱育雏就是在育雏室内用木箱、箩筐或纸箱加电灯供热保温的方法育雏。育雏箱长100厘米、宽50厘米、高50厘米，上部开两个通风孔。将雏鸡置于垫有稻草或旧棉絮的育雏箱中，60瓦的灯泡挂在离雏鸡40～50厘米的高度(根据灯泡大小、气温高低、幼雏日龄灵活调整其高度)供热保温。如果室温在20℃以上，挂1盏60瓦的灯泡供热即可，如果室温在20℃以下，则要挂2盏60瓦的灯泡供热。雏鸡吃食和饮水时，用手将其捉出，喂饮完后再捉回育雏箱内。如果室温过高，需打开育雏箱的顶盖。若是夏季不论白天晚上育雏箱都要盖上一层蚊帐布，以防蚊叮，如不打开箱顶盖，其上的通风孔也应盖上一层蚊帐布。如果室内温度过低，通过在育雏箱上加盖单被来调节箱内温度，但要注意通风换气。4～5日龄后，当室外气温在18℃以上且无风时，可适当让雏鸡到室外活动。箱内垫料注意更换垫料，保持箱内干燥。

箱育雏设备简单，但保温不稳定，需要精心看护，效率较低，仅适于小规模培育幼雏。

3. 网上平养

网上育雏即在离地面50～60厘米高处，架上丝网，把雏鸡饲养在网上。网上平养是鸡育雏最成功的方式，由于鸡的排泄物可以直接落入网下，雏鸡基本不同粪便接触，从而减少与病原接触，减少再感染的机会，尤其是对防止球虫病和肠胃病有明显的效果。网上平养不用垫料，减轻了劳动量，减少了对雏鸡的干扰，从而减少雏鸡发生应激的可能，提高雏鸡的成活率，但网上平养造价相对较高。

工厂化鸡场常用大群全舍网上平养幼雏或大群围栏网上平养幼雏，但小型鸡场及农村养殖户，一般可采用小床网育。网床由底网、围网和床架组成。网床的大小可以根据育雏舍的面积及网床的安排来设计，一般长为1.5～2米，宽0.5～0.8米，床距地面的高度为50～60厘米。床架可用三角铁、木、竹等制成，床底网可采用1.2厘米×1.2厘米规格网目,在育0～21日龄的幼雏时在底网上铺一层0.5厘米×0.5厘米网目的塑料网即可。网床的四周应加高度为40～50厘米(底网以上的高度)的围网,以防雏鸡掉下网床。

4. 地面平养

地面平养就是在铺有垫料的地面上饲养雏鸡,这种育雏方式最为经济,简单易行,无须特殊设备,是目前小型鸡场和农村养殖户普遍采用的方式。缺点是雏鸡直接与垫料和粪便接触,卫生条件差,易感染疫病,并且要占用较大的房舍面积。另外,为保持垫草干燥,需要经常更换垫草,劳动量较大。

地面平养的育雏房要有适宜的地面,最好是水泥光滑地面,兼有良好的排水性能,以利于清洁卫生。

地面平养要用育雏围栏(材料用竹围栏、木板、纸板均可)在育雏室内围成若干小区。育雏围栏的作用是将雏鸡限定在一个较小的范围内栖息、活动,这样雏鸡不会因离保温器太远而受寒,又容易找到饮水和饲料。以后随着雏鸡日龄的增长、自我调节温度的能力增强而逐渐扩大围栏的范围,扩大雏鸡的活动空间,又不致受热。育雏室内育雏围栏的高度一般在50厘米即可。育雏围栏围成小区的长与宽取决于所采用的保温设备及每群育雏数量的多少。用斗形或伞形保温器保温(保温伞直径100厘米左右),一般情况下小区的长与宽为1.5～2米,如果室温较低,可直接将育雏围栏围在保温器伞盖下方,以护热,使区域的大小与保温器伞盖的覆盖范围相当。直接用红外线灯泡供热保温,则宜将育雏围栏围在灯泡下的较小范围内。育雏围栏围成的小区,在开始育雏时可小些,以后逐渐扩大。具体围多少个小区,要根据育雏规模确定。

地面平养需要在育雏围栏围成的小区地面上铺垫料,垫料可采用稻草和麦秸等,但必须是新鲜、没有发霉,清洁而干燥,麦秸、稻草需铡成 5～10 厘米长短。垫料厚度根据育雏期垫料管理的特点而定。

地面平养一般采用更换垫料育雏和加厚垫料育雏两种方法。更换垫料育雏是将雏鸡养育在铺有 3～5 厘米厚的清洁而干燥的垫料上，当垫料被粪尿污染时，要及时用新垫料予以更换。不及时更换垫料，幼雏易患球虫等寄生虫病、肠胃病，易造成鸡间生长不一致及饲料浪费。加厚垫料育雏是在地面上先铺一层熟石灰后，铺上 8～10 厘米厚的垫料层，当垫料被粪尿污染后，及时加铺一层 4～5 厘米厚的新垫料，直到厚度增至 20 厘米为止。此法不更换垫料，垫料在育雏结束时一次清除，可省去经常更换垫料的繁重劳动，同时减少鸡的应激，垫料发酵产生的热，可供雏鸡取暖。

5. 炕上平养

用砖、坯或石头砌成土炕，利用炕下面的烟道，给炕加热，在炕的上面育雏。此种育雏方式的成本低，加热容易，但温度很难控制，容易造成温度忽高忽低，忽冷忽热，使雏鸡难以适应。而且卫生难以清理和保持，不能用水冲洗，也很容易导致鸡雏患病。如果采用此种方式育雏，一定注意克服缺点，可以在炕上垫一层沙子，另外，勤打扫卫生、勤消毒，同时要注意育雏室内的通风换气，保持室内空气畅通。

(三)育雏前的准备

为了使育雏工作能按预定计划进行，取得理想效果，育雏前必须充分做好各项准备工作。

1. 拟定育雏计划

根据本场的具体条件，制定育雏计划，每批进雏数应与育雏鸡舍、成鸡舍的容量大体一致。一般育雏舍和育成舍的比例为1∶2，进雏数一般决定于当年新母鸡的需要量，在这个基础上再加上育成期间死亡的淘汰数。

(1)育雏季节的选择:季节与育雏的效果有密切关系,因此育雏应选择适合的季节,并应根据不同地区和环境条件进行选择。在自然环境条件下,一般以春季育雏最好,初夏与秋冬次之,盛夏最差。

①春雏:指3~5月份孵出的鸡雏,尤其是3月份孵出的早春雏。春季气温适中,空气干燥,日照时间长,便于雏鸡活动,鸡的体质好,生长发育快,成活率高。同时,室外气温逐渐上升,天气较干燥,有利于雏鸡群降温、离温,适合雏鸡的生长发育。特别是这一时期育的雏,在7~8月已经长成大雏,能有效抵御梅雨季节的潮湿气候。更重要的是,在正常的饲养管理条件下,春雏到了9~10月可全部开产,一直产到第二年夏季,第一个产蛋年度时间长,产蛋量高,蛋重大。

②夏雏:指6~8月份出壳的小鸡雏。夏季育雏保温容易,光照时间长,但气温高,雨水多,湿度大,雏鸡易患病,成活率低。如饲养管理条件差,鸡生长发育受阻,体质差,当年不开产,产蛋持续期短,产蛋少。

③秋雏:指9~11月份出壳的小鸡雏。外界条件较夏季好转,发育顺利,性成熟早,开产早,但成年体重和蛋重减小,产蛋时间短。

④冬雏:指12月至翌年2月份出壳的鸡雏。保温时间长,活动多在室内,缺乏充足的阳光和运动,发育会受到一定影响。但疾病较少,育雏率较高,由于育成时间长,饲养成本较高。

(2)房舍、设备条件:如果利用旧房舍和原有设备改造后使用的,主要计算改造后房舍设备的每批育雏量有多少。如果是标准房舍和新购设备,则计算平均每育成一只雏鸡的房舍建筑费及设备购置费,再根据可能用于房舍设备的资金额,确定每批育雏的只数及房舍设备的规模。育雏室应该保温良好,便于通风、清扫、消毒及饲喂操作。用前需经修缮,堵塞鼠洞。

(3)可靠的饲料来源:根据育雏的饲料配方、耗料量标准以及能够提供的各种优质饲料的数量(特别要注意蛋白质饲料及各种添加剂的充足供应),算出可养育的只数及购买这些饲料所需的费用。

(4)资金预计:将房舍及饲料费用合计,并加上适当的周转资金,算出所需的总投资额,再看实际筹措的资金与此是否相符。

(5)其他因素:要考虑必须依赖的其他物质条件及社会因素如何,如水源是否充足,水质有无问题,特别是电力和燃料的来源是否有保证,育雏必需的产前、产后服务(如饲料、疫苗、常用物资等的供应渠道及产品销售渠道)的通畅程度与可靠性。

最后将这四个方面的因素综合分析,确定每一批育雏的只数规模,这个规模大小应建立在可靠的基础上,也就是要求上述几个因素应该都有充分保证,同时应该结合市场的需求,收购价格和利润率的大小来确定。每一批的育雏只数规模确定后,再根据一年宜于养几批,决定全年育雏的总量。

其次,需要选择适宜的育雏季节和育雏方式,因为选择得当,可以减少费用开支而增加收益。实际上育雏季节与方式的选择,在确定育雏规模和数量时就应结合考虑进去。

2. 育雏用品的准备

(1)保温设备:无论采用什么热源,都必须事先检修好,进雏前经过试温,确保无任何故障。如有专门通风、清粪装置及控制系统,也都要事先检修。

①热风炉:以煤等为原料的加热设备,需进行检查维修。

②锅炉供暖:分水暖型和气暖型。育雏供温以水暖型为宜。

③红外线供暖:红外线发热原件有两种主要形式,即明发射体和暗发射体,两种都安装在金属反射罩下。

(2)育雏设备及用具的准备:根据育雏规模,准备好育雏伞、料槽、饮水器、垫草、燃料、围栏、资金、育雏记录表等。

①料槽要求:数量充足,所有鸡都能同时吃食,高低大小适当,槽高与鸡背高度相近,结构合理,减少饲料浪费。在3周龄内每只鸡占有4厘米,8周龄内每只占6厘米。料槽的高低大小至少应有两种规格:3周龄内鸡料槽高4厘米、宽8厘米、长80~100厘米;3周龄以后换用高6厘米、宽8~10厘米、长100厘米左右的料槽;8周龄以上,随鸡龄增长可以将料槽相应地垫起,使料槽高度与鸡背高相同。

②饮水器:雏鸡饮水最好采用真空饮水器。这样使水盘的水深控制在1.5厘米,水面宽度2厘米,较为适宜。

(3)供温设施测试:进雏前2~3天,对育雏舍进行供温和试温,观察能否达到育雏要求的温度,能否保持恒温,以便及时调整。做好安全检查,用煤火供温要有烟囱,有煤气出口,并注意防火灾。

(4)饲料准备:雏鸡用全价配合饲料,雏鸡0~6周龄累计饲料消耗为每只900克左右。自己配合饲料要注意原料无污染、不霉变。最好现用现配,一次配料不超过3天用量。因为饲料中的有些营养成分会被氧化。饲料形状以颗粒破碎料(鸡花料)最好。

(5)垫料的准备:在平面育雏时一般都采用垫料,常选用稻壳、锯末、刨花等,以10厘米长短为宜,厚度为3~5厘米。垫料要求干燥、清洁、柔软、吸水性强、灰尘少,使用前需在太阳底下进行日晒消毒,要注意不断翻动,以便彻底消毒。

(6)燃料:均要按计划的需要量提前备足。

(7)药品及添加剂:为了预防雏鸡发生疾病,适当地准备一些药物是必要的。消毒药如煤酚皂、紫药水、苯扎溴铵、烧碱、生石灰、汽油、高锰酸钾、甲醛等。用以防治白痢病、球虫病的药物如呋喃唑酮、球痢灵、氯苯胍、土霉素等。添加剂有速溶多维、电解多维、口服补液盐、维生素C和葡萄糖等。

(8)疫苗:主要有新城疫疫苗、传染性法氏囊病疫苗、传染性支气管炎疫苗和鸡痘苗等。

(9)其他用品：包括各种记录表格、温度计、连续注射器、滴管、刺种针、台秤和喷雾器等。

3. 消毒

无论是新建鸡舍还是原来利用过的建筑，在进鸡之前都必须经过严格的清洗和消毒。

(1)清舍：首先清扫屋顶、四周墙壁以及设备内外的灰尘等脏物。

(2)清洗：将食槽和饮水器具浸泡在加入清洁剂的消毒水池中，清洗干净后用消毒剂溶液浸泡，最后用清水冲洗干净、晾干备用。网上饲养要用高压水枪冲洗笼网，尤其是底网片连接处。墙壁和地面先用高压水枪喷湿，可在水中加入清洁剂，以便于清洗干净。数小时后用高压水枪冲洗，冲洗干净以后，在水中加入广谱消毒剂喷洒消毒一遍。

(3)周围环境：清除雏鸡舍周围环境的杂物，然后用火碱水喷洒地面，或者用白石灰撒在鸡舍周围。

(4)熏蒸消毒：上述清洗消毒完成以后，将水盘和料盘(按 10 只雏鸡配 1 个，均匀摆放，使用电热育雏伞育雏时料盘放置在离伞边缘 20 厘米左右的地方)以及育雏所用的各种工具放入舍内，然后关闭门窗，用甲醛熏蒸消毒。熏蒸时要求鸡舍的湿度 70%以上，温度 10℃以上。消毒剂量为每立方米体积用甲醛 42 毫升加 42 毫升水，再加入 21 克高锰酸钾。1～2 天后打开门窗，通风晾干鸡舍。如果距进鸡还有一段时间，可以一直封闭鸡舍到进鸡前 3 天左右。空舍 2～3 周后在进鸡前约 3 天再进行 1 次熏蒸消毒。

(5)鸡舍消毒后重新启用前的检查：确保所有设备都正常工作，各项环境指标正常。

4. 育雏舍的试温和预热

育雏前准备工作的关键之一就是试温。检查维修火道后,点燃火道或火炉升温 2 天,使舍内的最高温度升至 39℃。升温过程中要检查火道是否漏气。试温时温度计放置的位置:①育雏笼应放在最上层和第三层之间。②平面育雏应放置在距雏鸡背部相平的位置。③带保温箱的育雏笼在保温箱内和运动场上都应放置温度计测试。

雏鸡进舍前 24 小时必须对鸡舍进行升温,尤其是寒冷季节,温度升高比较慢,鸡舍的预热升温时间更要提前。在秋冬季节,墙壁、地面的温度较低,所以必须提前 2～3 天开始预热育雏舍,只有当墙壁、地面的温度也升到一定程度之后,舍内才能维持稳定的温度,但雏鸡舍的温度要求因供暖的方式不同而有所差异。采用育雏伞供暖时,1 日龄时伞下的温度控制在 35～36℃,育雏伞边缘区域的温度控制在 30～32℃,育雏室的温度要求 25℃。采用整室供暖(暖气、煤炉或地炕),1 日龄的室温要求保持在 29～31℃。如果运来雏鸡后,舍内温度仍不太稳定,可以先让雏鸡仍在运雏盒中休息,待温度稳定后再放入育雏器内。随着雏鸡的逐渐长大,羽毛逐渐丰满,保温能力逐渐加强,对温度的要求也逐渐降低,但不要采取突然降温的方法。

(四)饲养管理

1. 接雏

接雏可以分批进行,尽量缩短雏鸡在孵化室的逗留时间,千万不要等到全部雏鸡出齐后再接雏,以免早出壳的雏鸡不能及时饮水和开食,导致体质逐渐衰弱,影响生长发育,降低成活率。

2. 断翅

为防止散养鸡飞逸,可断翅后散养。断翅在雏鸡出壳后 12～

24 小时,还未开食饮水之前进行,方法是先将雏鸡的两翅分开用线紧靠翅膀的肘关节上方结扎,然后用消毒的剪刀在肘关节处剪断翅膀,伤口用紫药水清毒,3～5 天后便可愈合。也可用消毒的剪刀剪去左或右侧翅膀最后一个关节,然后用 50 瓦电烙铁烧烙止血,再涂上紫药水消毒,防止善飞鸡飞逃。

3. 雏鸡饮水与开食

雏鸡接运到育雏室,休息 1～2 小时后,应当是先给予饮水,然后再开食。饮水有利于雏鸡肠道的蠕动,吸收残留卵黄,排出胎粪和增进食欲。

(1)饮水:初生雏鸡接入育雏室后,第一次饮水称为初饮。雏鸡在高温的育雏条件下,很容易造成脱水。因此,初饮应尽快进行。

初次饮水最好用 16～20℃的温开水,可在水中加 8%的白糖或葡萄糖,0.1%的维生素 C 和 50×10^{-6}的盐酸恩诺沙星,或饮口服补液盐(将食盐 35 克,氯化钾 15 克,小苏打 25 克,多维葡萄糖 20 克溶于 1000 毫升蒸馏水中,效果更佳)。对于长途运输的雏鸡,在饮水中要加入口服补液盐,有助于调节体液平衡。初饮后,应当保持雏鸡能够不间断地得到饮水供应。初饮时,对于无饮水行为的雏鸡,可轻轻抓住雏鸡头部,将喙部按入水中 1 秒左右,每 100 只雏鸡教 5 只,则全群能很快学会。

为了预防疾病,0～5 日龄阶段可在饮水中按每只雏鸡加入 0.05%～0.1%氯霉素,或按每只雏鸡加庆大霉素 5000 国际单位,或按每只雏鸡加青霉素 3000～4000 国际单位,或链霉素 3 万国际单位,另外,每只雏鸡加入维生素 C 0.2 毫升。6～10 日龄饮水中加入 0.02%的呋喃唑酮,但必须彻底溶解,严防中毒。

0～7 日龄每天每只鸡按 20 毫升左右饮水计算,每天至少分 4～5 次供水,每次饮 0.5～1 小时。初次饮水之后,雏鸡每 100 千克水中加 50 克诺氟沙星,连饮 7 天,停 3 天,再饮 5 天,然后可直接饮井水。饮水器要充足,一般 100 只雏鸡最少要有 3 个 1250 毫升的饮水器均匀分布于育雏栏内。饮水器底盘与顶盖每天要刷洗干净,并用消毒液消毒。

前 7 天雏鸡饮水最好使用小型饮水器,或使用碟子、水盘,但不宜过大,盘中水深度不超过 1 厘米,以雏鸡绒毛不沾湿为原则,7 天后用水槽饮水。每次免疫前 2～3 天给雏鸡饮电解多维,按说明书中标明的用量添加,这时不能混饮其他药物。

在正常饲养管理环境下,雏鸡饮水量的突然变化多是疾病来临的征兆。因此,每天要认真观察、记录饮水情况,及时发现问题,以便及时采取相应的预防措施。

(2)开食:雏鸡第一次喂食称为开食,开食时间一般掌握在初饮后 2～3 小时,开食在浅盘或硬纸上进行。开食不是越早越好,过早开食胃肠软弱,有损于消化器官。但是,开食过晚有损体力,影响正常生长发育。当有 60%～90%雏鸡随意走动,有啄食行为时应进行开食。另外,开食最好安排在白天进行,效果较好。

①开食方法:将配制好的开食饲料撒在料盆内,任其自由采食。刚开食时,雏鸡可能不会吃食,需要诱导。整个开食时间宜短,一般在 30 分钟内完成。

②诱食方法:先用手轻碰鸡嘴,吸引其注意力,然后引向开食料,或打开雏鸡嘴,直接将开食料塞进鸡嘴内,把切成细丝的青菜放在手上晃动,或者将蒸煮半熟的小米或切碎的青菜丝均匀地撒在食盘上,用手轻轻叩打食盘,引诱和训练雏鸡采食。第二次喂料,应将被污染饲料扫清。

③开食饲料:开食的饲料要求新鲜、颗粒大小适中、易于啄食、营养丰富易消化,常用的是非常细碎的黄玉米颗粒、小米或雏鸡配合饲料。

用全价小颗粒饲料或浸泡 2 小时的碎米、小米搭配切细的嫩青绿饲料，按精饲料与青绿料 1∶2 的比例混合均匀。

全价饲料 20％，蒸熟的玉米面 20％，切碎的青菜叶 60％。

稀饭，要求饭粒不黏、不硬、不烂、不生，加适量的白糖。另加适量切碎的青菜丝，补加骨粉和食盐。

凡是开食正常的雏鸡，第 1 天平均每只最多吃 3～4 克，第 2 天增加到 7 克左右，第 4 天可增加到 9～10 克，第 5 天大致可达 12 克。

开食良好的鸡，走进育雏室即可听到轻快的叫声，声音短而不大，清脆悦耳，且有间歇；开食不好的鸡，就有烦躁的叫声，声音大而叫声不停。

开食正常，雏鸡安静地睡在保温伞周围，很少站着休息，更没有吃食扎堆的现象。

在混合料或饮水中放入预防白痢病的药物，能大大减少白痢病的发生，如果在料中或水中再加入抗生素，大群发病的可能性更小，粪便也正常。但开食不好、消化不良的雏鸡仍然会出现类似白痢病的粪便，粘连在肛门周围。

所以在开食时应特别注意以下几点。

①挑出体弱雏鸡：雏鸡运到育雏舍，经休息后，要进行清点，将体质弱的雏鸡挑出。因为雏鸡数量多，个体之间发育不平衡，为了使鸡群发育均匀，要对个体小、体质差、不会吃料的雏鸡另群饲养，以便加强饲养，使每只雏鸡均能开食和饮水，促其生长。

②延长照明时间：开食时为了有助于雏鸡觅食和饮水，雏鸡出壳后 3 天内采取昼夜 24 小时光照。

③选择开食饲料：开食饲料，一般要求营养丰富，适口性佳，容易消化吸收，可以选择碎米、碎玉米等饲料。

④开食不可过饱：开食时要求雏鸡自己找到采食的食槽和饮水器，会吃料能饮水，但不能过饱，尤其是经过长时间运输的雏鸡，此时又饥又渴，如任其暴食暴饮，会造成消化不良，严重时可致大

批死亡。

⑤不能使雏鸡湿身:注意盛水器的规格,要大小适宜,以免雏鸡进入水盆。

(3)补饲砂砾:因为鸡没有牙齿,补喂砂砾可以促进肌胃的消化功能,而且还可以避免肌胃逐渐缩小。补喂时把3毫米的砂砾按饲料量的1%～2%投入料中,也可以装在吊桶里供鸡自由采食,通常1周后开始自由采食。

4. 雏鸡的日常管理

温度、湿度、通风、光照和饲养密度等环境条件是成功育雏的基本条件。

(1)温度:育雏温度包括育雏室温度和育雏器温度。育雏温度对1～30日龄雏鸡至关重要,温度偏低会引起雏鸡死亡,死亡率最高可达50%～80%。防止温度偏低固然很重要,但是也应注意防止温度偏高。控制好温度是育雏成败的首要条件。

①对温度的基本要求:育雏室温度要求在24℃左右,育雏后期可根据鸡群情况逐渐降低室温,将温度计挂在离育雏器较远的墙上,高出地面1米处。因同一空间内不同高度的温度有差异,温度计水银球以悬挂在雏鸡背部的高度为宜。一般刚出壳的小雏鸡温度宜高,大雏鸡宜低,小群稍高,群大稍低,夜间稍高,昼间稍低。大致为0～1周龄在30～32℃,1～2周28～30℃,3～4周23～28℃,5～6周18～23℃。

温度计的读数只是一个参考值,实际生产中要看雏鸡的采食、饮水行为是否正常来确定温度。雏鸡的伸腿,伸翅,奔跑,跳跃,打斗,卧地舒展全身休息,呼吸均匀,羽毛丰满、干净有光泽,都证明温度适宜;雏鸡挤堆,发出轻声鸣叫,呆立不动,缩头,采食饮水较少,羽毛湿,站立不稳,说明温度偏低。如果雏鸡的羽毛被水淋湿,有条件的应立即送回出雏器,以36℃温度烘干,可减少死亡。温度过低会引起瘫痪或神经症状。雏鸡伸翅，张口呼吸，饮水量增加，寻找低温处休息，往笼边缘跑，说明温度偏高，应立即进行通风降温。降温时注意温度下降幅度不宜太大。如果雏鸡往一侧拥挤说明有贼风袭击，应立即检查风口处的挡风板是否错位，检查门窗是否未关闭或被风刮开，并采取相应措施保持舍内温度均衡。

②温度控制的稳定性和灵活性：雏鸡日龄越小，对温度稳定性的要求越高，初期日温差应控制在 3℃之内，到育雏后期日温差应控制在 6℃之内，避免因为温度的不稳定给生产造成重大损失。温度的控制应根据鸡群和季节变化的情况灵活掌握。

a. 对健壮的雏鸡群育雏温度可以稍低些，在适温范围内，温度低些比温度高些效果好，此时雏鸡采食量大、运动量大、生长也快。

b. 对体重较小、体质较弱、运输途中及初期死亡较多的雏鸡群温度应提高些。

c. 夜间因为雏鸡的活动量小，温度应该比白天高出 1～2℃。

d. 秋冬季节育雏温度应该提高些，寒流袭来时，应该提高育雏温度。

e. 断喙、接种疫苗等给鸡群造成很大应激时，也需要提高育雏温度。

f. 雏鸡群状况不佳，处于临病状态时，适当提高舍温可减少雏鸡的损失。

③雏鸡的温度锻炼：随着日龄的增长，雏鸡对温度的适应能力增强，因此应该适当降温。适当的低温锻炼能提高雏鸡对温度的适应能力。不注意及时降温或长时间在高温环境中培育的鸡群，常有畏寒表现，也易患呼吸道疾病。秋天的雏鸡即将面临严寒的冬天，尤其需要注意及时降温，培育鸡群对低温的适应能力。

降温的速度应该根据鸡群的体质和生长发育的状况，根据季节气温变化的趋势而定，大致每天降低 0.5℃，也可每周降 3℃左右。

供暖时间的长短应该依季节变化和雏群状况而定。秋冬育雏供暖时间应该长一些,当育雏温度降至白天最低温度时,就可以停止白天的供暖,当夜间的育雏温度降至夜间的最低温度时,才可以停止夜间的供暖。在昼夜温差较大的地区,白天停止供热后,夜间仍需继续供热1～2周。

(2)湿度:空气含水气多湿度大,含水气少湿度小,表示湿度大小通常用相对湿度。所谓相对湿度是指在一定时间内,某处空气中所含水气量与该气温下饱和水气量的百分比。生产实践中可用相对湿度来测定鸡舍内的湿度。

①湿度的要求:在一般情况下,相对湿度要求不严格。只有在极端情况下或与其他因素共同发生作用时,才能对雏鸡造成危害。如环境过于干燥,雏鸡绒毛枯脆脱落,脚趾干瘪,体质差,育雏率下降;高温低湿易引起雏鸡的脱水,绒毛焦黄,腿、趾皮肤皱缩,无光泽,体内脱水,消化不良,身体瘦弱,羽毛生长不良。因此,雏鸡从高湿度的出雏器转到育雏舍,湿度要求有一个过渡期。第一周要求湿度为70%～75%,第二周为65%～70%,以后保持在60%～65%即可。育雏前期要增大环境湿度,因为前期雏鸡饮水、采食较少,排粪也少,环境干燥,而随日龄的增加,排粪量增加,水分蒸发多,环境湿度也大,要注意防潮。尤其要注意经常更换饮水器周围的垫料,以免腐烂、发霉。

②相对湿度的测定:测定相对湿度是采用干湿球温度计,如测定鸡舍内相对湿度,应将干湿球温度计悬挂在舍内距地面40～50厘米高度的空气流通处。

③正确使用干湿球温度计:测定相对湿度使用干湿球温度计应注意保证测定结果准确性,使用干湿温度计前,将干湿球温度计的纱布或棉绳上的浆质等除去以利吸水。使用期间纱布或棉绳在水中易变硬或沾染灰尘和绒毛,影响水分的蒸发,因此要注意保持纱布或棉绳的清洁,经常清洗或更换,确保湿度计的准确性。盛水

的玻璃管与湿度温度计的球部不可紧接，要相距 2～3 厘米，盛水玻璃管要注满清洁水，同时要注意更换用水。

④舍内湿度的调节：生产中，由于饲养方式不同、季节不同、鸡龄不同，舍内湿度差异较大。为了满足雏鸡的生理需要，要对舍内湿度经常进行调节。

a. 增加舍内湿度的办法：一般在育雏前期，需要增加舍内湿度。如果是网上平养育雏，则可以在水泥地面上洒水增加湿度。若垫厚料平养育雏，则可以向墙壁上面喷水或在火炉上放一个水盆蒸发水气，以达到补湿的目的。

b. 降低舍内湿度的办法：降低舍内湿度的办法主要有升高舍内温度，增加通风量，加强平养的垫料管理，保持垫料干燥，冬季房舍保温性能要好，房顶加厚，如在房顶加盖一层稻草等，加强饮水器的管理，减少饮水器内的水外溢；适当限制饮水。

(3)通风：育雏期室内温度高，饲养密度大，雏鸡生长快，代谢旺盛，呼吸快，需要有足够的新鲜空气。另外舍内粪便、垫料因潮湿发酵，常会散发出大量氨气、二氧化碳和硫化氢，污染室内空气。所以，育雏时既要保温，又要注意通风换气以保持空气新鲜。在保证一定温度的前提下，应适当打开育雏室的门窗，通风换气增加室内新鲜空气，排出二氧化碳、氨气等不良气体。一般以人进入育雏舍内无闷气感觉，无刺鼻气味为宜。

通风换气要注意避免冷空气直接吹到雏鸡身上，而使其着凉感冒，也忌间隙风。育雏箱内的通气孔要经常打开换气，尤其在晚间要注意换气。

(4)光照：光照对鸡的活动、采食、饮水等都有重要作用。开放式鸡舍，第一周每天光照 23 小时，夜间闭灯 1 小时，光照强度为 4 瓦/平方米，目的是使雏鸡熟悉环境，便于采食和饮水。第二周每天光照 16 小时，光照强度为 2 瓦/平方米。如果是 4 月 15 日至 9 月 1 日之间出生的雏鸡，因其生长阶段后半期处于日照逐渐延长或日照时间已长的期间内,3～16 周龄的光照可以完全按自然光照;如果是 9 月 1 日以后至 4 月 15 日前孵出的雏鸡,为避免性成熟过早,可提前查询出该鸡群 16 周龄的日照时间,以其作为 3～16 周龄的光照时间。

根据不同的饲养方式制定不同的光照管理程序,一旦制定,不能随意更改。注意照度均匀,使用灯罩比无灯罩光照强度增加 45%左右。不得随意改变光的颜色、强度和时间,经常擦试灯泡,及时更换坏灯泡。鸡越接近性成熟时对光照越敏感,10 周龄以下对性成熟影响不大,10～18 周龄是关键时期,光照时间只能逐渐减少不能延长。

(5)饲养密度:饲养密度的单位常用每平方米饲养雏鸡数来表示。密度大小应随品种、日龄、通风、饲养方式等的不同而进行调整。在饲养条件不太成熟或饲养经验不足的情况下,不要太追求单位面积的饲养量和效益。饲养密度过大,可能造成饲养环境的恶化,影响生长和降低抗病力,反而达不到追求效益的目的。

一般来讲,网上饲养密度比地面散养大些,可以多养 20%～30%的鸡。而笼养又可以比网上平养多得多,可达到 200%。不同品种体型不同,饲养兼用型比蛋用型鸡密度要小些,褐色比白色蛋鸡要小些,通常减少 20%左右。随着日龄增长及时调整饲养密度,要将公母、大小、强弱分群饲养。一般情况,1～10 日龄,60～50 只/平方米;11～20 日龄,40～30 只/平方米;31～42 日龄,30～20 只/平方米。饲养数量多,应分小区饲养,每群可掌握在 1000 只左右。

(6)合理饲喂:雏鸡开食后,从第 4 天开始用饲槽分顿饲喂,开始喂的次数宜多不宜少,一般 1～14 日龄每天喂 6 次,早 5 点、8 点、11 点与下午 2 点、5 点、8 点。15～35 日龄每天喂 5 次。每次喂料量宜少不宜多,让雏鸡吃到“八分饱”,使其保持旺盛食欲,有利于雏鸡健康的生长发育。料的细度 1～1.5 毫米,细粒料可以增强适口性。

每周略加些不溶性河沙（河沙必须淘洗干净），每 100 只鸡每周喂 200 克，一次性喂完，不要超量，切忌天天喂给，否则常招致硬嗉症。

（7）日常卫生：雏鸡鸡舍内的卫生状况是影响雏鸡群健康和生产性能的重要因素，应注意清洗打扫。

①每天刷洗水槽、料槽，注意在饮水免疫的当天，水槽不要用消毒药水涮洗。及时打扫育雏舍卫生。

②每天定时通风换气。

③饮水器具、料筒、料盘和工作服等每天清洗干净后，日光照射 2 小时消毒。

④定期更换消毒池、消毒药物。

⑤育雏舍要定期带鸡喷雾消毒，周边环境也要定期喷雾消毒，避开免疫时间。

⑥定期清理粪盘和地面的鸡粪。鸡群发病时每天必须清除鸡粪。清理鸡粪后要冲刷粪盘和地面。冲刷后的粪盘应浸泡消毒 30 分钟，冲刷后的地面用 2%的火碱水溶液喷洒消毒。

⑦定期更换入口处的消毒药和洗手盆中的消毒药，对雏鸡舍屋顶、外墙壁和周围环境也要定期消毒。

⑧杀灭蚊蝇：消灭蚊蝇繁殖的滋生地，消灭幼虫，首先改造好鸡舍环境，填平鸡舍内外的污水坑，鸡舍排水设地下排水道，鸡粪做堆积发酵处理，病死鸡及时深埋或焚烧，或专设尸坑进口加盖。粪池和排水沟在蚊蝇繁殖季节，每周用 0.5%的敌百虫或 0.02%的溴氢菊酯撒布粪池和水沟。鸡舍内每周用 0.01%的溴氢菊酯喷洒 1～2 次，鸡场环境用 0.5%的敌敌畏，每 2～3 天喷洒 1 次（结合环境消毒加入消毒液内）。夏季蚊蝇繁殖旺盛时期，鸡舍门窗应设有纱窗、纱门。环境喷洒次数适时增加，有效地控制和杀灭蚊蝇成虫。

⑨灭鼠:杜绝鼠害,定期清除鸡舍周围的杂草、垃圾,保持鸡舍环境整洁,鸡舍内外的鼠洞定期检查堵塞,管道、通风口,用细密铁网封堵。鸡舍门缝低于1毫米为宜。

在配制灭鼠药时,首先考虑饵料和环境的适应性,在环境比较干燥的条件下,饵料可用水果、萝卜、地瓜等。环境比较潮湿则用玉米面、麦粒、草籽等作饵料。一般常用药量:灭鼠优1%~2%的比例,敌鼠钠盐、杀鼠灵、杀鼠迷0.0025%的比例。

鸡场每年进行2~3次全场性大规模灭鼠(包括生活区)使用慢性抗凝血剂的敌鼠钠盐等,直接投放老鼠喜爱藏身以及经常活动的地方,4~5天后收集死鼠,进行无害处理。

⑩预防寄生虫:夏季是鸡寄生虫病的高发期,可5×10^{-6}的抗球王拌料预防;驱除体内绦虫,用灭绦灵150~200毫克/千克体重拌料;驱除体内线虫,用左旋咪唑20~40毫克/千克体重,一次口服;驱体表寄生虫,如虱子、螨,用0.03%蝇毒磷水乳剂或4000~5000倍杀灭菊酯溶液洒体表、栖架、地板。

⑪防饲料霉变:夏天温度高,湿度大,饲料极易发霉变质,进料时应少购勤进,添料时要少加勤添,而且量以每天吃净为宜,防止日子过长,底部饲料霉变。

(8)断喙:蛋鸡饲养期长,很容易发生啄癖(啄羽、啄肛、啄趾等),尤其是育成期和产蛋期,啄斗会造成鸡只的伤亡。另外,鸡在采食时,常常用喙将饲料勾出食槽,造成饲料浪费,断喙是解决上述问题的有效途径。断喙就是借助断喙器或断喙钳切去鸡喙的一部分,可用断喙器、断喙钳。借助于灼热的刀片进行切除,并烧灼组织,防止流血。

①断喙时间:断喙一般在6~10日龄进行,此时雏鸡对断喙的应激较小。雏鸡状况不太好时可以往后推迟,一般鸡群在35日龄左右就可能出现互啄的恶癖,所以必须在这之前完成第一次断喙。育成鸡散养之前,对个别断喙不成功的鸡再修理一次。

②操作要点：操作方法是左手抓住鸡腿，右手拿鸡，将右手拇指放在鸡头上，食指放在咽下，稍施压力，以使鸡缩舌，选择合适的孔径，在离鼻孔2毫米处切断，上喙断去1/2，下喙断去1/3。7～10日龄采用直切，6周龄后可将上喙斜切，下喙直切。切刀要在喙切面四周滚动以压平切面边缘，这样可阻止喙外缘重新生长。切掉喙尖后，在刀片上灼烫1.5～2秒，有利于止血。无断喙器的也可采用消毒的断喙钳剪喙，用铬铁灼烫止血。

③注意事项：断喙器刀片应有足够的热度，切除部位掌握准确，确保一次完成，防止断成歪喙或出血过多。在断喙后2天内供给含维生素K_3的饮水（在每10升水中添加1克维生素K_3），防止出血，或在断喙前后3天料内添加维生素K_3，每千克料约加2毫克，有利于止血和减轻应激反应，切不可把下喙断得短于上喙，断喙后食槽内多加一些料，饲料厚度不要少于3～4厘米，以免鸡吸食时碰到硬的槽底有痛感而影响吃料。鸡群在非正常情况下（如疫苗接种，患病）不进行断喙，断喙后应注意观察鸡群，发现个别喙部出血的雏鸡，要及时灼烫止血，作种用的小公鸡可以不断喙或只去少许喙尖，以免影响配种。

（9）称重：对蛋用鸡进行体重控制，是蛋用鸡饲养工作的重要内容。育雏时抽测5%雏鸡的初生体重，并在2、4、5周末空腹时，随机抽测3%～5%的个体体重，对照该品种的标准体重，在超重或不足时，找出原因及时予以解决。

（10）分群：雏鸡的饲养是养鸡生产中比较细致而重要的工作，要使雏鸡今后有良好的产肉或产蛋性能，只有从育雏开始，加强饲养管理工作，才能使鸡群生长发育和性成熟一致，适时开产。

雏鸡孵出后，早已按公、母、强、弱进行了分群饲养，但因为鸡群大，数量多，尽管品种、日龄、饲养水平和管理制度均是一样，但性别不同或性别相同而个体之间大小不一的雏鸡，其生长发育速度不平衡，因此还要进行分群。分群饲养使每只雏鸡均能充分采食,雏鸡生长良好,增重快,成活率高。

(11)做好育雏期记录:诸如进雏日期、品种名称、进雏数量、温度变化、发病死亡淘汰数量及原因、喂料量、免疫状况、体重、日常管理等内容都应做好记录,以便于查找原因,总结经验教训,分析育雏效果。

(12)疾病预防:严格执行免疫接种程序,预防传染病的发生。每天早上要通过观察粪便了解雏鸡健康状况,主要看粪便的稀稠、形状及颜色等。对于一些肠道细菌性感染(如白痢、霍乱等)要定期进行药物预防。20 日龄前后,要预防球虫病的发生,尤其是地面垫料散养的鸡群。

①消毒与防疫:做好定期消毒,每周用百毒杀或其他低毒消毒药带鸡消毒二次,育雏舍门口要设置消毒池,每周更换或添加消毒液。根据所饲养鸡种的免疫情况以及当地疾病流行的情况,制订免疫程序并严格执行。

a. 环境的清洁卫生:鸡舍内阴湿之处,最适于病原菌的生存与发育,常成为疾病的发源地。有许多病原,在有阳光照射或干燥的情况下,很容易死亡。因此,鸡舍要保持排水流畅、土地干燥、有阳光照射,可减少病传染源出现的机会。坚决不用发霉垫料,不喂发霉饲料。

b. 预防用药:1~3 日龄,普百克饮水,每日 1 次,每次 40 只鸡 10 毫升(预防肠道细菌性疾病,提高饲料转化率,促进生长);16~18 日龄,普百克饮水,每日 1 次,每次 30~40 只鸡 10 毫升,连用 3 天;30~35 日龄,环丙沙星,5 克/瓶,拌原粮 70 千克,为广谱抗生素。

c. 基础免疫:做好 0~6 周龄的基础免疫,具体方法参第五章第三节。

②加强对雏鸡的观察:观察粪便、观察精神、观察采食和饮水,这是饲养员每天要进行的工作。粪便上,正常雏鸡粪便为灰白色,

上有一层白色尿酸盐(盲肠粪便为褐色),稠稀适中,泄殖腔周围干净无粪便污染。患有某种疾病时,往往腹泻或颜色异常,如患白痢时为白色稀粪,并有稀粪粘于泄殖腔周围,患球虫病时为带有血液的红色稀粪,患鸡瘟、霍乱以及一些呼吸道病时,往往排白绿色稀粪,而患传染性法氏囊病时则为水样粪便等。精神上,健康鸡反应灵敏,羽毛光亮,饲养员进入后,紧跟不舍;病鸡反应迟钝或闭目独居一处,或呼吸困难,或发出尖叫声。采食和饮水上,健康鸡食欲旺盛,采食急切,嗉囊充实,饮水量适中;病鸡食欲下降或废绝,饮水量增加。通过观察发现病鸡应及时拿出,送化验室进行检查,及早采取措施。

③做好值班工作,经常查看鸡群,严防事故发生。温度是育雏成败的关键。即使有育雏伞、电热育雏器自动控温装置,饲养员也要经常进行检查和观察鸡群,注意温度是否合适,特别是后半夜自然气温低,稍有疏忽,煤炉灭火,温度下降,雏鸡挤堆,造成感冒、踩伤或窒息死亡。

④经常检查料桶是否断料,饮水器是否断水或漏水,灯泡是否损害或积灰太多,雏鸡是否逃出笼子或被笼底、网子卡着、夹着等,是否被哄到料桶中出不来或被淹入饮水器中,鸡群中是否有啄癖发生,及时挑出弱小鸡或瘫鸡等,严防煤气和药物中毒发生。

⑤前3周是雏鸡死亡的高峰期。主要原因多为温度低、鸡白痢、球虫、鼠害及人为因素等。一年中,早春死亡主要是低温、白痢造成的,夏季死亡的主要死亡原因是湿热、球虫病、饲料发霉变质中毒等。

(13)育雏成绩的判断标准

①育成率的高低是个重要指标。良好的鸡群应该有98%以上的育雏成活率,但它只表示了死淘率的高低,不能体现培育出的雏鸡质量如何。

②检查平均体重是否达到标准体重,能大致地反应鸡群的生

长情况。良好的鸡群平均体重应基本上按标准体重增长,但平均体重接近标准的鸡群中也可能有部分鸡体重小,而又有部分鸡体重超标。

③检查鸡群的均匀度。每周末定时在雏鸡空腹时称重,称重时随机地抓取鸡群的3%或5%,也可圈围100~200只雏鸡,逐只称重,然后计算鸡群的均匀度。计算方法是先算出鸡群的平均体重,再将平均体重分别乘0.9和1.1,得到二个数字,体重在这二个数字之间的鸡数占全部称重鸡数的比例就是这群鸡的均匀度。如果鸡群的均匀度为75%以上,就可以认为这群鸡的体重是比较均匀的,如果不足70%,则说明有相当部分的鸡长得不好,鸡群的生长不符合要求。

鸡群的均匀度是检查育雏好坏的最重要的指标之一。如果鸡群的均匀度低则必须追查原因,尽快采取措施。鸡群在发育过程中,各周的均匀度是变动的,当发现均匀度比上一周差时,过去一周的饲养过程中一定有某种因素产生了不良的影响,及时发现问题,可避免造成大的损失。

④鸡群健康,新城疫等疫病的抗体水平较高。

(14)育雏失败原因分析:雏鸡在饲养过程中,即使在饲养管理正常的状况下,雏鸡存栏数也会下降。这主要是由于小公鸡的捡出和弱雏的死亡等造成的。存栏数下降只要不超出3%~5%,应当属于正常。

一般来说,雏鸡死亡多发生在10日龄前,因此称为育雏早期的雏鸡死亡。育雏早期雏鸡死亡的原因主要有两个方面:一是先天的因素;二是后天的因素。

①雏鸡死亡的先天因素

a.导致雏鸡死亡的先天因素主要有鸡白痢、脐炎等病。这些疾病是由于种蛋本身的问题引起的。如果种蛋来自患有鸡白痢的种鸡,尽管产蛋种鸡并不表现出患病症状,但由于确实患病,产下的蛋经由泄殖腔时，使蛋壳携带有病菌，在孵化过程中，使胚胎染病，并使孵出的雏鸡患病致死。

b. 孵化器不清洁，沾染有病菌。这些病菌侵入鸡胚，使鸡胚发育不正常，雏鸡孵出后脐部发炎肿胀，形成脐炎。这种病雏鸡的死亡率很高，是危害养鸡业的严重鸡病之一。

c. 由于孵化时的温度、湿度及翻蛋操作方面的原因，使雏鸡发育不全等也能造成雏鸡早期死亡。

上述是由于雏鸡先天发育中所产生的疾病等引起的雏鸡早期死亡。防止这些疾病的出现，主要是从种蛋着手。一定要选择没有传染病的种蛋来孵化蛋鸡，还必须对种蛋进行严格消毒后再进行孵化。孵化中严格管理，不致发生各种胚胎期的疾病，孵化出健壮的雏鸡。

②雏鸡死亡的后天因素：后天因素是指孵化出的雏鸡本身并没有疾病，而是由于接运雏鸡的方法不当或忽视了其中的某些环节而造成雏鸡的死亡。

a. 细菌感染：大多是由种鸡垂直传染或种蛋保管过程及孵化过程中卫生管理上的失误引起的。

b. 环境因素：第一周的雏鸡对环境的适应能力较低，温度过低鸡群扎堆，部分雏鸡被挤压窒息死亡，某段时间在温度控制上的失误，雏鸡也会腹泻得病。一般情况下，刚接来的部分雏鸡体内多少带有一些有害细菌，在鸡群体质健壮时并不都会出现问题。如果雏鸡生活在不适宜不稳定的环境中，会影响体内正常的生理活动，抗病能力下降，部分雏鸡就可能发病死亡。

为减少育雏初期的死亡，一是要从卫生管理好的种鸡场进雏，其次要控制好育雏环境，前 3 天可以预防性地用些抗生素。

③饲料单一，营养不足：饲料单一，营养不足，不能满足雏鸡生长发育需要，因此雏鸡生长缓慢，体质弱，易患营养缺乏症及白痢、气管炎、球虫等各种病而导致大量死亡。

④不注重疾病防治:不注重疾病防治也是引起雏鸡死亡的后天因素。

(15)体重落后于标准的原因:体重落后于标准太多时应多方面追查原因,可能的影响因素有饲料营养水平太低,环境管理失宜。育雏温度过高或过低都会影响采食量,活动正常的情况下,温度稍低些,雏鸡的食欲好,采食量大。舍温过低,采食量会下降,并能引发疾病。通风换气不良,舍内缺氧时,鸡群采食量下降,从而影响增重。鸡群密度过大,鸡群内秩序混乱,生活不安定,情绪紧张,长期生活在应激状态下,影响生长速度。照明时间不足,雏鸡采食时间不足,影响生长。

5. 雏鸡的脱温

雏鸡随着日龄的增长,采食量增大,体重增加,体温调节机能逐渐完善,抗寒能力较强,或育雏期气温较高,已达到育雏所要求的温度时,此时要考虑脱温。脱温或称离温是育雏室内由取暖变成不取暖,使雏鸡在自然温度条件下生活。

脱温时期的早、晚因气温高低、雏鸡品种、健康状况、生长速度快慢等不同而定,脱温时期要灵活掌握。春雏一般在 6 周龄,夏雏和秋雏一般在 5 周龄脱温。

脱温工作要有计划逐渐进行。如果室温不加热能达到 18℃以上,就可以脱温。如达不到 18℃或昼夜温差较大,可延长给温时间,可以白天停温,晚上仍然供温;晴天停温,阴雨天适当加温,尽量减少温差和温度的波动,做到“看天加温”。约经 1 周左右,当雏鸡已习惯于自然温度时,才完全停止供温。

雏鸡脱温时,要注意天气的变化和雏鸡的活动状态,采取相应的措施,防止因温度降低而造成损失。

二、育成期的饲养管理

一般 6 周龄以后,雏鸡羽毛已经丰满,停止给温便进入育成阶段。这时就要把育成鸡转入散养地的育成舍了。

(一)育成期鸡的生理特点

育成期鸡适应环境的能力大大增强。消化系统功能趋于完善,采食量增加,消化能力增强。这一时期生长发育迅速,体重增加较快,在饲喂过程中要适当控制体重,适当降低粗蛋白质水平。高含量的蛋白质会加速蛋鸡的发育,出现早熟、早产现象。

育成前期的生长重点为骨骼、肌肉、非生殖器官和内脏,表现为体重绝对增加较快,生长迅速。育成后期体重仍在持续增长,生殖器官(卵巢、输卵管)生长发育迅速,体内脂肪及沉积能力较强,骨骼生长速度明显减慢。生殖器官的发育对饲料管理条件的变化反应很敏感,尤其是光照和营养浓度。因此,育成后期光照控制很关键,同时要限制饲养,防止体重超标。育成鸡培育目标为:生长均匀一致,体重发育良好,体质健壮,适时达到性成熟开产。关键是协调好体成熟和性成熟的关系,为产蛋期做好准备。

(二)育成鸡的饲养方式

育成期的蛋鸡为了适应将来散养的需要,要采取舍内平养、舍外圈运动场的方式饲养。但舍内必须设架床或栖架(不要把鸡直接放到育成舍的土地上饲养,这样鸡一应激,就会尘土飞扬,生活在这种充满尘土的环境中,很容易引发鸡的呼吸道疾病,从而影响生长发育,甚至死亡)。

(三)转群前的准备工作

1. 环境消毒

对育成舍外圈养的运动场消毒,并用 10%～20%石灰溶液喷雾地面,干后待用。

2. 铺垫草

鸡舍内垫草要求无污染、无霉变,松软、干燥、吸水力强、长短适宜,亦可选择锯末、刨花、谷壳、干树叶等。使用前应暴晒,铺5～10 厘米厚。

潮湿、较薄的垫料容易造成鸡胸部囊肿,因此,要注意随时补充新垫料。对因粪便多而结块的垫料,要及时用耙子翻松,以防止板结。要特别注意防止垫料潮湿,首先在地面结构上应有防水层,其次对饮水器应加强管理,控制任何漏水现象和鸡饮水时弄湿垫料。每批鸡出栏后,应将垫料彻底清除更换。

3. 搭好遮雨篷

在育成舍外圈的运动场上方搭好遮雨篷,一则为料槽不淋湿,二则预防育成鸡受雨淋。

4. 准备饲槽及饮水器

料槽和饮水器在舍外圈养区的遮雨蓬下均匀分布。每 100 只鸡准备一个 8 千克塑料饮水器。饲槽按每只鸡 3 厘米采食宽度设置,也可选用塑料桶。同时把饲料事先放进饲料桶,这样育成鸡一到新家,就能够马上吃上饭,喝上水,很快,它们就安静下来了,这对于缓解因为转群而产生的应激反应很有帮助。

5. 饮水用具消毒

用消毒剂消毒清洗饮水器。

(四)饲养管理

1. 转入鸡群

将生长到 6 周龄后的雏鸡转到散养地的育成舍,按个体大小、强弱情况分群饲养,同时进行第二次选择,并根据性别、大小、体质的强弱进行公、母分群饲养，以便生长均衡。符合标准体重的鸡，说明生长发育正常，将来生产性能好，饲料报酬高。而体重过大的鸡往往是太肥，肥鸡性功能较差，产蛋少、死亡率高。体重太轻，表明生长发育不健全，产蛋持续能力较差，因此及时对育成鸡进行选择，可以提高鸡利用率，降低不必要的饲料消耗，以保证进入产蛋阶段的鸡都是体格健壮、发育良好的后备鸡。

(1)应激的防治：转群前3天，在饲料中加入电解质或维生素，每天早晚各饮1次。另外，结合转群可进行疫苗接种，以减少应激次数。

(2)分群时机选择：转群时选择晚上最好，第一个是为了减少它的应激，第二个抓鸡的时候比较方便，因为鸡不会乱跑。在转群过程中，因为青年鸡骨头比较脆，如果只抓翅膀或者腿部，不仅会使鸡产生应激反应，而且很容易造成骨折或者其他脏器的损伤。因此无论抓鸡还是放鸡，都要双手捧住鸡的腹部，然后再把鸡抱起来，轻抓轻放。转群可以用转群笼，从笼中抓出或放入笼中时，动作要轻，防止抓伤鸡皮肤。装笼运输时，不能过分拥挤。

(3)后备鸡的选留：转群时将发育良好、中等和迟缓的鸡分栏饲养。

①种鸡原则：对青年种公鸡先测定选种的最低公鸡体重。如果开始时公雏占鸡群25%，主要是根据体重选种，可淘汰鉴别错误，体重太轻、不健康及畸形等公鸡，选留85%的优良公鸡。如果开始时分雏占20%或更少时，则仅淘汰性别错误和有明显缺陷的即可。对于青年母鸡，除了有病和瘦弱或有缺陷之外，都留用，根据留种比例及实际鸡数，宁可多留一些，以防不足。后备鸡一般留种比例为20∶100。

②称重选种：首先抽样100只公鸡左右，称重个体记录，以决定最低的留种体重，然后开始全部称重，并根据不同体重范围，分别装入鸡笼，低于留种体重的被淘汰，所留鸡数应比应留鸡数多一

些,再以外形和体质作标准,进行淘汰,要注意不要淘汰过多。

③外貌选种:产蛋鸡要求头部坚实,横宽坚短,喙短而弯曲,基底相当深,上下两半相互吻合,眼大有神,虹膜呈红色至橙黄色。

④体型选种:要求体重适中,羽毛紧凑,体质结实,采食力强,活泼好动,本品种特征明显。将部分发育不良、畸形个体者予以淘汰,转入育肥群。

2. 更换饲料

在转移后的前3天里,喂料和饮水都应该在鸡舍里进行,这样对青年鸡尽快地熟悉新家,适应新的生活环境大有帮助。

3天之后,再逐步地把喂料和饮水挪到室外,诱导青年鸡逐渐到外面活动,让它们逐步适应林地散养的生活方式。

更换饲料时饲料转换要逐渐过渡,第1天育雏料和生长期料对半,第2天育雏期料减至40%,第3天育雏料减至20%,第4天全部用生长期料。7～8周用生长期料,8～15周用育成期料,15～18周用开产期料,每次换料必须经过过渡饲喂。

3. 育成鸡的日常管理

(1)密度:转群时要考虑鸡群的养殖密度,育成鸡阶段,室内每平方米养8～10只鸡。鸡群的规模要适中,理想的状态是300～500只一个群体。如果同一批的育成鸡比较多,就要划分成几个群体来饲养,也就是大规模小群体的林地养殖方法。

(2)光照制度:冬春季节自然光照短,必须实行人工补光。每平方米以5瓦为宜,从傍晚到晚10时,从早晨6时到天亮。不能猛然长时间补光,每日光照增半小时,逐渐过渡到晚上10时。若自然光照超过每日11小时,可不补光。晚上熄灯后,还应有一些光线不强的灯通宵照明,使鸡可以行走和饮水。在夏季昆虫较多时,可在栖息的地方挂些紫光灯或白炽灯。

(3)通风换气:为了满足育成鸡对氧气的需要和控制温度,创造最佳的小气候环境，排出氨、硫化氢、二氧化碳等有害气体和多余的水蒸气，必须搞好鸡舍通风换气。人工通风换气，当风速风向适宜时能有效地稀释病原微生物对鸡群的危害。适宜的通风量由舍外温度与鸡的周龄而定。

(4)训练鸡上架床或栖架：为了防止鸡在夜间受潮、受凉，要耐心训练鸡上架床或栖架。开始时，把不知道上床(架)的鸡轻轻捉上架床或栖架，训练几天以后，鸡也就习惯上了。训练过程中不要开灯，突然开灯会使鸡受惊，以致训练失败。所以最好是在傍晚还能隐隐约约看见鸡时进行训练。

(5)防止传染病：保持鸡舍清洁，定期进行消毒，严格执行基础免疫程序(育成期主要是 50～120 日龄的免疫接种，具体接触种方法见第五章第三节)，防止疾病发生。

(6)驱虫：驱虫不但能有效地预防鸡的各种肠道寄生虫病和部分原虫病，确保鸡群健康成长且能节省饲料，降低饲养成本。

①驱虫次数：蛋鸡在整个饲养周期中，一般驱虫两次为宜。第一次在 8～9 周龄时进行，主要是预防鸡盲肠肝炎；第二次在鸡 17～19 周龄时进行，这次驱虫的目的是预防鸡盲肠肝炎和驱除鸡体内各种肠道寄生虫。

②常用的驱虫药物

盐酸左旋咪唑：在每千克饲料或饮水中加入药物 20 克，让鸡自由采食和饮用，每日 2～3 次，连喂 3～5 天。

驱蛔灵：每千克体重用驱蛔灵 0.2～0.25 克，拌在料内或直接投喂均可。

虫克星：每次每 50 千克体重用 0.2％虫克星粉剂 5 克，内服、灌服或均匀拌入饲料中饲喂。

复方敌菌净：按 0.02％混入饲料拌匀，连用 3～5 日。

氨丙啉：按 0.025％混入饲料或饮水中，连用 3～5 日。给鸡驱虫期间，要及时消除鸡粪，集中堆积发酵。

(7)修喙:在7～12周龄期间对第一次断喙效果不佳的个体进行修喙。

(8)做好日常卫生管理

①每天刷洗水槽、料槽。

②育成舍要定期带鸡喷雾消毒,周边环境也要定期喷雾消毒,避开免疫时间。

③定期清理地面的鸡粪,清理鸡粪后要冲刷粪盘和地面。

④育成鸡舍同样也要做好杀灭蚊蝇、灭鼠工作。

⑤添料时要少加勤添,而且要每天吃净,防止饲料霉变。

(9)均匀度控制:限饲是人为控制鸡采食的方法。通过限饲可以控制鸡的生长,防止体重超标,抑制性成熟,从而使小母鸡在比较合适的、比较一致的时间开产。培育出体质稍瘦而强健的青年母鸡,使母鸡开产期能稍微延迟,而产蛋高峰的持续期加长,从而获得更大的经济效益。近年来限制饲养技术越来越广泛地应用于育成鸡,而且取得了明显的效果,并且限制的标准体重有向较低发展的趋势。

①限饲的方法:一是限制进食量(量的限制),可以采取多种方法,定量限饲、停喂结合,限制采食时间,一定时间停喂;二是限制日粮的营养水平(质的限制),限制营养水平是降低日粮中粗蛋白和代谢能的含量,同时也要降低蛋白质和能量的比例,而还必须保证日粮中其他微量元素,这样才不会影响骨骼肌肉的发育。限饲后一般7～14周龄鸡的日粮中粗蛋白质为15%,15～20周龄鸡的日粮中粗蛋白质为12%。

②限饲时注意事项:限饲前,把分群后的病鸡和弱鸡挑出,避免增加限饲时的死亡数;备有充足的水槽、食槽,撒料要均匀,使每只鸡都有一个槽位,使鸡吃料同步化;每1～2周(一般隔周称重一次),在固定的时间,随机抽出鸡群的2%～5%进行空腹称重,如体重超过标准重的1%,则在最近3周内总共减去实数1%的饲料

量,例如:育成鸡比标准体重低 100 克,则应在最近 3 周内总计增加 100 克的饲料量,体重低于标准重 1%则增料 1%。如遇鸡群发病或处于应激状态,应停止限饲改为自由采食。限饲从 8～12 周龄开始,至 17 周前结束。限饲过程中,饲料营养水平和喂料量应根据体重、发育情况进行调整,18 周龄时鸡群如达不到体重标准,对原为限饲的改为自由采食,原为自由采食的则提高蛋白质和代谢能的水平,以使鸡群开产时体重尽可能达到标准。

(10)剪飞羽:若在育雏期没有实行断翅处理,此时要剪掉飞羽,以防散养时飞逃。

第二节　散养期的饲养管理

育成鸡饲养至 120 日龄(即蛋鸡开产前 20～30 天),所有免疫均全部完成后,要对蛋鸡进行散养。

一、母鸡的饲养管理

不同品种的鸡,生产性能差异较大,成熟期、产蛋季节和每窝产蛋时间长短都不一致。因此,各地饲养母鸡的方法也就有所不同。下面就产蛋前期、产蛋期及休产期 3 个阶段的饲养管理进行介绍。

(一)产蛋初期

在规模饲养下,配合饲料和人工光照的应用,蛋鸡一般在20～21 周龄即可达到 5%的产蛋率,到 26 周龄时,产蛋率可达到 50%。将 20～26 周龄、产蛋率为 5%～50%的这一时期称为始产期。始产期内产蛋规律不强,各种畸形蛋比例较大,蛋体较小,受精率和孵化率均偏低,一般不适合进行孵化。这一阶段要随时注意产蛋率的变化，加强饲养管理及日常工作，搞好环境卫生。

1. 适时散养

根据青年蛋鸡的体重发育情况，在120日龄(即蛋鸡开产前20～30天)时可进行散养。最佳散养季节为春末、夏初至中秋，此时，外界气温适中、空气干燥、自然条件好，能充分利用长日照，有利于雏鸡的健康及生长发育。特别是春季，万物复苏，青草生长，昆虫开始活动，是散养鸡的大好时机。

棚舍内准备好饲养、产蛋设备。进行开产前最后一次疫苗接种，新城疫Ⅰ系疫苗2倍量肌内注射，同时肌内注射新城疫-传染性支气管炎-产蛋下降综合征三联疫苗。

散养时可将雏鸡按强弱、公母，分期、分批移到散养地，散养地点要由近到远，散养时间要逐渐延长。早上将鸡放到舍外散养，让其接受阳光照射，接触土壤，同时可找食一些矿物饲料和昆虫，中午和晚上将鸡召回舍内补喂饲料。

2. 上山归舍驯导

调教时人在前面用饲料诱导鸡上山，使鸡逐渐养成上山采食的习惯。

为使蛋鸡按时返回棚舍，便于饲喂，蛋鸡在早晚放归时，可定时用敲盆或吹哨来驯导和调教。最好俩人配合，一人在前面吹哨开道并抛撒饲料(最好用颗粒饲料或玉米颗粒，并避开浓密草丛)让鸡跟随哄抢；另一人在后面用竹竿驱赶，直到全部进入散养区域。为强化效果，每天中午可以在散养区已设置好的补料槽和水槽内加入少量的全价配合饲料和干净清洁的水，吹哨并进食一次，同时饲养员应坚持等在棚舍，及时赶走提前归舍的鸡，并控制鸡群的活动范围，直到傍晚再用同样的方法进行归舍训导。如此反复训练几次，鸡群就建立起“吹哨-采食”的条件反射以后，若再次吹哨召唤，鸡群便趋之若鹜。初放几天，每天可放3～6个小时，以后逐渐延长时间。一般情况下，经过最初 3 天的引导，大部分鸡都能养成良好的生活习惯，每天早上自己出去，天黑时再回鸡舍栖息过夜。

3. 散养密度

一般放养规模以每群 500～1000 只为宜，规模太大不便管理，规模太小则效益低，放养密度以每 667 平方米山地 60～80 只为宜。

4. 防止应激

(1)引起鸡应激的因素："应激"是外界不利因素影响所引起的非特发性生物现象的总称，包括伤害和防卫(指各种不良因素对鸡体的刺激而产生的不良反应)。如严寒酷暑的刺激、暴风骤雨的袭击、雷声的惊吓、噪声、营养失调、饲喂方法突变、捕捉、驱虫、接种疫苗等对鸡体的影响，鸡体被迫做出某些生理的反应等都可引起应激反应。

应激的因素多种多样，有些因素的单独应激作用虽然不大，但多种因素合在一起就会造成大的应激，使鸡达不到理想的生产水平。

(2)及时采取防止鸡应激的措施

①维生素：鸡散养前几天，在饲料或饮水中加入 100 毫克的维生素 C 或复合维生素等防止应激。鸡发生应激时可加倍添加饲喂。日粮中添加维生素 C 有助于热应激条件下的鸡维持正常体温。给热应激的鸡按 0.02%～0.04%的比例添加维生素 C，可以使血浆中的钠、蛋白质和皮质醇的浓度恢复正常。维生素 E 有保护细胞膜和防止氧化的作用，高水平的维生素 E 可降低细胞膜的通透性，减少应激时肌肉细胞中肌醇激酶的释放，从而防止过多的钙离子内流而造成对正常细胞代谢的干扰。维生素 E 还可缓解由于高温时肾上腺激素释放而引起的免疫抑制，提高抗病力。

②微量元素:应激能造成鸡体内某些微量元素的相对缺乏或需要量增加,适当补充饲喂锌、碘、铬等元素可减轻应激反应。

③药物:安定药有较强的镇静作用,能降低中枢系统功能的紧张度,使动物镇定和安宁,有抗应激效果。在鸡转群、断喙、接种疫苗前1～1.5小时,在每千克饲料中加入氯丙嗪30毫克,可降低鸡群对应激的反应。

④中草药:某些天然中草药有抗应激效果,投喂抗惊镇静药,如钩藤、菖蒲、延胡索、酸枣仁等,能避免鸡群骚动,保持安静。投喂清热泻火、清热燥湿、清热凉血的中草药,如石膏、黄芩、柴胡、荷叶、板蓝根、蒲公英、生地、白头翁等,可缓解热应激。投喂开胃消食的中药,如山楂、麦芽、神曲等,可维持正常食欲,提高机体抵抗力。

⑤其他添加剂:某些饲料添加剂能促进营养物质的消化吸收,增强畜禽抗病能力,均有抗应激作用,如杆菌肽锌、阿散酸、酶制剂、黄霉素等。

5. 补饲

一只新母鸡在第一个产蛋年中所产蛋的总重量为其自身重的8～10倍,而其自身体重还要增长25%。为此,它必须采食约为其体重20倍的饲料。鸡群在开始产蛋时起白天让鸡在散养区内自由采食蛋鸡料,早晨和傍晚各补饲1次,每次补料量最好按笼养鸡的采食量的80%～90%补给。剩余的10%～20%让鸡只在环境中去采食虫草弥补,并一直实行到产蛋高峰及高峰后2周。

散养蛋鸡吃料时容易拥挤,会把料槽或料桶打翻,造成饲料浪费,因此在饲喂过程中应把料槽或料桶固定好,高度以大致和鸡背高度一致为宜,并且要多放几个料槽或料桶。每次加料量不要过多,加到料槽或料桶容量的1/3即可,以鸡40分钟吃完为宜。每日分4次加料,冬季应在晚上添加1次。

6. 供给充足的饮水

野外散养鸡的活动空间大，一般不存在争抢食物的问题。但由于野外自然水源很少，必须在鸡活动的范围内放置一些饮水器具，如每 50 只放 1 瓷盆，瓷盆不宜过大或过深，尤其是夏季更应如此，否则，鸡喝不到清洁的饮水，就会影响鸡的生长发育甚至引发疾病。

7. 补加光照

光照时间和光照强度是蛋鸡充分发挥其生产性能的主要因素，散养蛋鸡从开产也应按笼养蛋鸡产蛋期的光照程序进行补光，从 16～17 周龄就开始补光比普通蛋鸡稍早些，从 10～11 小时开始补起，每周增加 0.5～1 小时，至每日 16～16.5 小时为止并恒定下来，产蛋 5～6 个月后，将每日的光照时间调至每日 17 小时。

补光方法是晚上鸡舍熄灯前，将饲料加好，饮水流速调好后将水、电总开关关闭，清晨 3:00 将水、电开关打开。另外，清晨补光至早上 8:00，鸡群产蛋基本结束，当日即可将鸡蛋收齐售出。

一般实行早晚两次补光，早晨固定在 6 时开始补到天亮，傍晚 6 点半开始补到 10 时，全天光照为 16 小时以上，产蛋 2 个月到 3 个月后，将每日光照时间调整为 17 小时，早晨补光从 5 时开始，傍晚不变，补光的同时补料，补光一经固定下来，就不要轻易改变，直至产蛋期结束。散养场地如果有条件的话，可以在散养地安装一套发电设备，以供应急之用。

8. 设产蛋箱

20 周龄以前，在鸡舍里增设产蛋箱或产蛋窝。平均 10 只产蛋鸡设一个产蛋箱(窝)。这样，可以使鸡养成在产蛋箱(窝)里产蛋的好习惯。

在鸡舍离门近的一头(东或西头)放 2～3 层产蛋箱，或用砖垒成产蛋窝。产蛋箱(窝)内光线要尽量黑暗。在未开产前要封闭好窝门,到开产时打开窝门并垫好柔软干净柴草。

若饲养规模较小,应尽量配备蛋箱,以减少啄毛、啄肛及疾病发生。

9. 检查遮雨棚

注意检查维修散养区域内的避雨棚。

10. 监测体重

检查营养上是否满足鸡的需要,不能只看产蛋率,因为临产期母鸡即使采食量不足,为完成繁殖后代的任务,母鸡会消耗自身的营养来维持产蛋,但是蛋重会变小。如果营养不足,首先表现在蛋重增长慢或下小蛋,接着体重增长慢或停止增长,最后导致产蛋率停止上升,甚至下降。产蛋率一旦下降,即使采取补救措施也很难完全恢复了,所以应每 1~2 周抽测一次体重,凡是体重能保持该品种所要求达到的标准的鸡群,就能维持长久的高产,体重过重或过轻都要设法弥补。

11. 补钙

临产母鸡的生殖系统迅速发育,在生殖激素的作用下,于骨髓中开成髓骨,髓骨约占性成熟母鸡全部骨髓量的 70%以上,是供鸡用于产蛋的主要钙源。散养蛋鸡虽然能够自由采食,但钙仍需从日粮中足量供给,否则蛋鸡就会骨质疏松,姿势反常,产软壳蛋、薄壳蛋或无壳蛋,蛋的破损率增加,产蛋量也会下降。

大部分散养蛋鸡在 145~155 日龄开始产蛋,因此,应从这一时期开始给蛋鸡大量补钙。鸡对钙的利用率约为 55%,产一枚蛋需要 2~2.3 克的钙,所以鸡每产一个蛋,需要食入 4 克左右的钙。根据这一需要量,从开产至 5%产蛋率阶段可将日粮中的钙提高至 2%,然后再逐渐提高到 3.2%~3.5%的最佳水平。如果环境温度高，鸡的采食量减少，补钙量可适当提高。补钙时可将石粉、贝壳粉及骨粉作为钙的主要来源。选购时应注意这些原料中颗粒应较大，粉状物越少越好。因为颗粒状钙在消化道内停留时间长，在蛋壳形成阶段可均匀地供钙。另外，颗粒状钙在胃中可起到研磨作用，提高饲料消化率。

12. 注意天气

冬季注意北方强冷空气南下，夏天注意风云突变，谨防刮大风、下大雨。尤其是散养的第 1～2 周，要注意收听天气预报，时刻观察天气的变化，恶劣天气或天气不好时，应及时将鸡群赶回棚内进行舍饲，不要上山散养，避免死伤造成损失。同时，还要防止天敌和兽害，如老鹰、黄鼠狼等。

13. 引蛋

鸡开始产蛋时一般不会四处乱产蛋，而是一旦有固定的产蛋窝后，若无打扰基本上就固定了下来。为了让鸡只找到产蛋窝，可以采取“引蛋”的方式在产蛋窝内预先放置 1～2 枚鸡蛋或蛋壳，以帮助蛋鸡将产蛋的地点固定下来，从而减少经济损失。

14. 蛋的收集

应熟悉和掌握散养蛋鸡每日的产蛋的规律，不论是集约化饲养还是散养蛋鸡一般每日的产蛋高峰时间大多集中在上午 8～11 点钟，因此鸡进入产蛋期每日的散养时间应在早晨 8 点之前或 10～11 点钟以后，让鸡群 80%左右的鸡蛋在散养前均产完，让鸡只形成这样的习惯，即可以减少鸡四处乱产蛋，又便于鸡蛋的收集，降低劳动强度。

鸡蛋的收集时间最好集中在早晨散养蛋鸡全部从散养鸡舍赶出去后进行，在鸡群晚上归舍以前的 1～2 个小时内也可以再集中收集 1 次，做到当日产蛋尽量不留在产蛋窝内过夜。

在开始产蛋的一段时间,捡蛋时可留一枚蛋作引蛋,培养鸡到产蛋窝内产蛋的习惯。同时要到散养地寻找野产的蛋,及时收回并损坏适宜产蛋的环境,迫使鸡到产蛋窝产蛋并形成习惯。

为了防止丢蛋,可喂养小狗,从小经常用鸡蛋喂食,长大后狗会对鸡蛋有特殊的嗅觉,饲养员可牵着狗捡鸡蛋。此法仅可作为山场散养蛋鸡捡蛋的一种补充。

散养鸡蛋蛋壳表面经常粘有沙土、草屑、粪便等污染物,需要及时清除干净。当日的鸡蛋应在熏蒸箱内消毒后再入库或出售,当日的鸡蛋最好储存在阴凉干燥的地方或冷库。

15. 疫病预防

最近几年由于受烈性传染病影响,往往到高峰期时鸡群产蛋率徘徊上升或突然下降。但只要养殖户对蛋鸡前期饲养管理采取科学严谨的方法,就能避免或减少损失。

16. 预防母鸡就巢性

春末、夏秋还要注意母鸡就巢性的出现。应增加捡蛋的次数,捡净新产的鸡蛋,做到当日蛋不留在产蛋窝内过夜。因为幽暗环境和产蛋窝内积蛋不取,可诱发母鸡就巢性。

一旦发现就巢鸡应及时改变环境,将其放在凉爽明亮的地方,多喂些青绿多汁饲料,并采取相应的处理措施。

(1)肌内注射丙酸睾丸素:每只鸡肌内注射丙酸睾丸素注射液1毫升,注射后2天抱窝症状消失,10天开始产蛋。此方法在就巢初期使用。

(2)口服异烟肼片:用异烟肼片灌服,第一次用药以每千克体重0.08克为宜。对返巢母鸡可于第2天、第3天再投药1～2次,药量以每千克体重0.05克为宜。一般最多投药3天即可完全醒抱。用药量不可增大,否则会出现中毒现象。

(3)灌服食醋:给抱窝鸡于早晨空腹时灌服食醋5～10毫升,

隔 1 小时灌 1 次，连灌 3 次，2～3 天即可醒抱。

(4)改变环境：将抱窝鸡转入结构、设施等完全不同并有公鸡的鸡舍中，9 天后即可恢复产蛋。

(5)笼子关养：将抱窝鸡关入装有食槽、水槽、底网倾斜度较大的鸡笼内，放在光线充足、通风良好的地方，保证鸡能正常饮水和吃料，使其在里面不能蹲伏，5 天后即可醒抱。

17. 淘汰未开产鸡

为提高养鸡经济效益，要及时淘汰低产鸡。开产后 5～6 周时，如仍有个别鸡未开产，应予淘汰。

18. 注意安全

散养鸡，安全也是一个较大的问题。除可能面临缺电、缺水、突发疫病、恶劣天气等危害鸡群的安全因素外，还可能存在野兽危害、鸡群中毒、鸡只走失和失窃等危险，需要采取适当措施加以防范。

(1)严防兽害：散养地四周用铁丝网、尼龙网或竹篱围住，防止鸡外逃和狗及其他兽类突然接近鸡群，使鸡只受到惊吓。

(2)注意天气：要及时收听当地天气预报，暴风、雨、雪来临前，要做好鸡舍的防风、防雨、防漏、防寒工作，及时检查散养地，寻找因天气突然变化而未归的鸡，以减少损失。

(3)注意防疫：不要因为散养鸡与其他养鸡场隔离较远而忽视防疫，散养鸡同样要注重防疫，制订科学的免疫程序并按免疫程序做好鸡新城疫、马立克病、法氏囊病等重要传染病的预防接种工作。同时还要注重驱虫工作，制订合理的驱虫程序，及时驱杀体内、体外寄生虫。

(4)严防农药中毒：在农田和果园喷药防治病虫害时，应将鸡群赶到安全地带或错开时间。田园治虫、防病要选用高效低毒农药，用药后要间隔 5 天以上，才可以放鸡到田园中，并注意备好解毒药品,以防鸡群中毒。

(5)加强巡逻和观察:散养时鸡到处啄虫、啄草,不易及时发现鸡只异常状态。如果鸡只发生传染性疾病,会将病原微生物扩散到整个环境中。因此,散养时要加强巡逻和观察,发现行动落伍、独处一隅、精神萎靡的病弱鸡,要及时隔离观察和治疗。鸡只傍晚回舍时要清点数量,以便及时发现问题、查明原因和采取有效措施。

(二)产蛋高峰期

从26周龄开始,产蛋率稳步上升,在31～32周龄时,产蛋率可达到85%左右,维持80%以上产蛋率2～3个月后,产蛋率缓慢下降,在55周龄时,下降到60%左右。把26～55周龄这一阶段称为蛋鸡主产期。主产期内种蛋大小适中,受精率和孵化率较高,雏鸡容易成活。

1.鸡群的日常观察

观察鸡群是产蛋鸡日常管理中最经常、最重要的工作之一。只有及时掌握鸡群的健康及产蛋情况,才能及时准确地发现问题,并采取改进措施,保证鸡群健康和高产。

(1)观察鸡群精神状态、粪便、羽毛、冠髯、脚爪和呼吸等方面有无异常。若发现异常情况应及时报告有关人员,有病鸡应及时隔离或淘汰。观察鸡群可在早晚开关灯、饮喂、捡蛋时进行。夜间闭灯后倾听鸡只有无呼吸异常声音,如呼噜、咳嗽、喷嚏等。

(2)喂料给水时,要注意观察饲槽、水槽的结构和数量是否适应鸡的采食和饮水需要。注意每天是否有剩料余水、单个鸡的少食、频食或食欲废绝和恃强凌弱而弱食者吃不上等现象发生,以及饲料是否存在质量问题。

(3)观察舍温的变化,通风、供水、供料和光照系统等有无异常,发现问题及时解决。

(4)观察有无啄肛、啄蛋、啄羽鸡，一旦发现，要把啄鸡和被啄鸡挑出隔离，分析原因找出对策。对严重啄蛋的鸡要立即淘汰。

2. 更换饲料

当产蛋率上升到50%以后，要将饲料更换成产蛋高峰饲料，要求粗蛋白质达到18.5%。为了提高种蛋的受精率和孵化率，选择优质的饲料原料，如鱼粉、豆粕，减少菜籽粕、棉籽粕等杂粕的用量，增加多种维生素添加量。

3. 补钙

产蛋期自始至终饲料中50%的钙要以大颗粒(3～5毫米)的形式供给。一方面可延长钙在消化道的停留时间，提高利用率，另一方面也可起到根据鸡的需要，调节钙摄入量的目的。

4. 定期称重

40周龄前的体重检测是产蛋期十分重要的工作，应每周测重1次。鸡群若未能维持适当的体重，就不能达到理想的产蛋率。40周龄后，每4周测重1次，帮助饲养者判断鸡群是否正常。

5. 减少应激

进入产蛋高峰期的蛋鸡，一旦受到外界的不良刺激(如异常的响动、饲养人员的更换、饲料的突然改变、断水断料、停电、疫苗接种)，就会出现惊群，发生应激反应。后果是由于采食量下降，使产蛋率、受精率和孵化率都同时下降。在日常管理中，要坚持固定的工作程序，各种操作动作要轻，产蛋高峰期要尽量减少进出鸡舍的次数。开产前要做好疫苗接种和驱虫工作。高峰期不能进行这些工作。

6. 选留种蛋

一般母鸡26周龄时，在鸡群里按照比例配好公鸡，27周龄开始收集种蛋,蛋重 50 克以上,收集种蛋时期为 27～73 周龄。其中以 28～56 周龄期间为好。检出的种蛋,经初步挑选后送入种蛋库进行消毒保存。

如果发现种蛋受精率不高,可能是公鸡性机能有问题或是饲料质量不好,要注意观察,及时采取措施。

(1)种蛋来源:种蛋必须来自健康而高产的种鸡群,种鸡群中公母配种比例要恰当。有些带病鸡,特别是曾患过传染病的,如传染性支气管炎、腺病毒病等,以及带有遗传性疾病的母鸡生的蛋,还有体弱、畸形、低产的母鸡生的蛋,绝对不能留种。有些母鸡年龄老,或者母鸡虽然年轻,而配种公鸡年龄过大(3 岁以上),这样的鸡产的蛋,也不能留作种用。

(2)蛋的重量:种蛋大小应符合品种标准,例如一般商品蛋鸡和肉鸡的种蛋重量在 52～65 克,而地方鸡种的种蛋略小,在 40～55 克。应该注意,一批蛋的大小要一致,这样出雏时间整齐,不能大的大、小的小。蛋体过小,孵出的雏鸡也小,蛋体过大,孵化率比较低。

(3)种蛋形状:种蛋的形状要正常,看上去蛋的大端与小端明显,长度适中,蛋形指数(系横径与纵径之比)为 74%～77%的种蛋为正常蛋;小于 74%者为长形蛋,大于 77%者为圆形蛋。可用游标卡尺进行测量。长形蛋气室小,常在孵化后期发生空气不足而窒息,或在孵化 18 天时,胚胎不容易转身而死亡;圆形蛋气室大,水分蒸发快,胚胎后期常因缺水而死亡。因此,过长或过圆的蛋都不应该选做种蛋。

(4)蛋壳的颜色与质地:蛋壳的颜色应符合品种要求,蛋壳颜色有粉色、浅褐色或褐色等。砂壳、砂顶蛋的蛋壳薄,易碎,蛋内水分蒸发快;钢皮蛋蛋壳厚,蛋壳表面气孔小而少,水分不容易蒸发。因此,这几种蛋都不能作种用。区别蛋壳厚薄的方法是:用手指轻轻弹打,蛋壳声音沉静的,是好蛋;声音脆锐如同瓦罐音的,则为壳厚硬的钢皮蛋。

(5)蛋壳表面的清洁度：蛋壳表面应该干净，不能被粪便和泥土污染。如果蛋壳表面很脏，粪泥污染很多，则不能当种蛋用。若脏得不多，通过揩擦、消毒还能使用。如果发现脏蛋很多，说明产蛋箱很脏，应该及早更换垫草，保持产蛋箱清洁。

(6)保存时间：一般保存 5～7 天内的新鲜种蛋孵化率最高，如果外界气温不高，可保存到 10 天左右。随着种蛋保存时间的延长，孵化率会逐渐下降。经过照蛋器验蛋，发现气室范围很大的种蛋，都是属于存放时间过长的陈蛋，不能用于孵化。

7. 做好记录工作

因为生产记录反映了鸡群的实际生产动态和日常活动的各种情况，通过它可及时了解生产、指导生产，也是考核经营管理的重要根据。生产记录的项目包括死淘数、产蛋量、破蛋数、蛋重、耗料量、饮水量、温度、湿度、防疫、称重、更换饲料、停电、发病等，一定要坚持天天记录。

8. 适当淘汰低产鸡

为了提高散养蛋鸡的效益，进入产蛋期以后，根据生产情况适当淘汰低产鸡是一项很有意义的工作。50%产蛋率时，进行第一次淘汰，进入高峰期后 1 个月进行第二次淘汰。

(1)低产鸡的识别特征如下所述

①鸡体瘦小型：多见于大群鸡进入产蛋高峰期，200 日龄以上的鸡只，其体型和体重均小于正常鸡的标准，脸不红，冠不大，冉髯小，在鸡群中显得特别瘦弱，胆小如鼠，因易受其他鸡的攻击，常在鸡群中窜来窜去，干扰了其他鸡的正常生活。

②鸡体肥胖型：大群鸡产蛋高峰期后，此时正常的高产蛋鸡通常羽毛不整，羽色暗淡，体型略瘦，而肥胖型的低产鸡则体型与体重远远超出正常蛋鸡的标准，羽毛油光发亮，冠红且厚，肉髯发达，

行动笨拙,只长膘不产蛋。腹下两坐骨结节之间的距离仅有二指左右。一般产蛋鸡则在三指半以上。在产蛋鸡群中发现特别肥胖的鸡应立即予以剔除,产蛋高峰期后发现鸡群中冠红体肥的鸡应立即淘汰。

③产蛋早衰型:这类鸡体型与体重低于正常鸡的生长发育标准,个体略小,但不消瘦,冠红、脸红、冉髯红,但冠、髯均不如高产蛋鸡发达。开产快、产蛋小、停产早,产蛋高峰持续期短,200 日龄后应注意淘汰这类低产鸡。

④鸡冠萎缩型:产蛋鸡开产到 250 日龄以后,会发现鸡群中有部分鸡冠萎缩,失去半透明的红润光泽,这是内分泌失调、卵巢功能衰退乃至丧失的结果,这类鸡往往体型与体重和普通鸡无明显差异,有的活泼,有的低迷,但均表现产蛋少,甚至逐渐停产。

⑤食欲减退型:蛋鸡的产蛋性能与其食欲和采食量往往有密切关系,食多蛋涌,食减蛋少。在饲料与营养正常的情况下,在鸡群采食高峰期,有少数鸡只远离料槽,若无其事,自由活动,或蹲卧一旁,或少许采食,又漫步闲逛去了,经检查并无其他原因,这类鸡产蛋的功能往往也是较差的。

⑥其他异常者:在产蛋前期,正常鸡体型匀称、羽毛光泽、冠髯鲜艳、活泼。体型瘦弱、羽冠暗淡和精神委顿者,为患病低产的征兆;在产蛋中后期,正常高产蛋鸡由于产蛋消耗,通常羽毛不太完整,胫、喙等处色素减褪,鸡冠较薄,而低产鸡、假产鸡则往往羽毛丰满,胫、喙等处色素沉着不褪,色泽较深,鸡冠髯特别红且肥厚,耻骨跨度较窄,对于这类鸡也应及时处理。

(2)产生低产的原因

①鸡只在育成阶段,由于鸡群不整齐,未能注意经常调整鸡群,按大小、强弱分群饲养,导致弱鸡生长发育更加受阻,而强壮者则可能采食过多而超重。

②忽视了限制饲喂方法,育成后期部分鸡种特别是早熟易肥

的鸡种需限制采食量，或降低日粮中的能量，以保持合理的体型，否则可导致鸡只超重，因肥胖而低产。

③光照制度不合理，光照不足使蛋鸡推迟开产，并且整群产蛋率较低，光照过长使鸡性成熟过早，身体发育不足而提前开产，这样产蛋难以持久而出现早衰。光照制度和类似的饲养管理中的失误，对鸡群的影响具有普遍性，仅剔除少数典型低产鸡能够挽回一些负面作用，必须调整完善饲养管理，才能从根本上解决问题。

④疾病原因，如马立克病、卵黄性腹膜炎、上呼吸道感染和寄生虫病等，都能引起鸡冠萎缩和停产，出现低产鸡。有些育成鸡由于感染新城疫等疾病使生殖系统受到损害，不能产蛋，而外表看起来像健康鸡，实际上已形成假产鸡。

(3)处理：视低产鸡假产鸡的类型和发生原因，可采取以下几种方式处理。

①在产蛋中早期，因管理不当造成的较瘦弱或较肥胖的健康鸡，对这类鸡应从群中挑出给予单独饲养，通过控制饲料喂量和营养水平，调整体况，使之趋于正常，恢复产蛋性能。

②产蛋后期的低产鸡，过于瘦小或肥胖者、产蛋早衰者、传染病侵染者，这些鸡一般应及早发现剔除，有病鸡按兽医卫生要求妥当处理，无病鸡育肥肉用。

③食欲减退、羽色冠髯异常、行为和其他异常，疑似低产鸡、假产鸡，可继续观察2～3天，待确定后，再予以处理。

9. 产蛋率上升缓慢的可能因素

良好的后备鸡在正确的饲养管理下，从26周龄开始，产蛋率稳步上升，在31～32周龄时，产蛋率可达到85%左右，上升的速度很快。实际生产中常见到不少鸡群开产日龄滞后，开产后产蛋率上升缓慢，其主要原因有如下几方面。

(1)后备鸡培育得不好，生长发育受阻，特别是12周龄之前的阶段内体重没有达到品种标准,鸡群体重大小参差不齐,均匀度不好。

(2)转入蛋鸡舍后没有及时更换饲料,或是产蛋率达5%时仍使用“蛋前料”,没有及时更换成高峰期用的饲料。

(3)饲料品质不好,譬如棉籽饼、菜籽饼等杂饼用量太多;饲料原料掺假,特别是鱼粉、豆粕、氨基酸等蛋白原料掺假;饲料配方不合理,限制性氨基酸不足或氨基酸比例不恰当;维生素陈旧或保管不当而降低效能,甚至失效。

(4)鸡群开产后气候不好,天气炎热,鸡只采食量不足。

(5)后备鸡曾得过疾病,特别是传染性支气管炎。

(6)鸡群处于亚疾病状态以及非典型性新城疫干扰等。

10. 产蛋突然下降的可能原因

鸡在连续产蛋若干天后会休产1天。高产鸡连产时间长,寡产鸡连产时间短,因此鸡群每天产蛋数量总有些差别。正常情况下鸡群产蛋曲线呈锯齿状上升或下降。在产蛋高峰期里,周产蛋率下降幅度应该在0.5%左右。如果产蛋率下降幅度大,或呈连续下降状态,肯定是有问题,这种现象可能是以下几方面因素引起的。

(1)疾病方面:鸡感染急性传染病会使产蛋量突然下降。如减蛋综合征侵袭时,鸡只没有明显临床症状,主要是产蛋量急剧下降和蛋壳变薄、下软蛋等。产蛋率下降的幅度通常会达到10%左右,严重的会达到50%左右。再如新城疫、传染性喉气管炎、传染性支气管炎等疾病都会造成产蛋率较大幅度地下降。

(2)饲料方面:饲料原料品质不良,例如熟豆饼突然更换为生豆饼,进口鱼粉突然换成国产鱼粉,使用了假氨基酸等等;饲料发霉变质;饲料粒度太细,影响采食量;饲料加工时疏忽大意,漏加食盐或重复添加食盐。

(3)管理方面:连续数天喂料量不足;供水不足,由于停电或其他原因经常不能正常供水,也会引起鸡群产蛋率大幅度下降;鸡群受惊吓;接种疫苗,连续数天投土霉素、氯霉素等抗生素或投服驱球虫药,都会引起产蛋率突然下降,这主要是由于药物副作用引起的;夏季连续几天的高温高湿天气,鸡群采食量锐减,产蛋率也会显著下降;光照发生变化,例如停电引起的光照突然停止,光照时间减少,初冬时节寒流突至,沿海地区台风袭击,也会造成产蛋率下降。

11. 长期下小蛋的原因

小蛋有两种类型:一种是有蛋黄,蛋重明显低于各阶段品种标准;另一种是无蛋黄,大小和鸽子蛋差不多,这是畸形蛋类中的一种,其原因各不相同。

①饲料中的能量、蛋白质过低。长期使用这种饲料会引起能量、蛋白质供应不足,以致蛋重偏小。

②饲料摄入量不足。

③体重过小。

④光照增加过早过快,致使鸡群开产过早。

⑤产生畸形小蛋的原因:经常产无卵黄小蛋主要是输卵管有炎症引起的。输卵管炎痊愈后畸形小蛋就不会再产生了。

(三)产蛋后期

随着产蛋率的下降,蛋重逐渐加大,到 68 周龄时,产蛋率下降到 45%～50%,为一个产蛋年结束,也就转入了产蛋后期的管理阶段。这时要及时调整鸡群均匀度,尽早淘汰没有饲养价值的停产或极低产鸡只。

1. 产蛋后期的营养调整

随着蛋鸡日龄的增加,鸡群中换羽停产的鸡逐渐增多,产蛋率出现明显的下降。一般到 55 周龄时,蛋鸡的产蛋率下降到 60%,

进入产蛋后期。产蛋后期由于产蛋性能逐渐下降,对蛋白质和能量的需求也随之发生变化,多余的能量和蛋白质有可能变成脂肪存积于体内,导致鸡变肥。另外,鸡对钙的利用能力也逐渐降低。因环境温度高,鸡本身的采食量下降,在此时降低营养水平,必然加重营养不足,引起产蛋快速下降。

(1)营养调整的方法

①降低日粮中的能量和蛋白质水平:轻型蛋鸡(白壳)粗蛋白质降低到每只鸡每日 16 克,中型蛋鸡(褐壳)粗蛋白质降低到每只鸡每日 18 克。

②增加日粮中的钙:每只鸡每日摄取钙量提高到 4～4.4 克。

③限制饲料摄取总量:轻型蛋鸡(白壳)产蛋后期一般不必限饲。中型蛋鸡(褐壳)为防止产蛋后期过肥,可进行限饲,但限饲的最大量为采食量的 6%～7%。

(2)营养调整时应注意的事项

①适时调整日粮营养水平:当鸡群产蛋率下降时,不要急于降低日粮营养水平,而要针对具体情况进行具体分析,排除非正常因素引起的产蛋下降。鸡群异常时不调整日粮。正常情况下,产蛋后期鸡群产蛋率每周应下降 0.5%～0.6%。降低日粮营养水平应在鸡群产蛋率持续低于 80%的 3～4 周后开始。

②营养调整应逐渐过渡:由于高产蛋鸡对饲料营养的反应极为敏感,换料过程应逐渐过渡,不可突然更换。换料时应将新的产蛋后期饲料与原有产蛋高峰期料混合饲喂 2～3 天,逐渐过渡到全部饲喂产蛋后期饲料。

③注意日粮中钙源的供给形式:每日供应的钙源至少应有 50%以 3～5 毫米的颗粒状形式供给,这样能增加鸡对钙的吸收率。

④在炎热的夏季不可轻易降低日粮营养水平:夏季气候炎热。没有出现高峰期的鸡群,其后期生产成绩也不可能好。

⑤产蛋后期的限饲要慎重进行：产蛋后期的限饲要在充分了解鸡群状况的条件下进行，每 4 周抽称 1 次体重，称重结果与标准体重进行对比，体重超重了再进行限饲，直到体重达标。

2. 减少破损，提高蛋的商品率

鸡蛋的破损给蛋鸡生产带来相当严重的损失，特别是产蛋后期更加严重。

(1)造成产蛋后期蛋破损的主要因素

①遗传因素：蛋壳强度受遗传影响，一般褐壳蛋比白壳蛋蛋壳强度高，破损率低，产蛋多的鸡比产蛋少的鸡破损率高。

②周龄：鸡开产后随鸡的年龄增长，蛋逐渐增大，随着蛋的增大，其表面积也增大，蛋壳因而变薄，蛋壳强度降低，蛋易破损。

③某些营养不足或缺乏：如果日粮中的维生素 D_3、钙、磷和锰有一种不足或缺乏时，都会导致蛋壳质量变差而容易破损。磷在日粮中的含量不宜过高，钙磷比例不平衡也会使蛋壳强度下降。

④疾病：鸡群患有传染性支气管炎、减蛋综合征、新城疫等疾病之后一段时期蛋壳质量下降，软壳、薄壳、畸形蛋增多。产蛋后期鸡群抗体水平低时更应注意。

⑤蛋的收集：每天捡蛋次数过少，常使先产的蛋与后产的蛋在窝中相互碰撞而破损。

(2)减少产蛋后期破损蛋的措施

①查清引起破损蛋的原因，掌握本场破损蛋的正常规律，发现蛋的破损率偏高时，要及时查出原因，以便尽快采取措施。

②保证饲料营养水平：买饲料时认真选择好的供应商，自己配料时保证饲料营养水平。

③加强防疫工作，预防疾病流行：对鸡群有关病的抗体水平定期监测，抗体效价低时应及时补种疫苗。尽量避免场外无关人员进入场区。

④及时收捡产出的蛋：每天捡蛋次数应不少于 2 次，捡出的蛋分类放置并及时送入蛋库。

⑤防止惊群：每天工作时要细心，尽量防止惊群引起的产软壳蛋薄壳蛋现象。

3. 加强消毒

到了产蛋后期，鸡舍的有害微生物数量大大增加。因此，更要做好粪便清理和日常消毒工作。

4. 强制换羽

隔年老鸡在秋季换羽是一种正常现象，当羽毛换到主翼羽时母鸡就开始停产。鸡的自然换羽早晚及持续时间是不一样的，群体的换羽时间往往拖得很长。而人工强制换羽就能消除群体换羽参差不齐的现象，有意识地控制休产期与产蛋期，使产蛋在一定程度上消除季节性。当年鸡不搞人工强制换羽。经选择留下的体质健壮的隔年老鸡，才进行这项工作。

自然换羽的过程很长，一般 3～4 个月，且鸡群中换羽很不整齐，产蛋率较低，蛋壳质量也不一致。为了缩短换羽时间，延长鸡的生产利用年限，常给鸡采取人工强制换羽。常用的人工强制换羽方法是不把鸡关在过夜棚舍内同时采用药物法、饥饿法和药物-饥饿法。

(1)药物法：在饲料中添加氧化锌或硫酸锌，使锌的用量为饲料的 2%～2.5%。连续供鸡自由采食 7 天，第 8 天开始喂正常产蛋鸡饲料，第 10 天即能全部停产，3 周以后即开始重新产蛋。

(2)饥饿法：是传统的强制换羽方法。停料时间以鸡体重下降 30%左右为宜。一般经过 9～13 天，头 2 周光照缩短到 2 小时，只供饮水，以后每天增加 1 小时，供鸡吃料和饮水。直至光照 14 小时。饲粮中蛋白质为 16%、钙 1.1%，待产蛋开始回升后，再将钙增至 3.6%。母鸡 6～8 天内停产。第 10 天开始脱羽，15～ 20 天脱羽最多,35～45 天结束换羽过程。30～35 天恢复产蛋,65～70 天达到 50%以上的产蛋率,80～85 天进入产蛋高峰。

(3)药物-饥饿法:首先对母鸡停水断料 2.5 天,并且停止光照。然后恢复给水,同时在配合饲料中加入 2.5%硫酸锌或 2%氧化锌,让鸡自由采食,连续喂 6.5 天左右。第 10 天起恢复正常喂料和光照,3～5 天后鸡便开始脱毛换羽,一般在 13～14 天后便可完全停产,19～20 天后开始重新产蛋,再过 6 周达到产蛋高峰,产蛋率可达 70%～75%以上。

人工强制换羽与自然换羽相比,具有换羽时间短、换羽后产蛋较整齐、蛋重增大、蛋质量提高、破蛋率降低等优点,但要注意以下几个问题。

①鸡群的选择:实行强制换羽应是第一年产蛋率高的鸡群。

②鸡的健康状况:只能选择健康的鸡进行强制换羽,因为只有健康的鸡才能耐受断水断料的强烈应激影响,也只有健康的鸡才能指望换羽后高产。病弱鸡在断水断料期间会很快死亡,应及早淘汰。

③换羽季节和时间:要兼顾经济因素、鸡群状况和气候条件。炎热和严寒季节强制换羽,会影响换羽效果。一般选在秋季鸡开始自然换羽时进行强制换羽,效果最好。

④饥饿时间长短:一般以 9～13 天为度,具体要根据季节和鸡的肥度、死亡率来灵活掌握。温度适宜的季节,肥度好或体重大的鸡死亡率低时,可延长饥饿期,反之,则应缩短饥饿期。时间过短则达不到换羽停产的目的,时间过长,死亡率增加,对鸡体损伤也大,一般死亡率控制在 3%左右。

⑤光照:在实施人工强制换羽时,同时应减少光照。

⑥换羽期间的饲养管理:强制换羽开始初期,鸡不会立即停产,往往有软壳或破壳蛋,应在食槽添加贝壳粉,每 100 只鸡添加 2 千克。要有足够的采食料,保证所有的鸡能同时吃到饲料,以

防止鸡饥饿时啄食垫草、砂土、羽毛等物。

5. 适当淘汰低产鸡

饲养蛋鸡的目的是为了得到鸡蛋。如果鸡不再产蛋应及时剔除,以减少饲料浪费,降低饲料费用。同时部分寡产鸡是因病休产的,这些病鸡更应及时剔除,以防疾病扩散,一般每 2~4 周检查淘汰 1 次。据我们调查,病弱、寡产鸡在产蛋后期可占全群的 3%~5%,差的鸡群可超过 10%。从以下几个方面可挑出病弱、寡产鸡。

(1)看吃食:下蛋多的吃得多,到处寻觅,出窝早,进笼晚,下蛋少的鸡则相反。

(2)看羽毛:产蛋鸡羽毛较陈旧,但不蓬乱,病弱鸡羽毛蓬乱,寡产鸡羽毛脱落正在换羽,或已提前换完羽。

(3)看冠、肉垂:产蛋鸡鸡冠、肉垂大而红润,病弱鸡苍白或萎缩,寡产鸡已萎缩。

(4)看粪便:产蛋母鸡排粪多而松散,呈黑褐色,顶部有白色尿酸沉积或呈棕色(由盲肠排出),病鸡有下痢且颜色不正常,寡产鸡粪便较硬呈条状。

(5)看耻骨:产蛋母鸡耻骨间距(竖裆)在 2 指(35 毫米)以上,耻骨与龙骨间距(横裆)4 指(70 毫米)以上。

(6)看腹部:产蛋鸡腹部松软适宜,不过分膨大或缩小。有淋巴白血病、腹腔积水或卵黄腹膜炎的病鸡,腹部膨大且腹内可能有坚硬的疙瘩,寡产鸡腹部狭窄收缩。

(7)看肛门:产蛋鸡肛门大而丰满,湿润,呈椭圆形。寡产鸡肛门小而皱缩,干燥,呈圆形。

(8)看抱性:下蛋多的鸡不爱抱窝,下蛋少的鸡爱抱窝。

(9)看换羽:高产鸡换羽迟,一般在秋末或冬初进行,并且换羽迅速,停产时间短。有些特别高产的鸡,甚至整个冬季都不换羽,或只换一批羽毛，停产很短时间，到来年春天，气温回升，光照增加，营养丰富时，边产蛋边换羽。低产鸡则不同，往往在夏末秋初换羽，持续时间也相当长。

二、种公鸡的饲养管理

种公鸡的散养管理要求基本同蛋鸡，但对于种公鸡来说，更重要的目的是要获得尽可能多的受精率高的合格种蛋，为此还必须做好相应的管理工作。

1. 公鸡的选择

只要使种公鸡达到一定的条件，鸡群就会获得良好的受精率。然而，为了获得良好的受精率，就需要管理好鸡群，确保种公鸡在各个不同的年龄阶段获得正确的骨架发育、睾丸发育和均匀度，确保控制好种公鸡的饲喂，正确的公母比例以及种公鸡适宜的肥胖程度。

如果将种公鸡与种母鸡分开饲养，在全阶段饲养程序中，建议不要使用棚架，因为6～12周龄期间，正是鸡只肌肉、肌腱组织和韧带发育的关键时刻，棚架会对鸡只腿关节造成重大应激。

随着鸡的不断生长，种公鸡自然会需要更多的饲养面积，因此必须注意，要按照鸡群相应的年龄为其提供正确的饲养密度和采食空间。

早期育雏阶段饲养管理中最关键的要素之一就是要使雏鸡有一个良好的开端。鸡只一生中最初的72小时尤为重要，这不仅能确定其抵御疾病侵袭的能力，心血管系统的发育和全身羽毛的生长状况，而且更为重要的是，最初的阶段决定着鸡只骨架的发育。只有育雏育成期种公鸡得到良好的骨架发育，它们才能在整个产蛋期进行有效地交配。

要使雏鸡获得良好的开端,应确保在前 14 日龄内使用商品代蛋鸡的育雏料(无球虫药)。14 日龄后影响鸡群均匀度的最大因素是种公鸡能否获得和吃掉其生长所需的料量。种公鸡的均匀度十分关键,要保持良好的均匀度,饲喂系统必须能够在同一时间为所有的公鸡提供准确的料量。要密切观察鸡只行为,特别是从手工喂料转换到自动饲喂系统喂料的阶段,确保供料均匀,确保鸡群均匀地生长。

种公鸡的均匀度从 35 日龄开始应一直保持在 80%～85%,从而在混群和交配时,鸡只的性成熟基本相同。

到 8 周龄时,鸡只 85%的骨架发育基本结束。因而此阶段一定要达到、甚至要超过早期的体重标准,这一点至关重要。否则,种公鸡已成熟的体形要比最佳理想的体形小些。没有一个良好的骨架,种公鸡就会趋于肥胖,脂肪堆积,母鸡产蛋后期,公鸡形体就会很差,这样会限制其交配的成功率。

在 10 周龄时进行一次选种工作,将眼、腿有残疾的、精神不振的公鸡淘汰。在 20 周龄对种公鸡进行选择时首先要进行体形外貌的选择,留下体壮、羽毛发育良好、声音洪亮的公鸡,再对生殖器官发育情况和精液质量进行检查,确定其优劣。一只符合配种要求的种公鸡,其体形外貌应符合本品种特征,生殖器官发育正常,精液量 0.3 毫升以上,精子密度每毫升不低于 28 亿个,精子活力较强。

经上述检查,凡符合要求的公鸡放入种鸡群,进行配种,其他公鸡转入商品群。此时注意公母鸡比例要适当,不要因为严要求而造成公母鸡比例过大,一般 20 周龄公鸡留种比例为 1∶5(在选留公鸡时;数量可比实际需要多一些,作为备用)。

在配种期间,有时会发现一些外形非常漂亮的公鸡,可能由于生殖器官发育不良,配种次数极少或不配种,这主要是由于营养过剩引起的,这样的公鸡经精液检查不合乎要求也要淘汰。也有一些性欲旺盛的公鸡由于配种比较频繁，外表消瘦，羽毛脏乱，被误认为体弱而遭淘汰。因此在是否淘汰种公鸡时，一定要检查精液质量，同时了解配种前的体重、体况记录，避免误判。

2. 补充光照

种公鸡从 120 日龄开始自然光照不足 16 小时，必须用人工光照加足，以后保持不变。母鸡产蛋时公鸡必须有配种能力，因此一般要求公鸡比母鸡提早性成熟。

3. 合群配种比例

在母鸡 26 周龄时，将公母鸡合群。为了获得较好的种蛋品质、种蛋受精率和高孵化率，就必须考虑合理的公母比例，公鸡太少，种蛋受精率低，公鸡太多，会出现打架现象，使母鸡不得安宁，影响产蛋率和种蛋质量，而且还浪费饲料。在刚开始产蛋时，每 100 只母鸡配 18 只公鸡是必要的，这对保持种蛋良好的受精率很重要，但不要超过 20 只公鸡，因为公鸡的生活力强，过多的公鸡或新增进的公鸡会扰乱鸡群的秩序，需要立即剔除过剩的公鸡。如果全部公鸡是健康和精力旺盛的，每 100 只母鸡配 10～13 只公鸡就足够了。

4. 种公鸡的补饲

为了保持种公鸡有良好的配种体况，种公鸡的饲养，除了和母鸡群一起采食外，从组群开始后，对种公鸡应进行补饲配合饲料。配合饲料中应含有动物性蛋白饲料，有利于提高公鸡的精液品质。补喂的方法，一般是在一个固定时间，将母鸡赶到运动场，把公鸡留在舍内，补喂饲料任其自由采食。这样，经过一定时间（1 天左右），公鸡就习惯于自行留在舍内，等候补喂饲料。开始补喂饲料时，为便于分别公母鸡，对公鸡可作标记，以便管理和分群。公鸡补饲可持续到母鸡配种结束。

5. 影响鸡配种性能的主要原因

影响鸡的配种性能的因素很多,如配种年龄、公母比例、季节、饲养条件等。

(1)鸡适宜配种年龄:鸡配种年龄不易过早,配种年龄过早,不仅对其本身的生长发育有不良影响,而且受精率低。一般蛋用型公鸡性成熟较早,初配年龄以 5 月龄以上为宜,肉用型公鸡性成熟较晚,初配年龄在 6 月龄以上为宜。

(2)公母搭配比例:鸡的配种性能因品种类型不同而差异较大。一般适宜的公与母的搭配比例是 1∶(10～13)。

(3)季节因素:早春气候寒冷,鸡的性活动受影响,公鸡比例应适当提高 2%左右(按母鸡数计)。

(4)饲养管理因素:在良好的饲养条件下,特别是放牧鸡群,由于能获得丰富的动物饲料,配种性能增强。因此,公鸡的数量比例可适当减少。

(5)公母合群时间因素:在繁殖季节到来之前,适当提早合群可提高母鸡的受精率。合群初期公鸡的比例可稍高些,如蛋用型鸡公母比可用 1∶(14～16),20 天后可改为 1∶25。因此,在大群配种时,应将公鸡及早放入母鸡群中。

(6)种鸡的年龄因素:一般 1 岁左右的种鸡性欲旺盛,配种能力强。因此,鸡群公鸡数量比例可适当减少。

6. 公母比例与利用年限

公鸡的利用年限一般为 2 年,优良者可用 3 年,但每年要有计划地更换新种鸡 50%左右,淘汰的种鸡可作商品鸡处理掉。

三、淘汰鸡的育肥管理

对淘汰的小公鸡和不符合产蛋条件的母鸡分别集中圈养进行

育肥处理。育肥的目的，一是在较短的时间内获得较大的增重，提高经济效益；二是为了保证肉质，使肌纤维间和体腔皮下增加脂肪，保持优质散养鸡肉香味美的特色。

1. 控制密度

散养育肥密度不宜过大，一般要求每平方米饲养 8～10 只，每群规模约为 500 只为宜。

2. 分群饲养

应先按个体的大小、强弱分成小群。体型小，瘦弱需育肥的集中在一起饲养。

3. 驱虫与防疫

育肥期的前 2～3 天，应驱虫 1 次，以驱除体内寄生虫，得到更好的育肥效果。中后期，防治疾病时尽可能不用人工合成药物，多用中药及采取生物防治，以减少和控制鸡肉中的药物残留，以便于上市。

4. 运动

进入育肥期应减少鸡的活动范围，相应地缩小散养场地，目的是减少鸡的运动，利于育肥。同时舍内外环境保持安静，隔绝外界不良刺激，防止鸡群应激。

5. 做好清洁和消毒工作

育肥期间，舍内、外环境，饲槽，工具，要经常清洁和消毒，以防引入病原，这是直接影响到育肥鸡成活率的重要因素，千万不能疏忽大意。

6. 注意经常观察和检查鸡群

育肥期应该注意经常地观察和检查鸡群。看鸡群的食欲、食量情况，注视鸡群的健康。发现病鸡要隔离治疗。

7. 合理饲喂,适当催肥

采用原粮饲喂的,可适当增加玉米、高粱等能量饲料的比例。饲喂鸡饲料的,可购买肉鸡生长料。要保证育肥蛋鸡有充足的饮水,饲料不间断。出售前 1～2 周,如鸡体较瘦,可增加配合饲料喂量,限制散养进行适度催肥。中后期配合饲料中不要添加人工合成色素、化学合成的非营养添加剂及药物等,应加入适量的橘皮粉、松针粉、大蒜、生姜、茴香、八角、桂皮等自然物质以改变肉色,改善肉质和增加鲜味。

8. 适时销售

饲养期太短,鸡肉中水分含量多,营养成分积累不够,鲜味素及芳香物质含量少,达不到优质散养鸡的标准。饲养期过长,肌纤维过老,饲养成本太大,不合算。

因此,淘汰的小型公鸡 100 天,母鸡 120 天上市;中型公鸡 110 天,母鸡 130 天上市;淘汰的产蛋母鸡集中育肥 20～30 天。此时上市鸡的体重、鸡肉中营养成分、鲜味素、芳香物质的积累基本达到成鸡的含量标准,肉质又较嫩,是体重、质量、成本三者的较佳结合点。

9. 售后卫生消毒

为有效地杀灭病原微生物,育肥鸡采用“全进全出”制。每批鸡出售后,鸡舍用 2%烧碱溶液进行地面消毒,并用塑料布密封鸡舍,用甲醛和高锰酸钾等进行熏蒸消毒,以备下批饲养。

四、散养鸡季节管理

散养蛋鸡受气候条件的影响较大,生产中要根据各个季节的特点,合理安排饲喂,加强饲养管理。

1. 春季管理

随着气温的升高，光照时间的逐渐延长，外界食物来源的增加，鸡的新陈代谢旺盛。春季是鸡产蛋的旺季，是理想的繁殖季节。在繁殖前，做好疫苗接种和驱虫工作，保证优质饲料的供应，提高合格种蛋的数量。淘汰就巢性强的母鸡，做好种蛋的收集和记录工作。

(1)注意防寒保暖：早春气候仍比较寒冷多变，加之冷空气和寒流的侵袭，给养鸡生产带来诸多不便，特别是低温对产蛋鸡的影响十分明显。因此，防寒保暖工作就成了冬春养鸡能否成功的关键环节。一般情况下夜棚舍可采取加挂草帘、饮用温水和火炉取暖等方式进行御寒保温，使棚舍温度最低维持在3～5℃。

(2)注意适度通风：早春由于气温较低，过夜鸡舍门窗关闭较严，通风量减少，但鸡群排出的废气和鸡粪发酵产生的氨气、二氧化碳和硫化氢等有害气体量却没有减少，导致舍内的空气污浊，易诱发鸡的呼吸道等疾病，因此要切实处理好通风与保暖的关系，及时清除过夜鸡舍内的粪便和杂物，及时开窗通风，确保舍内空气清新、氧气充足。

(3)注意防止潮湿：早春过夜鸡舍内通风量相对减少，水分蒸发量也减少，加之舍内的热空气接触到冰冷的屋顶和墙壁会凝结成大量的水珠，极易造成鸡舍内过度潮湿，给细菌和寄生虫的大量繁殖创造了条件，对养鸡极为不利。因此，一定要强化管理，注意保持鸡舍内的清洁和干燥，加水时切忌过多过满，及时维修损坏的水槽，严禁向舍内地面泼水。

(4)注意定期消毒：消毒工作贯穿于养鸡的整个过程中，早春气温较低，细菌的活动频率虽然有所减弱，但稍遇合适的条件即会大量繁殖，危害鸡群健康。加之早春气候寒冷，鸡体的抵抗力普遍减弱，若忽视消毒工作，极易导致疫病暴发和流行。一般在冬春季节常用饮水消毒的办法进行消毒,即在饮水中按比例加入消毒剂(如百毒杀、强力消毒灵、次氯酸钠等),每周进行一次即可。而对过夜鸡舍内的地面则可使用白石灰、强力消毒灵等干粉状的消毒剂进行喷洒消毒,每周1～2次较为适宜。

(5)注意补充光照:蛋鸡光照不足常会引起产蛋率下跌,为了克服这一自然缺憾,可采用人工补充光照的方式弥补。

(6)注意减少应激:鸡胆小,对外界环境的变化十分敏感,极易受惊。因此,喂料、加水、捡蛋、消毒、清扫、清理粪便等工作要有一定的时间和顺序,工作时动作一定要轻缓,严禁陌生人和其他动物进入鸡舍。若外界发生强烈的声响(如过节时的鞭炮声、刺耳的锣鼓声、呼啸怪叫的北风声等),饲养人员要及时进入鸡舍,给鸡造成一种"主人就在身边"的心理安全感,同时还可在饲料或饮水中加入适量的多种维生素或者其他抗应激的药物,防止和减少应激反应的发生。

(7)注意增加能量:鸡靠吃进体内的饲料获得热能来维持体温,外界的气温越低,鸡体用于御寒的热能消耗就越多。据测定,早春鸡的饲料消耗量比其他季节增加10%～15%,因此,早春鸡的饲料中必须保证能量充足,在日粮中除保持蛋白质的一定比例外,应适当增加含淀粉和糖类较多的高能饲料,以满足鸡的生长和生产需要。

(8)注意增强体质:早春鸡抵抗力下降,要特别注意搞好防疫灭病工作,定期进行预防接种。根据实际情况还可定期投喂一些预防性药物,适当增加饲料中维生素和微量元素的含量,忌喂发霉变质的饲料、污水和夹杂有冰雪的冷水,以提高鸡体的抵抗力。

(9)注意防止贼风:从门窗缝隙和墙洞中吹进的寒风称为贼风,它对鸡的影响极大,特别容易使鸡感冒发病,因此,要注意观察,及时关闭门窗,堵塞墙洞和缝隙,防止贼风侵扰。

(10)注意消除鼠害:早春外界缺少鼠食,老鼠常会聚集于鸡舍内偷食饲料，咬坏用具，甚至传染疫病，咬伤、咬死鸡只，或者引发鸡的应激反应，对养鸡生产危害较大，因此要想尽一切办法坚决予以消灭。

2. 夏季管理

气候炎热，食欲下降。夏季的工作重点是防暑降温，维持蛋鸡的食欲和产蛋。在散养区设置凉棚，增加精料的喂量，满足产蛋要求，利用早晚气温较低的时段，增加饲喂量。每天早上天一亮就放鸡，傍晚延长采食时间，保证清洁饮水和优质青绿饲料供应。消灭蚊虫、苍蝇，减少传染病的发生。

(1)夏季气候多变，突然刮大风、下阵雨和惊雷都易使鸡产生应激，可在饮水中加入电解多维，气候变化之前使用一定量的青霉素、链霉素、金霉素等抗生素都可有效地预防应激。

(2)抓好防暑降温工作：温度与产蛋量有直接关系，蛋鸡最理想的产蛋温度为15～24℃，25℃以上产蛋率逐渐下降，30℃以上鸡就会出现张嘴呼吸，两翅张开现象，这时产蛋率显著下降，甚至停产，环境温度长期在35℃以上很可能出现大批死亡。因此，要想保持夏季多产蛋，必须采取散养场搭遮阳篷、鸡舍通风喷水墙体刷白、把棚舍四面打开等措施降温防暑，将鸡舍和鸡场环境控制在28℃以下。

(3)供给充足饮水：鸡的饮水量随环境温度的变化而大幅度变化，夏季饮水量大约是冬季的4倍，大约是采食量的3.5倍，鸡不喜欢饮用温度较高的水，夏季要注意让蛋鸡饮用清洁卫生的凉水，最好是山泉水。因为体温的升高需大量的热能，所以即使周围环境温度升高很大，体温升高也非常缓慢。同时，随粪尿排泄的水分增加，带走大量的体热。当外界温度为32℃，1只鸡1天饮水300毫升，可带走4500卡的热量，降温防暑效果非常明显，提高鸡采食量产蛋率。

(4)调整营养:夏季环境温度高,维持蛋鸡需要的热能要降低,而蛋白质需要相对提高,夏季保持蛋鸡多产蛋的有效方法是用动、植物脂肪代替碳水化合物,以改变能量与蛋白质的比例,同时,还要注意保持氨基酸的平衡。

①减少能量饲料比例:夏季气温高,鸡维持自身所需的能量要少得多,所以夏季产蛋鸡的饲料中,应适当降低能量含量。一般日粮中的高能饲料(如玉米等)应减少到50%左右。同时增加一些含能量较少的糠麸类饲料,占饲料总量的20%左右。

②增加蛋白质饲料含量:夏季由于鸡的采食量少,如饲料中蛋白质含量不足,会影响鸡的生长和产蛋。因此,夏季蛋鸡的饲料中蛋白质含量应提高2%左右。其中,植物性蛋白质饲料,如豆饼、麻饼、棉籽饼等可占日粮的20%~25%;动物性蛋白质饲料,如鱼粉、羽毛粉等可占日粮的5%~8%。

③提高饲料中钙磷比:夏季蛋鸡处于产蛋高峰期,钙磷的需要量较大,同时,饲料中的有机磷利用率明显降低,因此应提高饲料中的钙磷比例。一般可增加1%~2%的骨粉和2%的贝壳粉,或将贝壳粉放在另设的食槽中,任鸡自由啄食。

(5)添加抗热应激添加剂:炎热的夏季,在蛋鸡补充饲料中添加适量抗热应激添加剂有助于提高产蛋量,饲料中添加维生素C电解多维等,以及饮水中添加氯化锌、氯化氨、碳酸氢钠、阿司匹林等,并适当减少盐的含量,可有效减轻热应激危害,提高蛋鸡的产蛋量和质量。还可给蛋鸡饲喂中草药添加剂,它既能防治某些疾病,又能抗热应激,对提高鸡生产性能有明显效果。如清热降火类的:石膏、栀子等,能帮助机体散热;祛暑类的:藿香、香薷,能散热防中暑;安神镇惊类的:远志、柏子仁、酸枣仁,能安神镇惊,有抗热应激作用。

(6)补充光照:晚上10~11点钟应准时关灯,以保证产蛋鸡在出舍前将蛋产在棚舍内。

(7)加强散养管理:全天供足新鲜、清洁的凉水;尽量减少饲养密度可有效地降低环境温度;注意早放鸡,晚收鸡,尽量避开炎热的时间让鸡到野外采食;白天气温高时,鸡采食量降低,可在晚上多补充料,可以弥补白天采食的不足,同时也可使鸡产蛋后及时补充消耗的体力。对夏季在棚外过夜的鸡要及时赶回,以防刮风、下雨、打雷,使鸡受到较大刺激,另外回鸡舍可以避免狐狸、黄鼠狼之类的天敌。

(8)做好疫病防治工作:夏季是鸡体质弱的时期,应切实做好疫病防治工作。坚持每周 2～3 次带鸡消毒,保持鸡舍清洁卫生。严格执行免疫程序,定时进行新城疫抗体监测,发现异常,及时采取相应措施。对鸡舍内及散养场定期喷洒对人畜无害的除虫菊酯等杀虫剂,彻底消灭蚊蝇、蠓等害虫。在补充饲料中定期投放泰灭净、克球粉等药物,做好鸡病的预防工作。

3. 秋季管理

入秋后,日照逐渐缩短,天气转凉,成年母鸡开始停产换羽,新蛋鸡陆续产蛋,可采用综合饲养管理技术,提高养殖效益。

(1)调整鸡群:将低产鸡、停产鸡、弱鸡、僵鸡、有严重恶癖的鸡、产蛋时间短的鸡、体重过大过肥或过瘦的鸡、无治疗价值的病鸡应及时挑选出来,分圈饲养,增加光照,每天保持 16 小时以上,多喂优质饲料,促使母鸡增膘,及时上市处理出售。留下生产性能好、体质健壮、产蛋正常的鸡。一般产蛋鸡饲养 1～2 年为最好,超过 2 年以上的母鸡最好淘汰。

(2)强制换羽:秋季成年蛋鸡停产换羽的时间长达 4 个月左右。鸡在换羽期间产蛋量大大减少,且因个体换羽时间有早有晚,换羽后开产也有先有后,产蛋高峰期来得晚,给饲养管理带来不便,因此必须人工强制换羽,促使同步换羽,同时开产。

(3)饲喂添加剂:秋季在蛋鸡的日粮中添加一些添加剂,可提高鸡的产蛋量、抗应激和抗病能力,并能节省饲料。

①激蛋添加剂:将激蛋添加剂按0.25%的比例均匀地拌入饲料中,任鸡自由采食,可提高产蛋率,并能增强免疫力。

②维生素C:在蛋鸡每千克日粮中添加维生素C 500克。

③小苏打:在蛋鸡的日粮中添加0.1%～0.15%的小苏打,除提高产蛋率外还能增加蛋壳厚度。

(4)增加光照:光照能刺激排卵,增加产蛋量。开始产蛋时每周增加光照时间半小时,以后每1周增加半小时,直到每天光照时间达到16小时为止。

(5)驱虫:秋季新鸡处于开产期,老鸡处于换羽期,新鸡、老鸡处于产蛋低潮,此时是驱虫的最佳时期,对蛋鸡产蛋无大的影响。

(6)加强卫生防疫:秋季气温适宜病原微生物大量繁殖,鸡易患病,应搞好鸡舍的环境卫生,定期进行消毒。对鸡舍墙壁、地面、用具等要定期用2%～3%的烧碱水溶液或2%～4%的来苏儿溶液或0.2%～0.5%的过氧乙酸溶液消毒,也可用0.1%的新洁尔灭溶液消毒。要做好防疫工作,给鸡注射新城疫Ⅰ系、禽霍乱、鸡传染性喉气管炎等疫苗。同时,严防一切应激因素的发生,保持鸡舍及周围环境的安静,尽量减少惊吓、转群、捉鸡等应激因素,防止猫、狗等进入鸡舍而惊吓鸡群,饲料加工、装卸应远离鸡舍。

4. 冬季管理

天气寒冷的季节,大多数散养蛋鸡产蛋率下降或者停产。要使散养蛋鸡创造更高经济效益,天冷不歇窝,多下蛋,必须采取科学的管理措施。

(1)把产蛋高峰安排在冬季:散养蛋鸡生产存在旺季和淡季之分,通常情况下,春节期间鸡蛋消费量增加,加之此时气温低,鸡蛋较容易保存,因此如果把蛋鸡产蛋高峰安排在节日期间,那就会满足市场供应,创造更高的经济效益。目前,养殖专业户散养的蛋鸡，一般在150天左右进入产蛋期，25～42周龄产蛋率较高，产蛋高峰期在28～35周龄或更长些，产蛋率可高达85%以上。这时母鸡产蛋的生理机能正处在一生中最旺盛的时期，必须有效地利用这一宝贵时间。高峰期产蛋率上不去，柴鸡的周期产蛋量也不会多。想把蛋鸡产蛋高峰安排在春节期间，必须在6月份左右进雏鸡。

(2)增加鸡舍的光照时间：冬末和初春自然光照时间短，不能满足蛋鸡产蛋的生理需求，必须增加光照时间。一般来说，育成期的光照时间每天需保持在8～10个小时，对产蛋高峰期安排在冬季的蛋鸡来说，就要在后期用人工光照来补充自然光照的不足。进入21周龄，可以每星期延长光照时间1个小时，直至26周龄时光照时间达到每天16个小时，以后恒定不变。补充光照的办法是在早晨天亮之前或晚上天黑时，开电灯照明。注意按计划按时开关灯，不能乱开乱关，不能扰乱母鸡对光刺激形成的反应。

(3)注意鸡舍保暖。冬末初春夜间气温低，当气温在13℃以下时就会对蛋鸡产蛋造成影响。表现在鸡的耗料量增加，产蛋率下降。这是因为气温过低，鸡维持自身体能所需要的营养增加而耗料量增加，另外，维持营养需要增加，相对生产营养需要降低而产蛋营养不足，产蛋率下降。要避免这些损失，不浪费饲料，必须对鸡舍采取必要的保暖措施。因此进入冬季要封闭棚舍迎风面的窗户，在背风面设置门、窗。放鸡要晚，进圈要早，以免感冒。晚上蛋鸡入舍后关闭门窗，加上棉窗帘和门帘。每天放鸡出舍前，要先开窗通风。气候寒冷的东北、西北和华北北部地区，舍内要有加温设施，一般用火墙、火道。炉灶应设在舍外，可有效防止一氧化碳中毒。早上打开鸡舍时，要先开窗户后开门，让鸡有一个适应寒冷的过程，然后在散养场喂食。生产中发现，冬季喂热食和饮温水可以提高产蛋率，冬季青绿饲料缺乏，可以贮存适量胡萝卜、大白菜来饲喂蛋鸡。饮水不能中断，严防鸡吃雪和喝冰水，以免鸡体散热过多。

(4)增加补充饲料的营养水平。冬末初春草木枯萎,蛋鸡对自然界采食的营养来源减少,必须配合好全价的营养饲料,同时要适当提高人工补料量,以满足蛋鸡产蛋的营养需求。尤其注意饲料中维生素和微量元素的添加和适当提高配合饲料的能量水平。在天气寒冷季节,蛋鸡全价料中能量饲料的比例可比其他季节提高 2%。

第三节　疾病的预防

养鸡要想预防和控制鸡病,必须认真采取一系列综合性防治措施。一方面要加强科学的饲养管理,搞好环境卫生,合理免疫接种,必要时投入药物等,以提高鸡的抗病能力;另一方面采取检疫净化、隔离、消毒等措施,并持之以恒,以降低或杜绝疾病的发生,减少经济损失。

一、选择无病原的优良鸡

养殖户或饲养场应从种源可靠的无病鸡场引进种蛋或幼雏。因为有些传染病感染雌鸡是通过受精蛋或病原体污染的蛋壳传染给新孵出的后代,这些孵出的带菌雏或弱雏在不良环境污染等应激因素影响下,很容易发病或死亡。因此选择无病原的种蛋或幼雏是提高幼雏成活率的重要因素。从外地或外场引进青年鸡作为种用时,必须先要了解当地的疫情,在确认无传染病和寄生虫病流行的健康鸡群引种,千万不能将发病场或发病群,或是刚刚病愈的鸡群引入。引进后的鸡先经隔离饲养,不能立即混入健康鸡群,隔离 20 天后,无任何异常方可入群。防止病原体带入鸡场或鸡群。

有条件的饲养场或养殖户最好坚持自繁自养。

二、防疫

养殖者要注意鸡病防疫的着眼点应该是整个鸡的群体，而不是个体。

(一)圈养及过夜鸡舍的防疫

1. 可引发鸡病的病源微生物

传染病是由人们肉眼看不见而具有致病性的微小病源微生物引起的，包括病毒、细菌、霉形体、真菌及衣原体等。

(1)病毒：病毒是很小的微生物，一般圆形病毒的直径为几十至一百纳米，必须用电子显微镜才能观察到。

(2)细菌：细菌是单细胞微生物，可分为球菌、杆菌和螺旋状菌 3 种类型，有些球菌和杆菌在分裂后排列成一定形态，分别称为双球菌、链球菌、葡萄球菌、链状杆菌等。鸡的细菌性传染病可以用药物预防和治疗。

(3)霉形体：霉形体也称支原体，大小介于细菌、病毒之间，结构比细菌简单。多种抗生素如土霉素、金霉素对霉形体有效，但青霉素对霉形体无效。

(4)真菌：真菌包括担子菌、酵母菌，一般担子菌、酵母菌对动物无致病性。真菌种类繁多，对鸡有致病性的主要是某些黄霉菌，如烟曲霉菌使饲料、垫料发霉，引起鸡的曲霉菌病，黄曲霉菌常使花生饼变质，喂鸡后引起中毒。真菌在温暖(22～28℃)、潮湿和偏酸性(pH 4～6)的环境中繁殖很快，并可产生大量的孢子浮游在空气中，易被鸡吸入肺部。一般消毒药对真菌无效或效力甚微。

(5)衣原体：衣原体是一种介于病毒和细菌之间的微生物，生长繁殖的一定阶段寄生在细胞内，对抗生素敏感。

2. 鸡病的传播媒介

(1)卵源传播:由蛋传播的疾病有鸡白痢、禽伤寒、禽大肠杆菌病、鸡毒支原体病、禽白血病、病毒性肝炎、包涵体肝炎、减蛋综合征等。

(2)孵化室传播:主要发生在雏鸡开始啄壳至出壳期间。这时雏鸡开始呼吸,接触周围环境,就会加速附着在蛋壳碎屑和绒毛中的病原体的传播。通过这一途径传播的疾病有禽曲霉菌病、沙门菌病等。

(3)空气传播:经空气传播的疾病有鸡败血支原体病、鸡传染性支气管炎、鸡传染性喉气管炎、鸡新城疫、禽流感、禽霍乱、鸡传染性鼻炎、鸡马立克病、禽大肠杆菌病等。

(4)饲料、饮水和设备、用具的传播:病鸡的分泌物、排泄物可直接进入饲料和饮水中,也可通过被污染的加工、储存和运输工具、设备、场所及人员而间接进入饲料和饮水中,鸡摄入被污染的饲料和饮水而导致疾病传播。饲料箱、蛋箱、装禽箱、运输车等设备也往往由于消毒不严而成为传播疾病的重要媒介。

(5)垫料、粪便和羽毛的传播:病鸡粪便中含有大量病原体,病鸡使用过的垫料常被含有病原体的粪便、分泌物和排泄物污染,如不及时清除和更换这些垫料并严格消毒鸡舍,极易导致疾病传播。鸡马立克病病毒存在于病鸡羽毛中,如果对这种羽毛处理不当,可以成为该病的重要传播因素。

(6)混群传播:某些病原体往往不使成年鸡发病,但它们仍然是带菌、带毒和带虫者,具有很强的传染性。如果将后备鸡群或新购入的鸡群与成年鸡群混合饲养,会造成许多传染病暴发流行。由健康带菌、带毒和带虫的家禽而传播的疾病有鸡白痢沙门菌病、鸡毒支原体病、禽霍乱、鸡传染性鼻炎、禽结核、鸡传染性支气管炎、鸡传染性喉气管炎、鸡马立克病、球虫病、组织滴虫病等。

(7)其他动物和人的传播：自然界中的一些动物和昆虫如狗、猫、鼠、各种飞禽、蚊、蝇、蚂蚁、蜻蜓、甲壳虫、蚯蚓等都是鸡传染病的活体媒介。人常常在鸡病的传播中起着很大的作用，当经常接触鸡群的人所穿的衣服、鞋袜以及他们的体表和手被病原体污染后，如不彻底消毒，就会把病原体带到健康鸡舍而引起发病。

(二)鸡群防疫

散养鸡时，鸡接触病原菌多，必须认真按养鸡要求严格做好卫生消毒和防疫工作。

1. 环境卫生

(1)每天清除舍内粪便以及清扫补饲场地，保持鸡舍和补饲场地清洁干燥。

(2)对鸡粪、污物、病死鸡等进行无害化处理。

(3)定期用2%～3%烧碱或20%石灰乳对鸡舍及补饲场地进行彻底消毒(也可撒石灰粉)。

(4)用药灭蚊、灭蝇、灭鼠等。

2. 疾病控制

(1)按正常免疫程序接种疫苗。

(2)注意防治球虫病及消化道寄生虫病。经常检查，一旦发现，及时驱除。也可在饲料或饮水中添加抗球虫药物如氯苯胍、抗球王等，预防和减少球虫病发生。

(3)严禁闲杂人员往来。

3. 加强免疫

野外飞鸟、老鼠等可以将一些病的病原体传播给鸡，因此要加强免疫防病。

4. 预防性投药

预防性投药是一项有效控制疫病的重要措施。

(1)鸡白痢:对初生雏鸡自开食起,0～7日龄阶段,按饲料比例加入氯霉素0.05%,7日龄后按饲料比例加入0.02%的呋喃唑酮(7日龄前不用为好),或用磺胺敌菌净合剂。敌菌净(DVD,二甲氧苄氨嘧啶)是一种磺胺增效剂,磺胺与敌菌净的配比为5∶1,用量为饲料比例的0.02%。连续投药时间一般为5～7天。

(2)球虫病的预防

①球痢灵,按0.0125%的比例混入饲料,自15日龄起,连续投药30～45天。

②呋喃唑酮,按0.02%～0.04%比例混到饲料或饮水中(饮水用0.02%),自1～15日龄起,连用5～7天,隔1周再用1次。

③氨丙林,每千克饲料添加0.3克,连用10天,以后减半量再用14天。

(3)禽霍乱:饲料中加0.4%～0.5%长效磺胺(SMP),或按饲料量加入0.05%～0.1%土霉素,或加$(25～50)\times10^{-6}$喹乙醇,连续投药7～10天,以后根据具体情况再定。

三、圈养及过夜鸡舍的消毒

消毒是预防鸡病的一项重要措施,鸡场应具备必要的消毒设施和建立严格而切实可行的消毒制度,定期对鸡舍的地面、粪便、污物以及用具等进行消毒,防止鸡病的继续蔓延。

1.常用的消毒方法

常见的消毒方法有物理消毒法、生物热消毒法、化学消毒法等。

(1)物理消毒法:清扫、洗刷、日晒、通风、干燥及火焰消毒等是简单有效的物理消毒方法。清扫、洗刷等机械性清除则是鸡场使用最普通的一种消毒法,通过对鸡舍的地面和饲养场地的粪便、垫草及饲料残渣等的清除和洗刷，就能使污染环境的大量病原体一同被清除掉，由此而达到减少病原体对鸡群污染的机会。但机械性清除一般不能达到彻底消毒目的，还必须配合其他的消毒方法。太阳是天然的消毒剂，太阳射出的紫外线对病原体具有较强的杀灭作用，一般病毒和非芽孢性病原在阳光的直射下几分钟至几小时可被杀死，如供幼雏所需的垫草、垫料及洗刷的用具等使用前均要放在阳光下曝晒消毒，作为饲料用的谷物也要晒干以防霉变，因为阳光的灼热和蒸发水分引起的干燥也同样具有杀菌作用。

通风亦具有消毒的意义，在通风不良的鸡舍，最易发生呼吸道传染病。通风虽不能杀死病原体，但可以在短期内使鸡舍内空气交换、减少病原体的数量。

(2)生物热消毒法:生物热消毒也是鸡场常采用的一种消毒方法。生物热消毒主要用于处理污染的粪便及其垫草，污染严重的垫草将其运到远离鸡舍地方堆积，在堆积过程中利用微生物发酵产热，使其温度达 70℃以上，经过一段时间(25～30 天)，就可以杀死病毒、病菌(芽孢除外)、寄生虫卵等病原体而达到消毒的目的，同时可以保持良好的肥效。对于鸡粪便污染比较少，而潮湿度又比较大的地面可用草木灰直接撒上，起到消毒的作用。

(3)化学消毒法:应用化学消毒剂进行消毒是鸡场使用最广泛的一种方法。化学消毒剂的种类很多，如氢氧化钠(钾)、石灰、高锰酸钾、漂白粉、次氯酸钠、乳酸、酒精、碘酊、紫药水、煤酚皂溶液、新洁尔灭、福尔马林、苯酚、过氧乙酸、百毒杀、威力碘等多种化学药品都可以作为化学消毒剂，而消毒的效果如何，则取决于消毒剂的种类、药液的浓度、作用的时间和病原体的抵抗力以及所处的环境和性质，因此在选择时，可根据消毒剂的作用特点，选用对该病原体杀灭力强，又不损害消毒的物体，毒性小，易溶于水，在消毒的环境中比较稳定以及价廉易得和使用方便的化学消毒剂。有计划地对鸡生活的环境和用具等进行消毒。

①火碱:火碱又名氢氧化钠、苛性钠,杀菌作用很强,是一种药效长、价格便宜、使用最广泛的碱类消毒剂。火碱为白色固体,易溶于水和醇,在空气中易潮解,并有强烈的腐蚀性。

火碱常用于病毒性感染(如鸡新城疫等)和细菌性感染(如禽霍乱等)的消毒,还可用于炭疽的消毒,对寄生虫卵也有杀灭作用。用于鸡舍、环境、道路、器具和运输车辆消毒时,浓度一般在1.5%～2%。注意高浓度碱液可灼伤人体组织,对金属制品、漆面有损坏和腐蚀作用。

②生石灰:生石灰为白色或灰色块状物,主要成分是氧化钙(CaO)。它易吸收空气中的二氧化碳和水,逐渐形成碳酸钙而失效。加水后放出大量的热,变成氢氧化钙,以氢氧根离子起杀菌作用,钙离子也能与细菌原生质起作用而形成蛋白钙,使蛋白质变性。

生石灰对一般细菌有效,对芽孢及结核杆菌无效。常用于墙壁、地面、粪池及污水沟等的消毒。使用时,可加水配制成10%～20%的石灰乳剂,喷洒房舍墙壁、地面进行消毒;用生石灰粉对鸡舍地面撒布消毒,其消毒作用可持续6小时左右。

③高锰酸钾:高锰酸钾是一种使用广泛的强氧化剂,有较强的去污和杀菌能力,能凝固蛋白质和破坏菌体的代谢过程。高锰酸钾为暗紫色结晶,无嗅,易溶于水。使用时,0.1%的水溶液用于皮肤、黏膜创面冲洗及饮水消毒;0.2%～0.5%的水溶液用于种蛋浸泡消毒;2%～5%的水溶液用于饲养用具的洗涤消毒。

④漂白粉:漂白粉含氯石灰,是最常用的含氯化合物,为次氯酸钙与氢氧化钙的混合物,呈灰白色粉末,有氯臭味。漂白粉的杀菌作用与环境中的酸碱度有关,酸性环境中杀菌力最强,碱性环境中杀菌力较弱。此外,还与温度和有机物的存在有关,温度升高杀菌力也随着增强,环境中存在有机物时,也会减弱其杀菌力。

鸡场常用它对饮水、污水池、鸡舍、用具、下水道、车辆及排泄物等进行消毒。饮水消毒常用量为每立方米河水或井水中加4～8克漂白粉，拌匀，30分钟后可饮用。1%～3%澄清液可用于饲槽、水槽及其他非金属用具的消毒。污水池常用量为1立方米水中加入8克漂白粉(有效氯为25%)。10%～20%乳剂可用于鸡舍和排泄物的消毒。鸡舍内常用漂白粉作为甲醛熏蒸消毒的催化剂，其用量是甲醛用量的50%。

⑤次氯酸钠：次氯酸钠是一种含氯的消毒剂。含氯消毒剂溶于水中，产生的次氯酸愈多，杀菌力愈强。

常用于水和鸡舍内的各种设备、孵化器具的喷洒消毒。一般常用消毒液可配制为0.3%～1.5%。如在鸡舍内有鸡的情况下需要消毒时，可带鸡进行喷雾消毒，也可对地面、地网、墙壁、用具刷洗消毒。带鸡消毒的药液浓度配制一般为0.05%～0.2%，使用时避免与酸性物质混合，以免产生化学反应，影响消毒灭菌效果。

⑥乳酸：乳酸为无色澄明或微黄色的糖浆状液体，无嗅、味酸，能与水或醇任意混合。

乳酸对伤寒杆菌、大肠杆菌、葡萄球菌和链球菌具有杀灭和抑制作用，它的蒸汽或喷雾用于空气消毒，能杀死流感病毒及某些革兰阳性菌。用于空气消毒时，用量为每100立方米空间6～12毫升，加水24～48毫升，使其稀释成20%浓度，消毒30～60分钟。

⑦酒精：即乙醇，为无色透明的液体，易挥发和燃烧。一般微生物接触酒精后即脱水，导致菌体蛋白质凝结而死亡。杀菌力最强的浓度为75%。酒精对芽孢无作用，常用于注射部位、术部、手、皮肤等涂擦消毒和外科器械的浸泡消毒。

⑧碘酊：即碘酒，为碘与酒精混合配制成的棕色液体，常用的有3%和5%两种。碘酒杀菌力很强，能杀死细菌、病毒、霉菌、芽孢等，常用于鸡的细菌感染和外伤、注射部位、器械、术部及手的涂擦消毒，但对鸡皮肤有刺激作用。

⑨紫药水:紫药水对组织无刺激性,毒性很小,市售有1%~2%的溶液和醇溶液,常用于鸡群的啄伤,除治疗创伤外,还可防止创面再被鸡啄伤。

⑩煤酚皂溶液:即来苏水,是由煤酚、豆油、氢氧化钠、蒸馏水混合制成的褐色黏稠液体,有甲酚的臭味,能溶于水和醇。来苏水主要用于鸡舍、用具与排泄物的消毒。浓度一般为3%~5%;用于排泄物消毒时的浓度为5%~10%。

⑪苯扎溴铵:即溴苄烷铵,是一种毒性较低、刺激性小的消毒剂,为无色或淡黄色的胶状液体,芳香,味极苦,易溶于水。

新洁尔灭具有杀菌和去污两种效力,对化脓性病原菌、肠道菌及部分病毒有较好的杀灭能力,对结核杆菌及真菌的杀灭效果不好,对细菌芽孢一般只能起抑制作用。常用于手术前洗手、皮肤消毒、黏膜消毒及器械消毒,还可用于养鸡用具、种蛋的消毒。使用时,0.05%~0.1%水溶液用于手术前洗手;0.1%水溶液用于蛋壳的喷雾消毒和种蛋的浸涤消毒,此时要求液温为40~43℃,浸涤时间不超过3分钟;0.15%~2%水溶液可用于鸡舍内空间的喷雾消毒。

⑫含甲醛36%的水溶液,又称甲醛水。为无色带有刺激性和挥发性的液体,内含40%的甲醛,杀菌力强。生产中多采用甲醛与高锰酸钾按一定比例混合对密闭鸡舍、仓库、孵化室等进行熏蒸消毒。

⑬苯酚(石炭酸):常用2%~5%水溶液消毒污物和鸡舍环境,加入10%食盐可增强消毒作用。

⑭过氧乙酸(过醋酸):市售商品为15%~20%溶液,有效期6个月,应现用现配。0.3%~0.5%溶液可用于鸡舍、食槽、墙壁、通道和车辆喷雾消毒,0.1%可用于带鸡消毒。

⑮百毒杀:均为季铵盐类,具有较好的消毒效果,对多种细菌、霉菌、病毒及藻类都有杀灭作用,且无刺激性,可用于鸡舍、器具表

面消毒。常用0.1%溶液;带鸡消毒常用0.03%;饮水消毒可用0.01%浓度。

⑯威力碘:1∶(200～400)倍稀释后用于饮水及饮水工具的消毒;1∶100倍稀释后用于饲养用具、孵化器及出雏器的消毒;1∶(60～100)倍稀释后用于鸡舍带鸡喷雾消毒。

2. 消毒的先后顺序

鸡场消毒要先净道(运送饲料等的道路)、后污道(清粪车行驶的道路),先后备鸡场区、后蛋鸡场区,先种鸡场区、后育肥鸡场区,各鸡舍内的消毒桶严禁混用。

3. 消毒频率

一般情况下,每周要进行不少于1次的鸡舍和带鸡消毒。发病期间,坚持每天晚上带鸡消毒。

4. 消毒方法

(1)人员消毒:鸡场尤其是种鸡场或具有适度规模的鸡场,在圈养饲养区出入口处应设紫外线消毒间和消毒池。鸡场的工作人员和饲养人员在进入圈养饲养区前,必须在消毒间更换工作衣、鞋、帽,穿戴整齐后进行紫外线消毒10分钟,再经消毒池进入鸡场饲养区内。育雏舍和育成舍门前出入口也应设消毒槽,门内放置消毒缸(盆)。饲养员在饲喂前,先将洗干净的双手放在盛有消毒液的消毒缸(盆)内浸泡消毒几分钟。

消毒池和消毒槽内的消毒液,常用2%火碱水或20%石灰乳以及其他消毒剂配成的消毒液。浸泡双手的消毒液通常用0.1%苯扎溴铵或0.05%百毒杀溶液。鸡场通往各鸡舍的道路也要每天用消毒药剂进行喷洒。各鸡舍应结合具体情况采用定期消毒和临时性消毒。鸡舍的用具必须固定在饲养人员各自管理的鸡舍内,不准相互通用,同时饲养人员也不能相互串舍。

除此以外,鸡场应谢绝参观。外来人员和非生产人员不得随意进入圈养饲养区,场外车辆及用具等也不允许随意进入鸡场,凡进入圈养饲养区内的车辆和人员及其用具等必须进行严格地消毒,以杜绝外来的病原体带入场内。

(2)环境消毒:鸡舍周围环境每2～3个月用火碱液消毒或撒生石灰1次;场周围及场内污水池、排粪坑、下水道出口,每1～2个月用漂白粉消毒1次。

(3)鸡舍消毒:消毒程序大致是:清除、清扫→冲洗→干燥→第一次化学消毒→10%石灰乳粉刷墙壁和天棚→移入已洗净的笼具等设备并维修→第二次化学消毒→干燥→甲醛熏蒸消毒。清扫、冲洗、消毒要细致认真,一般先顶棚、后墙壁再地面。从鸡舍远离门口的一边到靠近门口的一边,先室内后环境,逐步进行,不允许留死角或空白。清扫出来的粪便、灰尘要集中处理,冲出的污水,使用过的消毒液要排放到下水道中,而不应随便堆置在鸡舍附近,或让其自由漫流,对鸡舍周围造成新的人为的环境污染。第一次消毒,要选择碱性消毒剂,如1%～2%火碱、10%石灰乳。第二次消毒,选择常规浓度的氯制剂、表面活性剂、酚类消毒剂、氧化剂等用高压喷雾器按顺序喷洒。第三次消毒用甲醛熏蒸,熏蒸时要求鸡舍的湿度在70%以上,温度10℃以上。消毒剂量为每立方米体积用甲醛42毫升加42毫升水,再加入21克高锰酸钾。1～2天后打开门窗,通风晾干鸡舍。各次消毒的间隔应在前一次清洗、消毒干燥后,再进行下一次消毒。

(4)用具消毒:蛋箱、蛋盘、孵化器、运雏箱可先用0.1%苯扎溴铵或0.2%～0.5%过氧乙酸消毒,然后在密闭的室内于15～18℃温度下,用甲醛熏蒸消毒5～10小时。鸡笼先用消毒液喷洒,再用水冲洗,待干燥后再喷洒消毒液,最后在密闭室内用甲醛熏蒸消毒。工作人员的手可用0.2%苯扎溴铵水清洗消毒,忌与肥皂共用。

(5)饮水消毒:饮水消毒,就是在水中加入适量的消毒剂,杀灭水中的病源微生物。目前,散养鸡腹泻现象比较普遍,原因大都是鸡用饮水中肠杆菌和沙门菌的含量超标,因此,要搞好鸡的饮水消毒。

①漂白粉:每 1000 毫升开水加 0.3～1.5 克或每立方米水加粉剂 6～10 支,拌匀后 30 分钟即可饮用。

②抗毒威:以 1∶5000 的比例稀释,搅匀后放置 2 小时,让鸡饮用。

③高锰酸钾:配成 0.01%的浓度,随配随饮,每周 2～3 次。

④百毒杀:用 50%的百毒杀以 1∶(1000～2000)的比例稀释,让鸡饮用。

⑤过氧乙酸:每千克水中加入 20%的过氧乙酸 1 毫升,消毒 30 分钟。

注意事项:使用疫(菌)苗前后 3 天禁用消毒水,以免影响免疫效果;高锰酸钾宜现配现饮,久置会失效;消毒药应按规定的浓度配入水中,浓度过高或过低,会影响消毒效果;饮水中只能放一种消毒药。

(6)带鸡消毒:指在鸡整个饲养期内定期使用有效消毒剂对鸡舍内环境和鸡体表喷雾,以杀灭或减少病原微生物,达到预防性消毒的目的。带鸡消毒要选择高效广谱,无毒无害,腐蚀性小,而黏附性较大的消毒药。常用的消毒药有新洁尔灭、百毒杀、过氧乙酸、次氯酸钠、复合酚(菌毒敌)等。

使用高压喷雾器,喷雾时选用雾滴大小为 80～100 微米的喷嘴喷洒,药物用量为每立方米 30 毫升,2 日喷 1 次,易发病季节 1 日喷 1 次,喷药距鸡体 50 厘米为好。首次鸡的消毒不低于 10 日龄,每次清粪后带鸡消毒 1 次。

用 50%百毒杀,按 1∶(2000～3000)倍稀释,每天喷雾 1～2 次,每隔 4 天再用 0.2%～0.3%的过氧乙酸喷雾 1 次。喷雾量视气温、鸡龄而定，气温低、鸡龄小、药浓度略高则喷雾量少些(50%的百毒杀按1∶1000倍稀释)。饲养后期除带鸡喷雾消毒外，若能结合饮水消毒[其浓度为50%的百毒杀按1∶(2000～3000)倍稀释长期饮用]效果更好。

过氧乙酸市售品浓度为16%～18%。若自行配制，可将300毫升冰醋酸、15.4毫升浓硫酸和150毫升过氧化氢(30%左右)按顺序混和好，放置24小时，即成浓度为18%的过氧乙酸。使用时，将过氧乙酸稀释成浓度为0.3%～0.5%的水溶液，进行喷雾消毒，每立方米空间用药30毫升左右，鸡舍每周至少喷3次，带鸡消毒既可做预防性消毒，又可做紧急消毒。当鸡群发生传染病时，每天消毒1～2次，连用3～5天可取得良好的效果。

消毒时应注意以下事项。

①鸡舍勤打扫，及时清除粪便、污物及灰尘，以免降低消毒质量。

②喷雾消毒时，喷口不可直射鸡，药液浓度和剂量要掌握准确，喷雾程度以地面、墙壁、屋顶均匀湿润和鸡体表稍湿为宜。

③水温要适当，防止鸡受冻感冒。

④消毒前应关闭所有门窗，喷雾15分钟后要开窗通气，使其尽快干燥。

⑤进行育雏室消毒时，事先把室温提高3～4℃，免得因喷雾降温而使幼雏挤压致死。

⑥各类消毒剂交替使用，每月轮换1次。

⑦鸡群接种弱毒苗前后3天内停止喷雾消毒，以免降低免疫效果。

(7)鸡粪消毒：把从鸡舍清理出来的鸡粪及污染物、垃圾等，在指定场所堆积发酵，可外覆塑料膜以提高发酵效果。对污染重的鸡粪可焚烧或深埋处理。

(8)病死鸡消毒：凡鸡场病鸡或不明原因死鸡一律装密闭容器

送兽医室剖检后，焚烧深埋或直接加生石灰深埋。

四、基础免疫

对健康的鸡群免疫接种是激发鸡机体内产生特异性抵抗力，使本来对某些传染病易感的鸡群转变为不易感群的一种有效的防病方法。有计划、有目的地对鸡群进行免疫接种，是预防、控制和扑灭鸡传染病的重要措施之一。尤其对鸡的病毒性传染病，如幼雏病毒性肝炎等疾病的预防措施中，免疫接种更具有关键性的作用。免疫接种通常可分为预防接种和紧急接种。

(一)预防接种

预防接种是在健康鸡群中还没有发生传染病之前，为了防止某些传染病的发生，有计划地定期使用疫(菌)苗对健康鸡群进行预防免疫接种。

1. 预防接种的方法

以病毒为中心的免疫预防接种，需要制定一个省力、经济、合理、预防效果好的预防接种计划，应根据各个地区、各个鸡场以及鸡的年龄、免疫状态和污染状态的不同因地制宜地结合本场鸡情况制定免疫计划。免疫计划或方案在一个鸡场只能相对地、最大限度地发挥其保护鸡群的作用，但随事物的发展也要逐年加以改进，为本场建立一个最佳方案。

疫苗接种法，可分注射、饮水、滴鼻滴眼、气雾和穿刺法，根据疫苗的种类，鸡的日龄、健康情况等选择最适当的方法。

(1)注射法：此法需要对每只鸡进行保定，使用连续注射器可按照疫苗规定数量进行肌内或皮下注射，此法虽然有免疫效果准确的一面，但也有捉鸡费力和产生应激等缺点。注射时，除应注意准确的注射量外，还应注意质量，如注射时应经常摇动疫苗液使其均匀。注射用具要做好预先消毒工作,尤其注射针头要准备充分,每群每舍都要更换针头,健康鸡群先注,弱鸡最后注射。注射法包括皮下注射和肌内注射两种方法。

①皮下注射:用大拇指和食指捏住鸡颈中线的皮肤向上提拉,使形成一个囊。入针方向,应自头部插向体部,并确保针头插入皮下。即可按下注射器推管将药液注入皮下。

②肌内注射:对鸡做肌内注射,有 3 个方法可以选择:第一,翼根内侧肌内注射,大鸡将一侧翅向外移动,露出翼根内侧肌肉即可注射,幼雏可左手握成鸡体,用食指、中指夹住一侧翅翼,用拇指将头部轻压,右手握注射器注入该部肌肉中。第二,胸肌注射,注射部位应选择在胸肌中部(即龙骨近旁),针头应沿胸肌方向并与胸肌平面成 45°角向斜前端刺入,不可太深,防止刺入胸腔。第三,腿部肌内注射,因大腿内侧神经、血管丰富,容易刺伤。以选大腿外侧为好,这样可避免伤及血管、神经引起跛行。

(2)饮水免疫法:将弱毒苗加入饮水中进行免疫接种。饮水免疫往往不能产生足够的免疫力,不能抵御毒力较强的毒株引起的疾病流行。为获得较好的免疫效果,应注意以下事项。

①饮水免疫前 2 天、后 5 天不能饮用任何消毒药。

②饮疫苗前停止饮水 4～6 小时,夏季最好夜间停水,清晨饮水免疫。

③稀释疫苗的水最好用蒸馏水,应不含有任何使疫苗灭活的物质。

④疫苗饮水中可加入 0.1%脱脂乳粉或 2%牛奶(煮后晾凉去皮)。

⑤疫苗用量要增加,通常为注射量的 2～3 倍。

⑥饮水器具要干净,并不残留洗涤剂或消毒药等。

⑦疫苗饮水应避免日光直射,并要求在疫苗稀释后 2～3 小时内饮完。

⑧饮水器的数量要充足，保证 3/4 以上的鸡能同时饮水。

⑨饮水器不宜用金属制品，可采用陶瓷、玻璃或塑料容器。

(3)滴鼻滴眼法：通过结膜或呼吸道黏膜而使药物进入鸡体内的方法，常用于幼雏免疫。按规定稀释好的疫苗充分摇匀后，再把加倍稀释的同一疫苗，用滴管或专用疫苗滴注器在每只幼雏的一侧眼膜或鼻孔内滴 1～2 滴。滴鼻可用固定幼雏手的食指堵着非滴注的鼻孔，加速疫苗吸入，才能放开幼雏。滴眼时，要待疫苗眼周扩散后才能放开幼雏。

(4)气雾免疫法：对呼吸道疾病的免疫效果很理想，简便有效，可进行大群免疫。对呼吸道有亲嗜性的疫苗Ⅱ、疫苗Ⅲ、疫苗Ⅳ系弱毒疫苗和传染性气管炎强毒疫苗等气雾免疫效果特好。

①选择专用喷雾器，并根据需要调整雾滴。

②配疫苗用量，一般 1000 羽所需水量 200～300 毫升，也可根据经验调整用量。

③平养鸡可集中一角喷雾，把鸡舍分成两半，中间放一栅栏，幼雏通过时喷雾，也可接种人员在鸡群中间来回走动，至少来回 2 次。

④喷雾时操作者可距离鸡 2～3 米，喷头和鸡保持 1 米左右的距离，成 45°角，距离鸡头上方 50 厘米，使雾粒刚好落在鸡的头部。

⑤气雾免疫应注意的问题：所用疫苗必须是高效价的，并且为倍量；稀释液要用蒸馏水或去离子水，最好加 0.1%脱脂乳粉或明胶；喷雾时应关闭鸡舍门窗，减少空气流通，避开直射阳光，待全舍喷完后 20 分钟方可打开门窗；降低鸡舍亮度，操作时力求轻巧，减少对鸡群的干扰，最好在夜间进行；为防止继发呼吸道病，可于免疫前后在饮水、饲料中加抗菌药物。

(5)刺种法：刺种的部位在鸡翅膀内侧皮下。在鸡翅膀内侧皮下，选羽毛稀少，血管少的部位，按规定剂量将疫苗稀释后，用洁净的疫苗接种针蘸取疫苗，在翅下刺种。

(6)滴肛或擦肛法:适用于传染性喉气管炎强毒性疫苗接种。接种时,使鸡的肛门向上,翻出肛门黏膜,将按规定稀释好的疫苗滴一滴,或用棉签或接种刷蘸取疫苗刷 3~5 下,接种后应出现特殊的炎症反应。9 天后即产生免疫力。

2. 预防用药程序

(1)1~7 日龄。

①保健。

目的:预防雏鸡白痢、脐带炎、大肠杆菌、支原体等垂直传播的疾病,阻断病原体在雏群内的传播;减少雏鸡因运输、防疫、转群等造成的应激;补充营养,促进卵黄吸收;增强机体抗病、抗应激能力,促进雏鸡生长。

推荐用药:维雏康+维力舒或维生素 B_1+维生素 B_2+维生素 A+维生素 D_3+维生素 C+电解多维+抗菌药(维欣、索福特等)。

方法:维雏康每瓶供 500 只雏禽连用 1~7 日龄,连续饮水使用;维力舒按 1∶5000 倍的比例自由饮水使用。

②预防。

1 日龄

目的:预防马立克病,用马立克病双价苗。

推荐用药:5%葡萄糖+维力舒。

方法:颈部皮下注射 0.2 毫升(孵化场已用药的不要再做)。

说明:5%葡萄糖只需在进雏后的 24 小时内饮水使用;维力舒连续使用 3~5 天。

3 日龄

目的:预防肾型传染性支气管炎(推荐使用,根据地方免疫方法和种鸡的免疫程序选择使用)。

推荐用药:肾型传染性支气管炎疫苗、多价肾型传染性支气管炎疫苗、28/86 等。

方案：疫苗＋PHA（植物血凝素）或聚肌胞。

方法：点眼、滴鼻或饮水。

说明：目前，国内生产的肾型传染性支气管炎疫苗有较好的效果，在传染性支气管炎流行季节或地区应用该苗是有必要的，尽可能在早期免疫。

7 日龄

目的：预防新城疫及传染性支气管炎。防止免疫空白期发病，增强免疫的接种效果。

推荐用药：活苗（克隆 30＋28/86＋H120 或Ⅳ系＋H120）、灭活（复合新城疫-多价传支二联油苗或新-支-流三联多价油苗）、免疫增强剂（PHA（植物血凝素）或聚肌胞）。

方法：活苗点眼、滴鼻；灭活苗颈部皮下注射 0.3～0.5 毫升/只；PHA 或聚肌胞：1000 羽/瓶，集中饮用，2 小时内饮完，饮前控水 2 小时。疫苗饮水时可以和 PHA 或聚肌胞一起使用。

（2）8～10 日龄：预防用药。

目的：预防因免疫接种引起的各种应激反应、呼吸道疾病及肠道感染。

方案：维尔泰（罗红、泰乐、强力霉素等）或培福＋维力舒。

方法：维尔泰、培福每瓶兑水 200 千克，饮水使用；维力舒按 1∶3000 倍的比例自由饮水，连续使用 2 天。断喙时饲料中应加入维生素 K_3 粉，饮用维力舒。

（3）11～13 日龄：预防球虫。

目的：第一次防球虫，以防止球虫引起的免疫抑制，影响免疫效果。

推荐用药：球维灵、维克利或常山、青蒿等。

方法：球维灵每瓶兑 100 千克水，全天饮水量集中 2 小时饮用，连用 2 天即可。维克利每瓶兑 400 千克水自由饮用。

说明：整个饲养期一般需防 3～5 次球虫，最好选用 2～3 种球虫药(球维灵、美球乐等)交替使用。

(4)12～14 日龄:预防免疫。

目的:预防传染性法氏囊炎。

推荐用药:双价、三价或多价传染性法氏囊中等毒力活疫苗。

方法:滴口或 2 倍量饮水＋PHA,或聚肌胞:1000 羽/瓶,集中饮用,2 小时内饮完,饮前控水 2 小时。

说明:接种任何疫苗前后两天都要使用维力舒,按 1∶3000 倍的比例自由饮水,连续使用 2 天。

(5)15～17 日龄:预防用药。

目的:法氏囊疫苗是中强毒疫苗,对肠道、呼吸道都有很大应激,应及时做好药物预防。

方案:畅美＋维尔泰(罗红、泰乐、强力霉素等)或菲宝。

方法:畅美每瓶兑水 100 千克,饮水使用;维尔泰每瓶兑水 200 千克,饮水使用。菲宝每瓶兑水 400 千克,自由饮用。

(6)18 日龄:预防鸡痘。

鸡痘疫苗 1 羽份,翅底无毛处刺种。

(7)17～20 日龄

①预防用药

目的:此阶段是大肠杆菌、支原体等疾病的高发期,应及时做好药物预防,保护肠道黏膜,清除肠道毒素。

推荐用药:培福或卡拉奇或维欣或奇通。

方法:培福或卡拉奇或维欣或奇通每瓶兑水 200 千克,算出全天用药量,分 2 次集中饮用。

②保肝健肾

目的:预防因长期使用药物给肾脏造成负担和损伤,对肝脏和肾脏进行保护和修复,增强肝肾功能。

推荐用药:普通。

方法:每瓶兑水 200 千克,自由饮水;最好是晚上使用。

评价：普通为中西结合保肝健肾药，弥补了以往健肾药只健肾不保肝的不足，长期应用不会腹泻。

说明：饲养过程中每 10～15 天用一次普通，保肝健肾。

(8)21 日龄：加强免疫。

目的：预防新城疫。

推荐用药：用Ⅵ系或 C30 三倍量饮水。

方法：疫苗＋PHA，或聚肌胞：1000 羽/瓶，集中饮用，2 小时内饮完，饮前控水 2 小时。

说明：如果 7 日龄时注射新城疫灭活疫苗，也可以推至 24～27 日龄再免。

(9)22～24 日龄：预防用药。

目的：预防因免疫接种引起的各种应激反应及呼吸道疾病。

方案：维尔泰(罗红、泰乐、强力霉素、氧氟沙星等)/爱维尔＋维力舒。

方法：维尔泰每瓶兑水 200 千克，饮水使用；维力舒按1∶3000 倍的比例自由饮水，连续使用 2 天。

(10)23～26 日龄：预防肠炎、球虫。

方案：维炎速治或畅美或普惠或舒丰。

方法：维炎速治、普惠、舒丰每瓶兑水 200 千克，畅美每瓶兑水 100 千克，饮水使用。

(11)28 日龄：加强免疫。

目的：预防传染性法氏囊炎。

推荐用药：双价、三价或多价传染性法氏囊中等毒力活疫苗。

方法：滴口或 2 倍量饮水＋PHA，或聚肌胞：1000 羽/瓶，集中饮用，2 小时内饮完，饮前控水 1 小时。

(12)29～31 日龄：预防用药。

目的：应加强预防大肠杆菌及各种病毒病的发生。

推荐用药：培福或卡拉奇或维欣或奇通。

方法:培福或卡拉奇或维欣,每瓶兑水 200 千克,算出全天用药量,分 2 次集中饮用。奇通与前 3 种药分开使用,方法相同。

(13)35～40 日龄:加强免疫。

目的:预防传染性支气管炎。

推荐用药:H52 传染性支气管炎活疫苗。

方法:滴口或 2 倍量饮水+PHA、聚肌胞。

药物预防

目的:预防因免疫接种引起的各种应激反应、呼吸道疾病及肠道感染。

方案:维尔泰(罗红、泰乐、强力霉素等)或培福或爱美多+维力舒。

方法:维尔泰、培福、爱美多每瓶兑水 200 千克,饮水使用;维力舒按 1∶3000 倍的比例自由饮水,连续使用 3 天。

(14)40 日龄:免疫接种。

目的:预防禽流感。

推荐用药:禽流感灭火疫苗(H9H5)。

方法:胸部肌内注射 0.5 毫升/只。

说明:每一批鸡都要进行 3～5 次的流感苗免疫接种,才能起到更高的免疫力和保护率,保证产蛋持续更高的产蛋高峰,免受流感病毒的侵袭。

(15)40～50 日龄:药物预防。

目的:预防球虫肠炎,提高机体免疫力。

推荐用药:美球乐或维炎速治或畅美。

方法:美球乐每瓶兑水 200 千克,首用量加倍。维炎速治和畅美分别 200 千克、100 千克自由饮用,连用 3 天。

(16)50～55 日龄。

①疫苗接种

目的:预防传染性喉气管炎。

推荐用药：传染性喉气管炎苗。

用法用量：1 倍量滴鼻点眼涂肛。

说明：因传喉疫苗刺激性比较大，所以采用滴鼻、点眼、涂肛法（没有发病的鸡场不用免疫）。传染性喉气管炎疫苗刺激性比较大，前一两天有轻微的呼吸道反应，是正常的疫苗反应，会自行恢复，如果越来越严重就说明有其他并发症，要进行必要的药物预防。

②药物预防

目的：预防疫苗应激引起的呼吸道疾病，特别是支原体所引起的慢性呼吸道病。

推荐用药：维尔泰（罗红、泰乐、强力霉素等）或培福或爱美多＋维力舒。

方法：维尔泰、培福、爱美多每瓶兑水 200 千克，饮水使用；维力舒按 1∶3000 倍的比例自由饮水，连续使用 2 天。

说明：传染性喉气管炎疫苗刺激性比较大，前一两天有轻微的呼吸道反应，是正常的疫苗反应，会自行恢复，如果越来越严重就说明有其他并发症，要进行必要的药物预防。

(17)6～65 日龄 60 日龄：免疫接种。

推荐用药：新城疫Ⅰ系。

方法：胸部肌内注射 1 羽份/只。

说明：在肌内注射新城疫Ⅰ系的同时要每只鸡进行体内驱虫，建议用左旋咪唑 25 毫克/只，不但有驱虫作用还有对疫苗的增效作用。

(18)63～65 日龄：药物预防。

目的：此时鸡只最易发病毒性和细菌性疾病混合感染，建议用药物提前预防。

推荐用药：利特/爱维尔或利特＋聚肌胞/PHA。

(19)70～80 日龄：药物预防。

目的:防治球虫,为育成鸡打造一个健康的消化系统,为高产做铺垫。

推荐用药:美球乐或球维灵。

(20)80 日龄:免疫接种(根据日龄情况而定)。

推荐用药:鸡痘弱毒疫苗。

方法:1 羽份/只翼部皮下无血管处。

说明:两次鸡痘苗可根据本批鸡日龄情况而定,一般在 7～9 月份之前 20 天就开始做苗,可起到很好的预防作用。两次疫苗可任选择一次。7～10 天后可观察刺种处是否结痂,如有则接种成功。

(21)90 日龄:免疫接种。

推荐用药:传染性喉气管炎疫苗。

方法:涂肛法 1 羽份/只。

说明:由于此日龄鸡只比较大,不适合点眼法做苗,为了防止发生疫苗应激反应,最好采用涂肛法,减少发生呼吸道疾病。

(22)91～95 日龄:药物预防。

目的:预防疫苗应激引起的支原体。

推荐用药:维尔泰或奇红或卡拉奇。

(23)102～104 日龄保健预防。

目的:保肝护肾,预防肠炎。

推荐用药:普通+依力科。

说明:普通晚间饮水,依力科拌料,有效预防肠炎热痢,防止因换料引起的肠道菌群失调所引起的下痢。

(24)110 日龄免疫:预防接种。

目的:预防减蛋综合征(EDS-76)。

推荐用药:新-减二联苗或减蛋综合征单价苗。

用法用量:胸部肌内注射 0.5 毫升/只。

说明:在开产前减蛋综合征必须要接种,才能保证产蛋高峰期不受此病的影响而减蛋。

(25)115～117 日龄：药物预防。

目的：抗菌消炎，防大肠杆菌、迟发型白痢、禽霍乱等，对于准备开产的蛋鸡输卵管、卵巢进行预防性消炎，保证卵巢、输卵管顺利排卵。

推荐用药：维欣或欣奇或爱美多或培福或索福特。

说明：以上药物任选一种，1 天 1 次，集中饮水投服。同时料里可添加中药散剂依力科拌料，连用 3～5 天。

(26)120 日龄。

推荐用药：免疫接种新城疫Ⅰ系疫苗、禽流感油苗(含 H5、H9)。

方法：胸部肌内注射新城疫Ⅰ系 1 羽份/只；禽流感苗 1 毫升/只。

说明：此日龄如果体内还有寄生虫的话可在用左旋咪唑或丙硫咪唑 25 毫克/只口服。

(27)130 日龄以后：抗菌消炎、保肝护肾、提高免疫力。

目的：鸡群此时有产蛋的，刚开产的鸡只处于产蛋应激，很容易引起应激性死亡，必须要加强机体抗应激的能力。

推荐用药：爱维尔/利特/PHA/聚肌胞＋爱美多或培福或索福特或维欣或欣奇＋普通。

说明：配方中普通都要晚上单独使用，不可以配合在一起用。

备注：

①此程序只作参考使用，根据当地的情况结合使用。

②当鸡群产蛋在 5%、20%、50%、80%时要进行输卵管消炎，必要时可以提高机体抵抗力添加利特、PHA、聚肌胞、爱维尔等多种增强免疫力的药。

③定期饲料里添加中药散剂拌料如清瘟败毒散、扶正解毒散、依力科等，一般建议 20～30 天为 1 个疗程，预防保健效果很好，减

少疾病的发生。

④产蛋高峰期后,每个月要进行一个疗程的保肝健肾。如普通。

⑤每个月要进行定期输卵管消炎、抗病毒,保证产蛋高峰期维持较长时间。

⑥在进入产蛋高峰期后要30~45天进行免疫接种,可选择新城疫Ⅳ系或克隆30进行3~4倍量饮水免疫,同时加入免疫增强剂(PHA、聚肌胞、黄芪多糖等),有效提高疫苗抗体效价。

⑦产蛋到250日龄时要进行禽流感疫苗注射,以补充体内的抗体水平,保证蛋鸡少受流感病毒的侵袭。否则在250日龄后抗体下降,受H9型感染后会出现严重的产蛋下降,甚至绝产,导致严重的经济损失。

⑧定期在饮水中添加维力舒,1∶3000倍使用。可以有效提高蛋鸡的免疫力,降低大肠杆菌的发病率,提高产蛋量,加深蛋黄的颜色,提高经济效益。

(二)购苗及防疫注意事项

(1)要购买有国家批准文号的正式厂家的接种疫苗,不要购买无厂址、批批准文号的非正式厂家的疫苗。

(2)要从有经营权的单位购买疫苗,同时还要看其保存条件是否合格,有无冰箱、冰柜、冷库等冷藏设施,无上述条件请不要购买。

(3)要详细了解疫苗运输和保存的条件。一般要求疫苗冷藏包装运输,收到疫苗后,应立即放在低温环境中保存。保存时限,因不同温度而异,各种疫苗都有具体规定。凡是超过了一定温度范围都不能使用。

(4)瓶子破裂、发霉、无标签或者无检号码的疫苗,不能使用。

(5)液体疫苗使用前要用力摇匀,冻干苗要按说明的规定稀释,并充分摇匀,现配现用。剩余疫苗不能再用,废弃前要煮沸消毒。用完的活疫苗瓶同样需要煮沸消毒，因为活疫苗是具毒力的病毒，一旦条件适宜，病毒毒力返强又会侵袭鸡群。

(6)疫苗接种用的注射器、针头、镊子、滴管和稀释的瓶子要先清洗并煮沸消毒 15～30 分钟，不要用消毒药煮沸消毒。

(7)疫苗稀释过程应避光、避风尘和无菌操作，尤其是注射用疫苗应严格无菌操作。

(8)疫苗稀释过程中一般应分级进行，对疫苗瓶应用稀释液冲洗 2～3 次。稀释好的疫苗应尽快用完，尚未使用的也应放在冰箱或冰水桶中冷藏。

(9)免疫接种前要了解当地鸡群的健康状况。在传染病流行期间，除了有些病可紧急接种疫苗外，一般不能免疫接种。

(10)做好预防接种记录，内容包括接种日期，鸡的品种，日龄，数量，接种名称，生产厂家，批号，生产日期和有效期，稀释剂和稀释倍数，接种方法，操作人员，免疫反应等。

第四节　蛋鸡常见病的防治

对已经发病的鸡群要严格实行隔离，采取“早、快、严、小”的防病措施，及时诊断，及时扑灭。发病鸡场要严密封锁，进行彻底消毒，报告疫情，采取综合预防措施。

一、鸡病的判断

病鸡的检查主要包括全群状态观察和个体检查。通过检查，进行综合分析，仅能做出初步判断，要想确诊还需进一步做病理剖检和实验室诊断，再根据临床症状、特殊病变和病原，做出最后诊断。

1. 群体检查

(1)一般状态观察:注意观察鸡对外界刺激的反应,饮食状况,活动情况等。健康鸡反应敏捷,活泼好动,均匀地散布在鸡舍之中,不时觅食或啄羽,食欲旺盛,给食时拥向食槽,争先抢食。病鸡精神不振,反应迟钝,呆立不动或伏卧地上,发病只数多时,则常积聚在一起或挤在某一角落,食欲减退,对饲料无兴趣或拒食,或只吃几口便停食。

(2)鸡冠、肉髯状态观察:健康公鸡的冠较母鸡冠大而厚,冠直立,颜色鲜红、肥润、软柔、有光泽,肉髯左右大小相称、鲜红。病鸡的冠、髯常呈苍白、蓝紫或发黄变冷,发生鸡痘时,冠上有许多结痂或水疱、脓疱等。

(3)羽毛状态观察:健康鸡的羽毛整洁,排列匀称,富有光泽。刚出壳的雏鸡,被毛为细密的绒毛,颜色稍黄。病鸡羽毛蓬乱、污秽、无光泽,提前或推迟换羽,有的还有脱毛现象。病雏延迟生毛,绒毛呈结节状或卷缩。

(4)肛门及粪便状态观察:健康鸡的肛门及其周围的羽毛清洁,排出的粪便不软不硬,多呈圆柱形,粪色多为棕绿色(但常与饲料有关),粪的表面一侧附有少量白色沉淀物。病鸡肛门松弛,腹泻时肛门周围羽毛潮湿,被粪汁污染。粪中黏液增多,或带有血液。雏鸡白痢常见粪便将肛门阻塞不通,虽有频频排粪姿势,但不见粪便排出,病雏发出“吱吱”的叫声;高产母鸡可发生肛门外翻。

(5)姿势与体态观察:健康鸡站立平稳,或以一脚站立休息,运步轻快,两翅协调、敏捷,收缩完全,关节和趾腿伸屈自如,落地有力,躯体结构匀称病鸡站立不动或站立不稳,甚至卧地;或两翅收缩无力,不能紧贴肋骨,呈翅膀下垂支地,羽毛松乱、运动时两翅勉强缓慢移动,关节伸屈无力,或关节肿大、麻痹、变形等。

(6)呼吸状态观察:健康鸡呼吸时没有声音,也无其他特殊表现。病鸡呼吸较快、咳嗽、张口伸颈，或发出各种呼吸音。鸡支原体病时，发出“呼呼”声。鸡白喉和鸡新城疫时，发出“咯咯”声等。

(7)了解产蛋量的变化：产蛋的变化是标志鸡群健康状况与否的重要指标，产蛋率高，则提示鸡群内无疾病感染，若产蛋率下降或偏低，则说明鸡群内有疾病或其他因素干扰。

2. 个体检查

全群观察后，挑出有异常变化的典型病鸡，做个体检查。

(1)体温检查：鸡测温须用高刻度的小型体温计，从泄殖腔或腑下测温。如通过泄殖腔测温，将体温计消毒涂油润滑后，从肛门插入直肠(右侧)2～3 厘米经 1～2 分钟取出，注意不要损伤输卵管。鸡的正常体温为 39.6～43.6℃，体温升高，见于急性传染病、中暑等；体温降低，见于慢性消耗性疾病、贫血、下痢等。

(2)头部检查

①喙检查：注意检查喙的硬度、颜色，上、下喙是否吻合或变形等。

②鼻孔和鼻腔检查：鼻有分泌物，是鼻道疾病最显著的特征之一、检查时应注意分泌物的量和性状。

③眼睛检查：注意观察结膜的色泽，有无出血点和水肿，角膜的完整性和透明度。

④口腔检查：将鸡上下喙拨开或拉开，并用手指顶压喉部，则可观察到口腔黏膜、舌、咽喉等。注意观察口腔内有无假膜、炎症、充血、出血、水肿或黏稠分泌物等。

(3)嗉囊检查：常用视诊和触诊检查嗉囊，并可一手握持鸡腿，使鸡头部向下，另一手由嗉囊基都轻捏，压出部分内容物。注意嗉囊的大小、硬度及内容物的气味、性状。

(4)胸部检查：触摸胸骨两侧肌肉，了解鸡的营养状况(胸肌厚薄)。同时注意胸骨、肋骨有无变形，是否有痛，有无囊肿、皮下水肿、气肿等,当胸骨两侧肌肉消瘦,胸骨凸出,多见于马立克病、淋巴白血病等慢性传染病,当饲料中长期缺钙或维生素 D 时,鸡胸骨变薄,变成弯曲状态。

(5)腹部检查:用视诊和触诊方法检查腹部,注意腹部的大小、腹壁的柔韧性。在左侧后下部还可触到部分夹在左、右肝叶之间的肌胃,触摸产蛋鸡的肌胃时,注意不应与蛋相混淆,肌胃较扁平,呈椭圆形或圆形,两侧突起,而蛋呈椭圆形,一头钝圆,另一头较尖圆,位于腹腔上侧近泄殖腔外。补生弱雏肌胃呈面团状。触诊肠环,可触摸到硬的粪块,盲肠呈棍棒状,提示为球虫病或盲肠肝炎等。

(6)泄殖腔检查:可用拇指和食指翻开泄殖腔,观察其黏膜的色泽,完整性及其状态。若怀疑有囊肿、难产等,可先用凡士林涂擦食指,然后小心伸入泄殖腔内触摸鉴别。

(7)腿和关节检查:注意检查腿的完整性、韧带关节的连接状态和骨骼的形状。鸡维生素 B_2 缺乏时,足趾弯曲,行走困难;神经性鸡马克立病常见腿麻痹,呈“大劈叉”姿势。

3. 鸡病的病理剖检

鸡的病理剖检在禽病诊治中具有重要的指导意义,这一点已为广大禽病技术服务人员所重视。因此如鸡场中出现的病、残或死鸡尽快进行尸体剖检,以便及时发现鸡群中存在的潜在问题,防止疾病的爆发和蔓延。

(1)病理剖检的准备

①剖检地点的选择:应在远离生产区的下风处,尽量远离生产区,避免病原的传播。

②剖检器械的准备:对于鸡剖检,一般有剪刀和镊子即可工作。另外可根据需要准备骨剪、肠剪、手术刀、搪瓷盆、标本缸、广口瓶、消毒注射器、针头、培养皿等,以便收集各种组织标本。

③剖检防护用具的准备：工作服、胶靴、一次性医用手套或橡胶手套、脸盆或塑料小水桶、消毒剂、肥皂、毛巾等。

④尸体处理设施的准备：对剖检后的尸体应进行焚烧或深埋。

(2)病理剖检的注意事项

①在进行病理剖检时，如果怀疑待检的鸡已感染的疾病可能对人有接触传染时(如鸟疫、丹毒、禽流感等)，必须采取严格的卫生预防措施。剖检人员在剖检前换上工作服、胶靴、配戴优质的橡胶手套、帽子、口罩等，在条件许可的条件下最好戴上面具，以防吸入病禽的组织或粪便形成的尘埃等。

②在进行剖检时应注意所剖检的病(死)鸡应在鸡群中具有代表性。如果病鸡已死亡则应立即剖检(一般应在死后 24 小时内剖检，夏天在死后 8 小时内剖检)，应尽可能对所有死亡鸡进行剖检。

③剖检前应当用消毒药液将病鸡的尸体和剖检的台面完全浸湿。

④剖检过程应遵循从无菌到有菌的程序，对未经仔细检查且粘连的组织，不可随意切断，更不可将腹腔内的管状器官(如肠道)切断，造成其他器官的污染，给病原分离带来困难。

⑤剖检人员应认真地检查病变，切忌草率行事。如需进一步检查病原和病理变化，应取病料送检。

⑥在剖检中，如剖检人员不慎割破自己的皮肤，应立即停止工作，先用清水洗净，挤出污血，涂上药物，用纱布包扎或贴上创口帖；如剖检的液体溅入眼中时，应先用清水洗净，再用 20%的硼酸冲洗。

⑦剖检后，所用的工作服、剖检的用具要清洗干净，消毒后保存。剖检人员应用肥皂或洗衣粉洗手，洗脸，并用 75%的酒精消毒手部，再用清水洗净。

(3)病理剖检的程序：病理剖检一般遵循由外向内，先无菌后污染，先健部后患部的原则，按顺序，分器官逐步完成。

①活鸡应首先放血处死、死鸡能放出血的尽量放血，检查并记录患鸡外表情况，如皮肤、羽毛、口腔、眼睛、鼻孔、泄殖腔等有无异常。

②用消毒液将禽尸羽毛沾湿或浸湿，避免羽毛、尘屑飞扬，然后将鸡尸放在解剖盘中或塑料布上。

③用刀或剪把腹壁和两侧大腿间的疏松皮肤纵向切开，剪断连接处的肌膜，两手将两股骨向外压，使股关节脱臼，卧位平稳。

④将龙骨末端后方皮肤横行切断，提起皮肤向前方剥离并翻置于头颈部，使整个胸部至颈部皮下组织和肌肉充分暴露，观察皮下、胸肌、腿肌等处有无病变，如有无出血、水肿，脂肪是否发黄，以及血管有无淤血或出血等。

⑤皮下及肌肉检查完之后，在胸骨末端与肛门之间做一切线，切开腹壁，再顺胸骨的两边剪开体腔，以剪刀就肋骨的中点，由后向前将肋骨、胸肌、锁骨全部剪断，然后将胸部翻向头部，使体腔器官完全暴露。然后观察各脏器的位置、颜色、有无畸形，浆膜的情况如有无渗出物和粘连，体腔有无积水、渗出物或出血。接着剪断腺胃前的食管，拉出胃肠道、肝和脾，剪断与体腔的联系，即可摘出肝、脾、生殖器官、心、肺和肾等进行观察。若要采取病料进行微生物学检查，一定要用无菌方法打开体腔，并用无菌法采取需要的病料(肠道病料的采集应放到最后)后再分别进行各脏器的检查。

⑥将鸡尸的位置倒转，使头朝向剖检者，剪开嘴的上下连合，伸进口腔和咽喉，直至食管和食道膨大部，检查整个上部消化道，以后再从喉头剪开整个气管和两侧支气管。观察后鼻孔、腭裂及喉口有无分泌物堵塞；口腔内有无伪膜或结节；再检查咽、食道和喉、气管黏膜的颜色，有无充血、出血、黏液和渗出物。

⑦根据需要，还可对鸡的神经器官如脑、关节囊等进行剖检。脑的剖检可先切开头顶部皮肤，从两眼内角之间横行剪断颧骨，再从两侧剪开顶骨、枕骨，掀除脑盖，暴露大、小脑，检查脑膜以及脑

髓的情况。

(4)病理材料的采集与送检

①病理材料的采集:送检时,应送整个新鲜病死鸡或病重的鸡,要求送检材料具有代表性,并有一定的数量;送检为病理组织学检验时,应及时采集病料并固定,以免腐败和自溶而影响诊断;送检毒物学检查的材料,要求盛放材料的容器要清洁,无化学杂质,不能放入防腐消毒剂。送检的材料应包括肝脏、胃、肠内容物,怀疑中毒的饲料样品,也可送检整个鸡的尸体;送检细菌学、病毒学检查的材料,最好送检具有代表性的整个新鲜病死鸡或病重鸡到有条件的单位由专业技术人员进行病料的采集。

②病理材料的送检:将整个鸡的尸体放入塑料袋中送检;固定好的病理材料可放入广口瓶中送检;毒物学检验材料应由专人保管、送检,并同时提供剖检材料,提出可疑毒物等情况;送检材料要有详细的说明,包括送检单位、地址、鸡的品种、性别、日龄、病料的种类、数量、保存及固定的方法、死亡日期、送检日期、检验目的、送检人的姓名。并附临床病例的情况说明(发病时间、临床症状、死亡情况、产蛋情况、免疫及用药情况等)。

二、鸡的给药方法

药物种类繁多,有些药物需要通过固定的途径进入机体才能发挥作用。另外,一些药物,不同的给药途径,可以发挥不同的药理作用。因此,临床上应根据具体情况选择不同的给药方法。

1. 群体给药法

(1)饮水给药法:即将药物溶解于水中,让鸡自由饮水的同时将药液饮入体内。对易溶于水的药物,可直接将药物加入水中混合均匀即可。对难溶于水中的药物,可将药物加入少量水中加热,搅拌或加助溶剂,待其达到一定程度的溶解或全溶后,再混入全量饮水中,也可将其做悬液再混入饮水中。

(2)混饲给药:是鸡疾病防治经常使用的方法,将药物混合在饲料中搅拌均匀即可。但少量药物很难和大量的饲料混合均匀,可先将药物和一种饲料或一定量的配合饲料混合均匀,然后再和较大量的饲料混合搅拌,逐级增大混合的饲料量,直至最后混合搅拌均匀。

(3)气雾给药:是通过呼吸道吸入或作用于皮肤黏膜的一种给药法。由于鸡肺泡面积很大,并有丰富的毛细血管,用此法给药时,药物吸收快,药效出现迅速,不仅能起到局部作用,也能经肺部吸收后呈现全身作用。

2. 个体给药法

(1)口服法:指经人工从口投药,药物口服后经胃、肠道吸收而作用于全身或停留在胃、肠道发挥局部作用。对片剂、丸剂、粉剂,用左手食指伸入鸡的舌基部将舌拉出并与拇指配合固定在下腭上,右手将药物投入。对液体药液,用左手拇指和食指抓住冠和头部皮肤,使向后倒,当喙张开时,即用右手将药液滴入,令其咽下,反复进行,直到服完。也可用鸡的输导管,套上玻璃注射器,将喙拨开插入导管,将注射器中的药液推入食道。

(2)肌内注射法:常用于预防接种或药物治疗。肌内注射部位有翼根内侧肌肉、胸部肌肉及腿部外侧肌肉,尤以胸部肌肉为常用注射部位。

(3)气管内注入法:多用于寄生虫治疗时的用药。左手抓住鸡的双翅提取,使其头朝前方,右手持注射器,在鸡的右侧颈部旁,靠近右侧翅膀基部约 1 厘米处进针,针刺方向可由上向下直刺,也可向前下方斜刺,进针 0.5～1 厘米,即可推入药液。

(4)食道膨大部注入法:当鸡张喙困难,且急需用药时可采用此法。注射时,左手拿双翅并提举,使头朝前方,右手持注射器,在鸡的食道膨大部向前下方斜刺入针头，进针深度为 0.5～1 厘米，进针后推入药液即可。

3. 鸡用药注意事项

(1)应根据每种药物的适应证合理地选择药物，并根据所患疾病和所选药物自身的特点选用不同的给药方法。

(2)用药时用量应适当、疗程应充足、途径应正确。本着高效、方便、经济的原则，科学地用药。

(3)应充分利用联合用药的有利作用，避免各种配伍禁忌和不良反应的发生。

(4)应注意可能产生的机体耐药性和病原体抗药性，并通过药敏试验、轮换用药等手段加以克服。

(5)注意预防药物残留和蓄积中毒。长期使用的药物，应按疗程间隔使用，某些易引起残留的药物在鸡宰前 15～20 天内不宜使用，以免影响产品质量和危害人体健康。

(6)饮水给药，应确保药物完全溶解于水后再投喂，并应保证每个鸡都能饮到；拌料给药，应确保饲料的搅拌均匀。否则不仅影响效果，而且可能造成中毒。

(7)在使用药物其间，应注意观察鸡群的反应性。有良好效果的应坚持使用；应用后出现不良反应的，应立即停止用药；使用效果不佳的，应从适应证、耐药性、剂量、给药途径、病因诊断是否正确等多方面仔细分析原因，及时调整方案。

三、常见疾病的治疗与预防

1. 鸡白痢

鸡白痢是鸡的一种极常见的急性、败血性传染病，发病率和死亡率都很高。通常在出壳后 2 周之内死亡最多，是严重危害雏鸡存活率的主要因素之一。成年鸡多为慢性和隐性感染、不表现明显症状,可成为带菌鸡,是本病的主要传染来源。

(1)病因:鸡白痢病原为鸡白痢沙门杆菌,是革兰阴性杆菌,存活于病鸡的各个器脏。特别是在肝、肺、卵黄囊、心血管和肠道内容物中最多。鸡白痢沙门杆菌对热及直射阳光的抵抗力不强,60℃加热数分钟就死亡,但在干燥的排泄物中可存活 4 年,附着在孵化器中小绒毛上在室温条件下,可存活 1 年,在低温－10℃时 4 个月不死。一般兽医常用的消毒药可迅速杀死。

(2)症状:卵内感染者,在孵化中出现死胚,或病雏出壳后 1～2 天内死亡;也有健康带菌者至 7～10 日龄才发病,14～20 日龄时达到死亡高峰,呈急性者无症状死亡,稍缓者表现张口呼吸不久死亡。一般病雏迟钝、紧靠热源处聚集成团、不食、两翅下垂、闭眼缩头、姿态异常,有些病雏拉粉白色或绿色的黏性大便,附在肛门周围,俗称糊屁股。幸存者有不少发育不良,羽毛不丰和同群内的雏鸡体重相差悬殊,病愈雏鸡长成后多数成为慢性患者和带菌者。

(3)病理变化:在育雏器内早期死亡的雏鸡无明显病理变化,仅见肝肿大、充血、有条纹状出血,其他脏器充血,卵黄囊变化不大,病程稍长卵黄吸收不良,内容物如油脂状或干酪样,在心肌、肺、肝、盲肠、大肠及肌胃内有坏死灶或结节。有些病例有心外膜炎,肝有点状出血或坏死点,胆囊胀大、脾肿大、肾充血或贫血,输尿管中充满尿酸盐而扩张,盲肠中有干酪样物质堵塞肠腔,有时还混有血液。

(4)诊断:根据雏鸡出现下痢,粪便黏着肛门的灰白色症状,剖检时可见卵黄吸收不良,肝有坏死灶等变化可做初步诊断,确诊需做细菌培养,病鸡采血做全血平板凝集等试验。

(5)治疗

①呋喃唑酮(痢特灵)按 0.03%～0.04%的比例拌在饲料里,即 10 千克饲料加 4 克,连喂 5～7 天,也可用 0.02%的比例作为

初接雏鸡的预防。幼雏对呋喃唑酮比较敏感，应用时必须充分混合，以防中毒。

②土霉素、金霉素或四环素按0.1%～0.2%的比例拌在饲料里，连喂7天为1疗程。预防量可按0.04%～0.08%的比例拌在饲料里。

③青霉素、链霉素按每只鸡5000～10000国际单位做饮水或气雾治疗，预防量为2000～4000国际单位，一般5～7天为1疗程，初生雏鸡药量减半。

(6)预防

①通过对种鸡群检疫，定期严格淘汰带菌种鸡，建立无鸡白痢种鸡群是消除此病的根本措施。

②搞好种蛋消毒，做好孵化厅、雏鸡舍的卫生消毒，初生雏鸡以每立方米15～20毫升甲醛，加7～10毫克的高锰酸钾进行20～25分钟熏蒸消毒。

③育雏鸡时要保证舍内恒温做好通风换气，鸡群密度适宜，喂给全价饲料，及时发现病雏鸡，隔离治疗或淘汰，杜绝鸡群内的传染等。

④目前育雏鸡阶段，都在1日龄开始投予一定数量的生物防治制剂，如促菌生、调痢生、乳康生等，对鸡白痢效果常优于一般抗菌药物，对雏鸡安全，成本低。此外也可用抗生素类药，连用4～6日为1疗程，常用药物，氯霉素0.2%拌料，连给4～5日，呋喃唑酮0.02%拌料，连服6～7日，诺氟沙星或吡哌酸0.03%拌料或饮水。

2. 鸡传染性法氏囊病

传染性法氏囊病是一种破坏鸡免疫中枢器官（法氏囊，也称腔上囊）的病毒性传染病。是幼鸡的一种急性、接触性传染病。对养鸡事业，特别是工厂化养鸡危害极大。现在世界上大多数养鸡的国家都有传染性法氏囊病的发生。

(1)病因:传染性法氏囊病毒属呼肠孤病毒类。

(2)症状:本病发生突然,发病后下痢粪便呈白色水样。病鸡精神沉郁,食欲不振,羽毛松乱,出现震颤和步态不稳。发病率高,但死亡率比较低。本病一度流行后常呈隐性感染,在鸡群中长期存在。

(3)病理变化:最初法氏囊肿大到正常的2倍,呈严重的水肿和发红,也可能有出血。第五天开始消退,随之迅速萎缩,腔内黏液增加。胸腺呈小点状出血,盲肠扁桃体肿大出血。肝脏表面有黄色条纹,边缘常见有梗死。在鸡的腿部和胸肌、腺胃和肌胃交接处有出血斑点。

(4)诊断:根据流行病学,临床症状、病理变化的特点,现场都可以做正确的诊断。如3～6周龄雏鸡突然发病,病程短,传播迅速,高发病率,死亡集中。法氏囊初期肿大出血,后期萎缩等。但有母源抗体的鸡,其症状和病变可能不典型,可用琼脂扩散试验,荧光抗体试验,病毒中和试验及组织病理学检查。

要注意本病与球虫病、出血性综合征、新城疫、葡萄球菌感染、腺病毒感染加以区别。

(5)治疗:发病早期,注射抗鸡传染性法氏囊病的高免血清,具有较好的疗效,高免血清用量为每只雏鸡肌内注射0.5～1毫升,通常1次即可。发病初期,最好全群鸡只注射,症状好转后,在注射血清后第十日用弱毒苗喷雾或饮水1次。

此外用抗传染性法氏囊病高免卵黄液,每雏肌内注射0.5～1毫升。应用上述被动免疫治疗,一般注射后第二天鸡群症状明显好转。同时加强护理,充足饮水,给5%糖盐水,保证鸡舍温度,减少应激。同时补喂多种维生素,尤其是维生素A、维生素D、维生素B等,也可应用速补－14,维康安保强等。目前祖代和父母代种鸡场,都有科学的免疫程序,可为用户提供。

(6)预防

①建立严格的防疫卫生消毒制度，执行全出全进的饲养制度，育雏舍绝对禁止参观。

②疫苗种类：注意选择新型疫苗，适合本地区情况，才能取得良好的免疫效果。

a. 弱毒苗：弱毒苗又分温和型弱毒苗与中等毒力苗。

PBG98：用于雏鸡的主动免疫，可肌内注射，喷雾或饮水途径免疫，1 日龄喷雾首免，二免为 25～28 日龄。

D78 疫苗：用于雏鸡，可使用饮水、滴鼻、点眼于 14～21 日龄首免。

228E 疫苗(中等毒力株疫苗)：用于预防强毒和超强毒传染性法氏囊病，饮水每只鸡 1 头份，本苗是一株中等毒力的疫苗，早期接种时，能够突破母源抗体的干扰。

b. 灭活苗：有细胞灭活苗和组织灭活苗，用于免疫产蛋前的母鸡，肌内注射疫苗 0.5 毫升，其免疫抗体可以经卵传递给雏鸡，这种雏鸡的母源抗体可保护雏鸡 3～4 周龄，保护率达 80%～90%以上，免疫母鸡在一年内所产的蛋中都含有母源抗体，本疫苗安全有效。三价弱毒疫苗，用于 8 周龄以上育成鸡。

③雏鸡、育成鸡和成鸡的免疫程序

a. 雏鸡的基础免疫：无母源抗体的鸡群，1 日龄用 PBG98 弱毒疫苗喷雾或肌内注射，再于 25～28 日龄进行二免。有母源抗体的鸡群，首免于 25～28 日龄，喷雾或饮水。

b. 育成鸡和成鸡的免疫：8～12 周龄用三价弱毒疫苗饮水免疫，然后在 16～18 周龄用灭活苗加强免疫一次。免疫种鸡的子代可获得母源抗体，至少在 4 周龄内可以抵抗传染性法氏囊的感染。

④种鸡、生产蛋鸡的免疫程序

a. 种鸡的免疫程序：种鸡在 14～18 周龄用 D78 活苗饮水，每只 2 个免疫剂量，6～10 周龄进行二免，18～20 周龄和 40～42 周龄给种鸡二次胸肌接种灭活苗 0.5 毫升/只。

b. 生产蛋鸡的免疫程序:基础免疫与种鸡相同,开产前再灭活苗饮水免疫。

3. 鸡葡萄球菌病

葡萄球菌病是由自然界分布的葡萄球菌所引起的急性败血性或慢性传染病。雏鸡感染后多为急性败血症,雏鸡和育成鸡感染后死亡率高。近年来本病成为鸡场的主要防治病之一。

(1)病因:病原是金黄色葡萄球菌或白色葡萄球菌致病株所引起。

(2)症状:由于鸡龄大小、感染途径和体态不同、表现形式也有差异。

①急性败血型:病鸡出现体温升高、精神沉郁、食欲减退或不食、缩颈、两翅下垂,呆立一旁,似半睡眠状态。有些鸡胸部皮下呈紫红或紫黑色,有波动感,自然破溃则流出红色液体与周围羽毛粘连。有的可见不同部位有外伤性炎症,病鸡不久发生死亡。病程为 2～5 天。

②脐带炎型:系指孵出不久的雏鸡,除全身症状外,脐部感染发炎为主要特征。

③关节炎型:除一般症状外,主要表现为关节炎、多关节肿胀,以跗及趾关节较多,可见外伤和跛行。

(3)病理变化:幼雏多以脐炎变化为主,脐部肿大呈紫黑色,有暗红色或黄红色液体。肝有出血点,卵黄吸收不良,呈黄红或暗灰色。育成鸡主要是胸部病变,可见胸腹部脱毛,皮肤紫黑色水肿,剪开皮肤见整个胸腹部皮下充血,溶血,积有大量胶胨样粉红色水肿液。肌肉有出血斑和条纹。肝肿大,呈淡紫红色,有花纹样变化,小叶明显。后期病死鸡,肝脾可见坏死点,心包积液呈黄红色半透明。

关节炎型可见滑膜增厚,充血或出血,关节囊内有或多或少的浆性或浆性纤维素渗出物。

(4)诊断:根据病鸡皮肤水肿出血性坏死性炎症和溃疡病灶,以及关节炎,可做出初步诊断,确诊需实验室检查。

(5)治疗:出现病情流行的鸡群,饲料里可按 0.05%～0.10% 的比例加氯霉素,连用 3～5 天。也可用磺胺类药物以 0.02%～0.04%的比例拌在饲料中,3～5 天为 1 疗程。饮水中可加苯唑青霉素或庆大霉素(4000 国际单位/只),连用 3 天为 1 个疗程。

(6)预防

①加强饲养管理和种蛋、孵化器、出雏器等的消毒。

②合理安排好舍内通风、光照,避免密度过大造成拥挤,鸡舍内必须清除能够造成外伤的条件和异物。

③定期给鸡舍用 0.2%的次氯酸钠或过氧乙酸带鸡消毒,可用喷雾和刷地网(面)的方法进行。

4. 鸡大肠杆菌病

鸡大肠杆菌病是一种以大肠埃希菌为原发性或继发性病原的传染病,是 2 周龄以下鸡的地方性流行传染病。

(1)病因:为埃希大肠杆菌,在自然界分布极广,并长期存在于健康的鸡体内,为革兰阴性菌。

(2)症状:大肠杆菌感染情况不同,出现的病情就不同。

①气囊炎:多发病于 5～12 周龄的幼鸡,6～9 周龄为发病高峰。病鸡精神沉郁,呼吸困难、咳嗽,有湿啰音,常并发心包炎、肝周炎、腹膜炎等。

②脐炎:主要发生在新生雏,一般是由大肠杆菌与其他病菌混合感染造成的。感染的情况有两种,一种是种蛋带菌,使胚胎的卵黄囊发炎或幼雏残余卵黄囊及脐带有炎症;另一种是孵化末期温度偏高,生雏提前,脐带断痕愈合不良引起感染。病雏腹部膨大,

脐孔不闭合,周围皮肤呈褐色,有刺激性恶臭气味,卵黄吸收不良,有时继发腹膜炎。病雏 3～5 天死亡。

③急性败血症:病鸡体温升高,精神萎靡,采食锐减,饮水增多,有的腹泻,排泻绿白色或黄色稀便,有的死前出现仰头、扭头等神经症状。

④眼炎:多发于大肠杆菌败血症后期。患病侧眼睑封闭,肿大突出,眼内积聚脓液或干酪样物。去掉干酪样物,可见眼角膜变成白色、不透明,表面有黄色米粒大坏死灶。

(3)病理变化:病鸡腹腔液增多,腹腔内各器官表面附着多量黄白色渗出物,致使各器官粘连。特征性病变是肝脏呈绿色和胸肌充血,有时可见肝脏表面有小的白色病灶区。盲肠、直肠和回肠的浆膜上见有土黄色脓肿或肉芽结节,肠粘连不能分离。

(4)诊断:本病常缺乏特征性表现,其剖检变化与鸡白痢、伤寒、副伤寒、慢性呼吸道病、病毒性关节炎、葡萄球菌感染、新城疫、霍乱、马立克病等不易区别,因而根据流行特点、临床症状及剖检变化进行综合分析,只能做出初步诊断,最后确诊需进行实验室检查。

(5)治疗:用于治疗本病的药物很多,其中恩诺沙星、先锋霉素、庆大霉素可列为首选药物。由于致病性埃希大肠杆菌是一种极易产生抗药性的细菌,因而选择药物时必须先做药敏试验并需在患病的早期进行治疗。因埃希大肠杆菌对四环素、强力霉素、青霉素、链霉素、卡那霉素、复方新诺明等药物敏感性较低而耐药性较强,临床上不宜选用。在治疗过程中,最好交替用药,以免产生抗药性,影响治疗效果。

①用恩诺沙星或环丙沙星饮水、混料或肌内注射。每毫升 5%恩诺沙星或 5%环丙沙星溶液加水 1 千克(每千克饮水中含药约 50 毫克),让其自饮,连续 3～5 天;用 2%的环丙沙星预混剂 250 克均匀拌入 100 千克饲料中(即含原药 5 克),饲喂 1～3 天;

肌内注射,每千克体重注射 0.1～0.2 毫升恩诺沙星或环丙沙星注射液,效果显著。

②用庆大霉素混水,每千克饮水中加庆大霉素 10 万单位,连用 3～5 天;重症鸡可用庆大霉素肌内注射,幼鸡每次 5000 单位/只,成鸡每次 1 万～2 万单位/次,每天 3～4 次。

③用氯霉素粉按 0.05%浓度混料,连喂 5～7 天。

④用壮观霉素按 31.5×10^{-6}浓度混水,连用 4～7 天。

⑤用呋喃唑酮按 0.04%浓度混料,连喂 5 天。

⑥用强力抗或灭败灵混水。每瓶强力抗药液(15 毫升),加水 25～50 千克,任其自饮 2～3 天,其治愈率可达 98%以上。

⑦用 5%诺氟沙星预混剂 50 克,加入 50 千克饲料内,拌匀饲喂 2～3 天。

(6)预防

①搞好孵化卫生及环境卫生,对种蛋及孵化设施进行彻底消毒,防止种蛋的传递及初生雏的水平感染。

②加强雏鸡的饲养,适当减少饲养密度,注意控制鸡舍、湿度、通风等环境条件,尽量减少应激反应。在断喙、接种、转群等造成鸡体抗病力下降的情况下,可在饲料中添加抗生素,并增加维生素与微量元素的含量,以提高营养水平,增强鸡体的抗病力。

③在雏鸡出壳后 3～5 日龄及 4～6 日龄分别给予 2 个疗程的抗菌类药物可以收到预防本病的效果。

④大肠杆菌的不同血清型没有交叉免疫作用,但对同一菌型具有良好的免疫保护作用,大多数鸡经免疫后可产生坚强的免疫力。因此,对于高发病地区,应分离病原菌做血清型(菌型)的鉴定,然后依型制备灭活铝胶苗进行免疫接种。种鸡免疫接种后,雏鸡可获得被动保护。菌苗需注射 2 次,第一次注射在第 13～15 周龄,第二次注射在 17～18 周龄,以后每隔 6 个月进行一次加强免疫注射。

5. 鸡球虫病

鸡球虫病是由艾美尔属的各种球虫寄生于鸡的肠道引起的病疾,对雏鸡危害极大,死亡率高,是养鸡业一大危害。

(1)病因:球虫是一种单细胞原生动物,目前国内已有9种,其中柔嫩艾美耳球虫和毒害艾美耳球虫致病力强,前者致雏鸡盲肠的球虫病,后者和其他几种球虫共同引起小肠球虫病。

球虫的发育分三个阶段,一是裂殖生殖,在肠道上皮细胞内进行。二是配子生殖,在鸡体内形成大配子(雌性细胞)和小配子(雄性细胞)融合为合子,并变为卵囊,此阶段也称有性繁殖。三是孢子生殖,是原卵囊内的原生团进一步分裂为孢子体和子孢子的发育阶段。任何一个阶段,只要是在肠道黏膜上皮细胞发育的,都将造成细胞毛细血管破裂,破坏肠道的正常生理功能,使肠道出现出血性病变。

(2)症状:病鸡精神不振,食欲减退,羽毛蓬乱。可视黏膜和冠髯、肉髯苍白,病鸡消瘦贫血,后期出现瘫痪、痉挛等症状而死亡。

(3)病理变化:鸡体消瘦,肌肉苍白、贫血。柔嫩艾美尔球虫侵害盲肠(也称盲肠球虫)引起极度肿胀,浆膜、黏膜有出血点,肠壁增厚,肠内充满血样内容物或混有干酪样物质。毒害艾美尔球虫主要侵害小肠(又称小肠球虫),受侵害肠段高度肿胀,肠内充气,肠黏膜有较大的出血点,浆膜还可见黄白色或血样病灶,肠内充满血样内容物。

(4)诊断:根据临床表现结合病理剖检、病鸡年龄和季节做出判断。

(5)治疗:选用下列药物。

①氯苯胍,按饲料量的0.0033%投服,以3～5天为1疗程。

②呋喃唑酮,按饲料量的0.02%～0.04%投服,以3～5天为1疗程。

③氨丙啉，按饲料量的 0.025％投服，连续投药 5～7 天。

④广虫灵，以 0.006％的剂量混入饲料，连用 8 天。

⑤复方敌菌净，按饲料量的 0.02％～0.04％投服，以 7 天为 1 疗程。

⑥速丹，按 3～6 毫克/千克混入饲料投服，以 3～5 天为 1 疗程。

⑦青霉素，每天每只雏鸡用 2000 单位，溶于水饮用，连续用药 3 天。

(6)预防：育雏前，鸡舍地面，育雏器、饮水器、饲槽要彻底清洗，用火焰消毒，保持舍内地面、垫草干燥，粪便应及时清除发酵处理。

①预防性投药和治疗：在易发日龄饲料添加抗球虫药，因球虫对药物易产生抗药性，故常用抗球虫药物应交替应用。或联合使用几种高效球虫药，如球虫灵、菌球净、氯苯胍、莫能霉素、盐霉素、复方新诺明、氯丙啉等。

②免疫防治：种鸡可应用现有球虫疫苗，使子代获得母源抗体保护。

6. 新城疫

鸡新城疫又称亚洲鸡瘟，是由鸡新城疫病毒感染引起的急性高度接触性的烈性传染病。无论成鸡还是雏鸡，一年四季均可发生，但春、秋两季发病率高并易流行。

(1)病因：是副黏液病毒属中的一个具有代表性的病毒，呈多型性，还具有凝集鸡、火鸡、鸭、麻雀等禽类以及某些哺乳动物(人、豚鼠等)红细胞的特性。

(2)症状：自然感染的潜伏期一般为 3～5 天。根据毒株毒力的不同和病程的长短，可分为最急性、急性和亚急性或慢性 3 种。

①最急性型：往往不见临床症状，突然倒地死亡。常常是头一

天鸡群活动采食正常,第二天早晨在鸡舍发现死鸡。如不及时救治,1 周后将会大批死亡。

②急性型:潜伏期较长,病鸡发高烧,呼吸困难,精神萎靡打蔫,冠和肉垂呈紫黑色,鼻、咽、喉头积聚大量酸臭黏液,并顺口流出,有时为了排出气管黏液常做摆头动作,发生特征性的"咕噜声",或咳嗽、打喷嚏,拉黄色或绿色或灰白色恶臭稀便,2～5 天死亡。

③慢性型:病初症状同急性相似,后来出现神经症状,动作失调,头向后仰或向一侧扭曲、转圈,步履不稳、翅膀麻痹,10～20 天逐渐消瘦而死亡。

(3)病理变化:急性以腺胃乳头有出血点或溃疡和坏死为主要特征。一般全身黏膜充血和出血,呼吸道和消化道充血出血,肌胃角质层下常见出血,胸腺肿大呈灰红色有出血点。鼻腔、喉头和气管内积有大量污秽黏稠液,喉头充血出血,有的带有假膜。

(4)诊断:临床上病鸡出现呼吸困难、下痢、翅腿麻痹等神经症状。根据上述特征以及一般流行病学仅鸡发病,鸭、鹅一般不发病,具有高发病率和病死率可做出诊断。确诊时需进行病毒分离和鉴定、血凝抑制试验等。

(5)治疗:发病后可进行紧急接种。鸡群一旦暴发了鸡新城疫,可应用大剂量鸡新城疫Ⅰ系苗抢救病鸡,即用 100 倍稀释,每只鸡胸肌注射 1 毫升,3 天后即可停止死亡。对注射后出现的病鸡一律淘汰处理,死鸡焚毁。并严格封锁,经常消毒,至本病停止死亡后半月,再进行一次大消毒,而后解除封锁。

(6)预防

①根据当地疫情流行特点,制定适宜免疫程序,按期进行免疫接种,即 7～10 日龄采用鸡新城疫Ⅱ系(或 F 系)疫苗滴鼻、点眼进行首免;25～30 日龄采用鸡新城疫Ⅳ系苗饮水进行二免;25～30 日龄采用鸡新城疫Ⅳ系苗饮水进行二免;70～75 日龄采用鸡新

城疫Ⅰ系疫苗肌内注射进行三免；135～140 日龄再次用鸡新城疫Ⅰ系疫苗肌内注射接种免疫。

②搞好鸡舍环境卫生，地面、用具等定期消毒，减少传染媒介，切断传染途径。

③不在市场买进新鸡，防止带进病毒。并建立鸡出场(舍)就不再返回的制度。

④一旦发生鸡瘟，病鸡要坚决隔离淘汰，死鸡深埋。对全群没有临床症状的鸡，马上做预防接种。通常在接种 1 周后，疫情就能得到控制，新病例就会减少或停止。

7. 曲霉菌病

雏鸡易患该病，由烟曲霉和黄曲霉等感染而发生的呼吸道疾病，又叫曲霉性肺炎，急性暴发时，仔鸡可大批死亡。

(1)病因：鸡舍潮湿、通风不良、过度拥挤，特别在梅雨季节鸡舍内垫草、墙壁以及食槽下面的剩料上，常生长出熏烟色烟曲霉或者黄曲霉、黑曲霉等，当鸡吸入了含有孢子的空气和吃了含有孢子的饲料可引起仔鸡发病，发病后 2～3 日出现死亡。

(2)症状：呼吸困难、昏睡、张口喘息、缩颈垂翼、食欲减退或不食、口渴、体温增高、下痢、逐渐消瘦，严重者麻痹死亡。

(3)病理变化：肺、气囊有针尖至小米粒大呈灰色或淡黄色细丝状节结，有的融合成大片。胆囊扩张，肾脏苍白肿大，胰腺有出血点。

(4)诊断：根据本病的流行特点、临床症状、剖检变化，综合分析饲料、垫草、舍内环境病原菌存在情况，可以做出初步诊断。进一步确诊可进行实验室检查。

(5)治疗：目前对本病尚无特效的治疗方法，下列药物具有一定的防治作用，可控制病情的发展。

①制霉菌素，混水，每 100 只雏鸡用 50 万单位，每天 2 次，连

用 2 天。

②克霉唑,口服,每千克体重 20 毫克/次,每日 3 次。

③硫酸铜,按 1∶3000 的比例混水,连用 3～5 天。

(6)预防

①不使用发霉的垫料和不喂发霉的饲料是预防本病的主要措施。

②垫料应经常翻晒,最好采用网上育雏。

③要保持鸡舍通风、干燥,防止潮湿。

8. 鸡慢性呼吸道病

鸡慢性呼吸道病,又称鸡呼吸道支原体病或鸡败血霉形体病。

(1)病因:是由鸡败血支原体(霉形体)引起的一种慢性呼吸道传染病。

(2)症状:本病的潜伏期为 10～21 天,发病时主要呈慢性经过,其病程常在 1 个月以上,甚至达 3～4 个月,病情表现为"三轻三重",即用药治疗时轻些(症状可消失),停药较久时重些(症状又较明显);天气好时轻些,天气突变或连阴时重些;饲养管理良好时轻些,反之重些。

幼龄病鸡表现食欲减退,精神不振,羽毛松乱,体重减轻,鼻孔流出浆液性、黏液性直至脓性鼻液。排出鼻液时常表现摇头、打喷嚏等。炎症波及周围组织时,常伴发窦炎、结膜炎及气囊炎。炎症波及下呼吸道时,则表现咳嗽和气喘,呼吸时气管有啰音,有的病例口腔黏膜及舌背有白喉样伪膜,喉部积有渗出的纤维素,因此病鸡常张口伸颈吸气,呼气时则低头,缩颈。后期渗出物蓄积在鼻腔和眶下窦,引起眼睑肿胀。病程较长的鸡,常因结膜炎导致浆液性直至脓性渗出,将眼睑粘住,最后变为干酪样物质,压迫眼球并使之失明。产蛋鸡感染时一般呼吸症状不明显,但产蛋量和孵化率下降。

2 月龄以内的幼鸡感染发病时，其直接死亡率与治疗、护理有很大关系，一般在 5%～10%，成年鸡感染时很少出现死亡。

(3)病理变化：病变主要在呼吸器官。鼻腔中有多量淡黄色混浊、黏稠的恶臭味渗出物。喉头黏膜轻度水肿、充血和出血，并覆盖有多量灰白色黏液性或脓性渗出物。气管内有多量灰白色或红褐色黏液。病程较长的病例气囊壁混浊、肥厚，表面呈念球状，内部有黄白色干酪样物质。有的病例可见一定程度的肺炎病变。严重病例在心包膜、输卵管及肝脏出现炎症。

(4)诊断：在本病流行地区，根据临床症状、剖检变化可做出初步诊断，但最后确诊还需进行实验室诊断。

(5)治疗：用于治疗本病的药物很多，除青霉素(因支原体无完整的细胞壁)外，其他抗菌类药物，如链霉素、土霉素、四环素、红霉素、卡那霉素、强力霉素、庆大霉素、环丙沙星、诺氟沙星等均有疗效。

由于支原体易产生抗药性，长期使用单一的药物，往往效果不好。在使用时药量一定要足，疗程不宜太短，一般要连续用药 3～7 天，且最好是几种药物轮换使用或联合使用。

①链霉素饮水，每千克饮水中加 100 万单位，连用 5～7 天。重病鸡挑出，每日肌内注射链霉素 2 次，成鸡每次 20 万单位，2 月龄幼鸡每次 8 万单位，连续 2～3 天，然后放回大群参加链霉素大群饮水。

②北里霉素混水，每千克饮水中加北里霉素可溶性粉剂 0.5 克，连用 5 天。

③卡那霉素混水，每千克饮水中加 150～200 毫克，连用 5 天。

④强力霉素混料，每千克饲料中加 100～200 毫克，连用 5 天。

⑤复方泰乐霉素混水，每千克饮水中加 2 克，连用 5 天。

⑥高力米先混水，每千克饮水中加 2 克，连用 5 天。

⑦恩诺沙星或环丙沙星混水，每千克饮水加 0.05 克原粉，连

用 2～3 天。

⑧禽喘灵混料,每千克饲料加 0.5 克,连用 5 天。

(6)预防

①对种鸡群进行血清学检查,淘汰阳性鸡,以防止垂直传染。

②对感染过本病的种鸡,每半月至 1 月用链霉素饮水 1 天,每只鸡 30 万～40 万单位,对减少种蛋中的病原体有一定作用。

③种蛋入孵前在红霉素溶液(每千克清水中加红霉素 0.4～1 克,须用红霉素针剂配制)中浸泡 15～20 分钟,对杀灭蛋内病原体有一定作用。

④雏鸡出壳时,每只用 2000 单位链霉素滴鼻,或结合预防白痢,在 1～5 日龄用庆大霉素饮水,每千克饮水加 8 万单位。

⑤对生产鸡群,甚至被污染的鸡群可普遍接种鸡败血支原体油乳灭活苗。7～15 日龄的雏鸡每只颈背部皮下注射 0.2 毫升;成年鸡颈背部皮下注射 0.5 毫升。无不良反应,平均预防效果在 80%左右。注射菌苗后 15 日开始产生免疫力,免疫期约 5 个月。

9. 坏死性肠炎

坏死性肠炎是雏鸡的一种急性传染病,本病广泛发生,一旦发生对鸡群危害甚大。

(1)病因:本病是魏氏梭菌,革兰阳性,系粗大杆菌,单个或成队排列,形成偏端芽孢,厌氧,不能在有氧组织和肠道中生长繁殖,只有肠黏膜损伤时该菌侵入黏膜内生长繁殖,而引起发病。

(2)症状:分急慢两型。

①急性型:病鸡食欲减退或消失,精神高度沉郁,羽毛逆立,眼闭合,流涎,腹泻,粪便暗红色,混有血液,病程 5～7 日。

②慢性型:病鸡消瘦,体重下降,在足部可见出血及坏死性病灶,逐渐衰弱死亡。

(3)病理变化:主要病变在小肠中后段,整个小肠充气膨胀,肠黏膜弥散性出血肿胀,后期发展为纤维素性坏死性肠炎,外观灰褐色,肠腔内充满暗绿色内容物,肠壁变薄,易穿孔破裂,引起腹膜炎。肝脾肿大,有散在的大小不一分界明显的灰白色坏死灶。

(4)诊断:根据本病的临床症状和剖检变化,尤其是小肠病变,可以做出初步诊断,但最后确诊需进行实验室检查。

(5)治疗

①庆大霉素混水,每千克饮水中加 2 万单位,每天 2 次,连用 5 天。

②青霉素混水,每只雏鸡每次 5000 单位,在 1～2 小时饮完,每天 2 次,连用 5 天。

③四环素按 0.01%浓度混水,连用 5～7 天。

④杆菌肽素拌料,用仔鸡 100 单位/只,育成鸡 200 单位/只,每天用药 1 次,连用 5 天。

⑤林可霉素混料,每吨饲料添加 2.2～4.4 克,连用 5～7 天。

⑥环丙沙星混料或饮水,每千克饲料或饮水中添加 25～50 毫克,连用 3～5 天。

(6)预防

①加强鸡群的饲养管理,搞好鸡舍的清洁卫生,减少病原菌的污染。

②鸡群发病后,对病鸡应及时隔离,并全面彻底清扫和消毒鸡舍,避免病原菌扩散。

③药物预防:产气荚膜杆菌对金霉素、土霉素、四环素、青霉素、杆菌肽素、环丙沙星等药物均比较敏感,在鸡的易感期连续使用杆菌肽素、土霉素、环丙沙星等混料,能有效地控制鸡坏死性肠炎的发生。

10. 禽流感

禽流感又称真性鸡瘟或欧洲鸡瘟,其特征为鸡群突然发病,表现精神萎靡,食欲消失,羽毛松乱,成年母鸡停止产蛋,并发现呼吸道、肠道和神经系统的症状,皮肤水肿呈青紫色,死亡率高,对鸡群危害严重。

(1)病因:是由A型禽流感病毒引起的一种急性、高度致死性传染病。

(2)症状:潜伏期1～3日,症状复杂多样,与病毒毒力、机体抵抗力有关。

①最急性型:多无出现明显症状,突然死亡。

②急性型:精神不振,食欲减少,闭眼昏睡,头、面部水肿,眼结膜充血、流泪、鸡冠、肉髯肿胀,呈黑紫色,出血坏死,鼻孔流黏液或带血分泌物,咳嗽摇头,气喘,呼吸困难。脚鳞呈蓝紫色,下痢排绿色粪便,两翼张开,出现抽搐等神经症状,死亡率达60%～75%。有的毒株对产蛋鸡群、育成鸡一般不表现临床症状,发病鸡群产蛋率下降20%～60%。

(3)病理变化:分型不同病理变化亦不同。

①最急性型:仅在皮下脂肪组织上有针尖大出血点,其他部位不具明显病变。

②急性型:出血性素质变化,消化黏膜、浆膜、心冠脂肪、腹部脂肪等处有细小出血点;灰黄色坏死灶在肝、肾、脾、气囊出现;心包腔、腹腔有灰黄色渗出液;头面部皮下黄色胶样浸润或出血性浸润;腺胃乳头溃疡出血,黏膜上有黄色黏稠分泌物,肌胃角质膜易剥离,皱褶处有出血灶;鼻腔、咽、气管、肺、气囊内充血、出血、炎症以及不同程度的黄白色干酪样坏死性渗出物,使眼睑、窦周、鼻孔及颌下部肿胀、出血,甚至头部皮肤紫黑色;肠管广泛出血和溃疡,充满黄色浓稠分泌物。

(4)诊断:典型的病史、症状、病变可能使人怀疑本病,但确诊需通过病毒分离鉴定和血清学检查。

(5)治疗:目前我国尚无治疗药物和免疫疫苗。抗生素可以控制其病原菌的继发感染，对症治疗可减轻症状。

(6)预防：鸡场一旦发生本病，应严格封锁，就地捕杀焚烧场内全部鸡群，对场地、鸡舍、设备、衣物等严格消毒。消毒药物可选用0.5％过氧乙酸、2％次氯酸钠，以至甲醛及火焰消毒。经彻底消毒2个月后，可引进血清学阴性的鸡饲养，如其血清学反应持续为阴性时，方可解除封锁。

11. 鸡霍乱

鸡霍乱又叫鸡巴氏杆菌病、鸡出血性败血病，是一种细菌性传染病。这种病具有发病快、发病率高、死亡率高的特点，对养鸡事业危害很大。

(1)病因：巴氏杆菌是本病的致病源。病鸡的尸体、粪便、分泌物和被污染的用具、土壤、饮水和饲料等会有大量病菌，是传染鸡霍乱的主要媒介。病菌通过呼吸道、消化道、皮肤外伤等途径传染给健康的鸡，昆虫也可以传播病菌。有时一些健康鸡的呼吸道存在有病菌，但并不一定发病，只是在管理不当，或天气突然发生变化时，病菌才起作用，引起发病。

(2)症状：一般情况下，感染该病后2～5天才发病。

①最急型：无明显症状，突然死亡，高产营养良好的鸡容易发生。

②急性型：鸡精神和食欲不佳，鸡冠肉垂暗紫红色，饮水增多，剧烈腹泻，排绿黄色稀粪。嘴流黏液，呼吸困难，羽毛松乱，缩颈闭眼，最后食欲废绝，衰竭而死。病程1～3日，死亡率很高。

③慢性型：多在流行后期出现，常见肉垂，关节趾爪肿胀。

(3)病理变化

①最急性型常见本病流行初期，剖检几乎见不到明显的病变，仅冠和肉垂发绀，心外膜和腹部脂肪浆膜有针尖大出血点，肺有充血水肿变化。肝肿大表面有散在小的灰白色坏死点。

②急性型剖检时尸体营养良好,冠和肉垂呈紫红色,嗉囊充满食物。皮下轻度水肿,有点状出血,浆液渗出;心包腔积液,有纤维素心包炎,心外膜出血,尤以心冠和纵沟处的外膜出血;肠浆膜、腹膜、泄殖腔浆膜有点状出血;肺充血水肿有出血性纤维素性肺炎变化;脾一般不肿大或轻度肿大、柔软;肝肿大,质脆,表面有针尖大的灰白色或灰黄色的坏死点,有时见有点状出血;胃肠道以十二指肠变化最明显,为急性、卡他性或出血性肠炎,黏膜肿胀暗红色,有散在或弥漫性出血点或出血斑;肌胃与腺胃交界处有出血斑;产蛋鸡卵泡充血、出血。

③慢性型肉垂肿胀坏死,切开时内有凝固的干酪样纤维素块,组织发生坏死干枯。病变部位的皮肤形成黑褐色的痂,甚至继发坏疽。肺可见慢性坏死性肺炎。

(4)诊断:本病根据流行特点、典型症状和病变,一般可以确诊,必要时可进行实验室检查。

(5)治疗

①在饲料中加入0.5%~1%的磺胺二甲基嘧啶粉剂,连用3~4天,停药2天,再服用3~4天;也可以在每1000毫升饮水中,加1克药,溶解后连续饮用3~4天。

②在饲料中加入0.1%的土霉素,连续服用7天。

③在饲料中加入0.1%的氯霉素,连用5天,接着改用喹乙醇,按0.04%浓度拌料,连用3天。使用喹乙醇时,要严格控制剂量和疗程,拌料要均匀。

④对病情严重的鸡可肌内注射青霉素或氯霉素。青霉素,每千克体重4万~8万单位,早、晚各1次;氯霉素,每千克体重20毫克。

⑤服用禽康灵(巴豆霜、乌蛇、明雄按4∶2∶1比例,研末混匀)。3月龄鸡每20~50只用药1克,成鸡每5~10只用1克,均为每天1次服,重者首次可加倍剂量。

(6)预防

①切实做好卫生消毒工作，防止病原菌接触到健康鸡。做好饲养管理，使鸡只保持有较强的抵抗力。

②在鸡霍乱流行严重地区或经常发生的地区，可以进行预防接种。目前使用的主要是禽霍乱菌苗。2月龄以上的鸡，每只肌内注射2毫升，注射后14～21天可产生免疫力。这种疫苗免疫期仅3个月左右。若在第一次注射后8～10天再注射一次，免疫力可以提高且延长。但这种疫苗的免疫效果并不十分理想。

③在疫区，鸡只患病后，可以采用喹乙醇进行治疗。按每千克体重20～30毫克口服，每日1次，连续服用3～5天；或拌在饲料内投喂，1天1次，连用3天，效果较好。

④肌内注射水剂青霉素或链霉素，每只鸡每次注射2万～5万国际单位，每天2次，连用2～3天，进行治疗。或在大群鸡患病时，采用青霉素饮水，每只鸡每天5000～10 000国际单位，饮用1～3天为宜。

⑤利用磺胺二甲基嘧啶、磺胺嘧啶等，以0.5%的比例拌在饲料中进行饲喂。但此法会影响蛋鸡产蛋量。

⑥病死的鸡要深埋或焚烧处理。

12. 鸡马立克病

鸡马立克病是由鸡疱疹病毒引起鸡的一种最常见的淋巴细胞增生性疾病，死亡率可达30%～80%，对养鸡业造成了严重威胁，是我国主要的禽病之一。

(1)病因：马立克病毒属于疱疹病毒的B亚群病毒。它们以两种形式存在，一种是未发育成熟的病毒，称为不完全病毒和裸体病毒。主要存在于肿瘤组织及白细胞中。此种病毒离开活体组织和细胞很容易死亡。另一种是发育成熟的病毒，称为完全病毒，对外界环境有强的抵抗力，存在于羽毛囊上皮细胞及脱落的皮屑中，对刚出壳的雏鸡有明显的致病力,能在新孵雏鸡、组织培养和鸡胚中繁殖。

(2)症状:经病毒侵害后,病鸡的表现方式可分为神经型、内脏型、眼型和皮肤型。

①神经型:马立克病由于病变部位不同,症状上有很大区别。坐骨神经受到侵害时,病鸡开始走路不稳,逐渐看到一侧或两侧腿瘸,严重时瘫痪不起,典型的症状是一条腿向前伸,一条腿向后伸的"劈叉"姿式。病腿部肌肉萎缩,有凉感,爪子多弯曲。翅膀的臂神经受到侵害时,病鸡翅膀无力,常下垂到地面,如穿大褂。当颈部神经受到损害时,病鸡脖子常斜向一侧,有时见大嗉囊,病鸡常蹲在一起张口无声地喘气。

②急性内脏型:马立克病可见病鸡呆立,精神不振,羽毛散乱,不爱走路,常蹲在墙角,缩颈,脸色苍白,拉绿色稀粪,但能吃食,一般 15 天左右即死去。

③眼型:马立克病病鸡一侧或两侧性眼睛失明。失明前多不见炎性肿胀,仔细检查时病鸡眼睛的瞳孔边缘呈不整齐锯齿状,并见缩小,眼球如"鱼眼"或"珍珠眼"、瞳孔边缘不整,在发病初期尚未失明就可见到以上情况,对早期诊断本病很有意义。

④皮肤型:马立克病病鸡退毛后可见体表毛囊腔形成结节及小的肿瘤状物,在颈部、翅膀、大腿外侧较为多见。肿瘤结节呈灰粉黄色,突出于皮肤表面,有时破溃。

(3)病理变化:内脏器官出现单个或多个淋巴性肿瘤灶,常发生在卵巢、肾、肝、心、肺、脾、胰等处。同时肝、脾、肾、卵巢肿大,比正常增大数倍,颜色变淡。卵巢肿瘤呈菜花状或脑样。腺胃肿大增厚、质坚实。法氏囊多萎缩、皱褶大小不等,不见形成肿瘤。坐骨神经、臂神经、迷走神经肿大比正常增粗 2~3 倍,神经表面银白色纹理和光亮全部消失,神经粗细不匀呈灰白色结节状。

(4)诊断:根据流行病学,临床症状和病理变化可做出诊断,用病鸡血清及羽髓做琼扩试验，阳性者可确诊。

(5)治疗：目前没有特效的治疗药物，防治关键是进行免疫接种。

(6)预防：主要加强对孵化器具、种蛋、初生雏鸡鸡舍的消毒工作。

①建立无马立克病鸡群。坚持自繁自养，防止从场外传入该病。由于幼鸡易感，因而幼鸡和成年鸡应分群饲养。

②严格消毒。发生马立克病的鸡场或鸡群，必须检出淘汰鸡，同时要做好检疫和消毒工作。

③预防接种。雏鸡出壳在 24 小时内接种马立克病火鸡疱疹疫苗，若在 2 日龄、3 日龄进行注射，免疫效果较差。连年使用本苗免疫的鸡场，必须加大免疫剂量。

④加强管理。要加强对传染性法氏囊炎及其他疾病的防治，使鸡保持健全的免疫功能和良好的体质。

13. 鸡减蛋综合征

鸡减蛋综合征是由腺病毒引起的产蛋鸡产蛋下降，蛋白异常，褪色蛋、软皮蛋和无壳蛋增多的一种传染病，产蛋率下降 10%～30%，蛋的破损率 38%～42%，无壳蛋和软壳可达 15%，给养鸡生产造成了严重的经济损失。

(1)病因：鸡减蛋综合征病毒属于禽腺病毒(Ⅲ群)，无囊膜的双股 DNA 型。

(2)症状：发病鸡群的临床症状并不明显，发病前期可发现少数鸡腹泻，个别呈绿便，部分鸡精神不佳，闭目似睡，受惊后变得精神。有的鸡冠表现苍白，有的轻度发紫，采食、饮水略有减少，体温正常。发病后鸡群产蛋率突然下降，每天可下降 2%～4%，连续 2～3 周，下降幅度最高可达 30%～50%，以后逐渐恢复，但很难恢复到正常水平或达到产蛋高峰。在开产前感染时，产蛋率达不到高峰。蛋壳褪色(褐色变为白色),产异形蛋、软壳蛋、无壳蛋的数量明显增加。

(3)病理变化:本病基本上不死鸡,病死鸡剖检后病变不明显。剖检产无壳蛋或异状蛋的鸡,可见其输卵管及子宫黏膜肥厚,腔内有白色渗出物或干酪样物,有时也可见到卵泡软化,其他脏器无明显变化。

(4)诊断:凡有产无壳蛋、软壳蛋、破壳蛋及褐壳蛋褪色等异常蛋的数量增加,产蛋率突然下降,即可怀疑为本病。确诊应进行实验室检查。

(5)治疗:本病目前尚无有效的治疗方法,只能加强预防。

(6)预防

①未发生本病的鸡场应保持本病的隔离状态,严格执行全进全出制度,绝不引进或补充正在产蛋的鸡,不从有本病的鸡场引进雏鸡和种蛋。注意防止从场外带进病原污染物。

②种鸡 18 周龄可用 BG14 毒株油剂甲醛苗,肌肉或皮下接种 0.5 毫升,15 天后产生免疫力,免疫期 12～16 周。种鸡应在开产前 2 周用 EDS－76、BD－127 株和鸡新城疫灭活二联油佐剂苗。鸡场免疫接种初免在产前 4～10 周,二免于产前 3～4 周,实践证明效果好。

14. 禽伤寒

鸡伤寒是由沙门菌引起的一种急性或慢性传染病,主要发生在育成鸡,其特征为传播快,病鸡下痢,肝、脾等实质器官有明显病变。

(1)病因:病原体为肠杆菌科的禽伤寒沙门菌,革兰阴性菌。

(2)症状:潜伏期 3～4 日,病程 4～10 日,初期可出现突然死亡的最急性型病鸡,然后可出现急性型,其病鸡精神委顿、离群食欲减退或废绝,羽毛蓬乱,两翅下垂,行动摇摆,体温 43～44℃,口渴、腹泻、排淡黄至绿色稀粪，可混有血液，鸡冠变为暗红色至贫血状为本病典型症状。

急性经过的病程 5 日，也有发病 3 日后死亡的，慢性型病程可达数周。不久呈现下痢，消瘦，产蛋减少，贫血等症状，康复者成为带菌鸡。

雏鸡发病主要是精神沉郁，食欲不佳，增重慢，排白色稀粪，呼吸困难，病死率达 10％～60％。

(3)病理变化：最急性型，病变轻微，见不到典型病变。急性型肝肾肿大呈暗红色，亚急性和慢性型，肝肿大呈绿棕色或古铜色，质地脆弱，肝实质和心肌有灰白色小坏死灶，小肠黏膜弥漫性出血，盲肠内有土黄色干酪样栓塞形成，母鸡卵子出血，变形，色彩异常，常见卵黄性腹膜炎和卡他性肠炎，公鸡睾丸有坏死灶，雏鸡卵黄吸收不良，呈褐棕色。

(4)诊断：根据腹泻、排黄绿色稀便、肝脏显著肿大呈古铜色等具有特征性的症状和病变，结合其他病变及流行特点综合分析，可以对本病做出初步诊断。但本病与鸡白痢、副伤寒较难区别，最后确诊需进行实验室检查。

(5)治疗：除应用呋喃唑酮、氯霉素外可用复方敌菌净，磺胺二甲嘧啶和沙星类药物等，发病初期可用庆大霉素，卡那霉素，30～40 毫克/千克体重，注射 1～2 日后，继续用其他药物投入饲料或饮水中，服药 4～5 日为 1 疗程。

(6)预防：防治本方法基本同白痢，可参照执行。目前有禽伤寒 9R 株弱毒疫苗，6 周龄首免，16～18 周龄二免。疫苗稀释立即使用，限 2 小时内用完。

15. 绦虫病

绦虫是一些白色、扁平、带状分节的蠕虫。虫体由一个头节和多体节构成。散养鸡与中间宿主接触机会大大增多，所以散养鸡很容易发生绦虫病。

(1)病因:鸡绦虫的种类很多,我国常见的鸡绦虫有棘沟赖利绦虫、四角赖利绦虫、有轮赖利绦虫和节片赖利绦虫,它们均寄生于鸡小肠前段。

(2)症状:各种绦虫均寄生于鸡小肠,能使幼鸡发生严重病害,影响消化机能,寄生绦虫量多时,可阻塞肠管,造成鸡的死亡,绦虫的代谢产物能使鸡体中毒,引起全身症状。病鸡生长不良,食欲不佳,精神萎靡、贫血,成鸡可出现消瘦,产蛋下降等。

(3)病理变化:主要病变在小肠,小肠内有大量虫体,虫体乳白色,体长在6～25厘米不等,肠黏膜肥厚,肠腔内有多量黏液,肠黏膜上有出血点,肠壁上有结节,有的鸡发生肠梗阻死亡。

(4)诊断:粪便中检出绦虫虫体或节片,可做出诊断。

(5)治疗

①氯硝柳胺(灭绦灵)每千克体重用50～60毫克,混合在饲料中一次喂给。

②硫双二氯酚(别丁):每千克体重150～200毫克,混入饲料中喂服,4天后再服一次。

③丙硫咪唑:驱赖利绦虫有效,每千克体重10～15毫克,一次喂用。

④吡喹酮:每千克体重用10～15毫克,一次喂服。

⑤甲苯咪唑:每千克体重用30～50毫克,一次喂服。

⑥六氯酚:每千克体重26～50毫克,口服。

⑦槟榔煎汁:每千克体重用槟榔片或槟榔粉1～1.5克,加水煎汁,用细橡皮管直接灌入嗉囊内,早晨逐只给药并多饮水,一般在给药后3～5天内排出虫体。

(6)预防

①注意粪便的处理,尤其是驱虫后粪便应堆积发酵。

②常发地区。有计划的定期进行预防性驱虫,并驱除中间宿

主蚂蚁和甲虫等。

16. 鸡蛔虫病

鸡蛔虫病是禽蛔科的线虫寄生于鸡肠道引起的疾病，常影响鸡的生长发育，甚至引起大批死亡，造成经济损失。

(1)病因：鸡采食被感染卵污染的饲料、饮水等而遭感染。

(2)症状：雏鸡生长发育缓慢，精神沉郁，行动迟缓，羽毛松乱，鸡冠苍白，食欲不佳，下痢，便中常有带血黏液，以后逐渐衰弱死亡。1岁以上鸡不会发生严重感染，是一种年龄免疫现象。成鸡一般不表现症状，仅出现产蛋量减少和贫血。

(3)病理变化：剖检常见病尸明显贫血，消瘦，肠黏膜无血、肿胀、发炎和出血；局部组织增生，蛔虫大量突出部位可用手摸到明显硬固的内容物堵塞肠管，剪开肠壁可见有多量蛔虫拧集在一起呈绳状。

(4)诊断：本病可根据鸡粪中发现自然排出的虫体或剖检时在小肠内发现大量虫体而确诊。也可采用饱和盐水浮集法检出粪便中的虫卵来确诊。鸡蛔虫卵呈椭圆形，深灰色，卵壳厚，表面光滑。

(5)治疗

①驱蛔灵：每千克体重0.25克，混料一次内服。

②驱虫净：每千克体重40～60毫克，混料一次内服。

③左旋咪唑：每千克体重10～20毫克，溶于水中内服。

④丙硫苯咪唑：每千克体重10毫克，混料一次内服。

⑤甲苯咪唑：每千克体重30毫克，一次喂服。

⑥每只鸡南瓜子20克，焙焦研末，混料内，一次即愈。

(6)预防：要严格做好鸡场卫生，粪便及时清除，并堆积发酵杀死虫卵。定期做好鸡群驱虫工作，雏鸡2月龄时第一次驱虫，第二次在冬季进行；成年鸡第一次在10～11月份，第二次在春季产蛋季节前1个月进行；饲料中应含足够维生素A增强鸡抵抗力。饮水中添加 0.025%的枸橼酸哌嗪,可防止感染蛔虫。

17. 鸡痘

鸡痘是由病毒引起鸡的一种接触性传染病,主要特征为在鸡的无毛或少毛的皮肤上和呼吸道黏膜出现痘疹。

(1)病因:鸡痘病毒随病鸡的皮屑及脱落的痘痂等散布在饲养环境中,经皮肤黏膜侵入其他鸡体,在创伤部位更易入侵。有些吸血昆虫,如蚊虫能够传带病毒,也是夏、秋季节本病流行的重要媒介。

(2)症状:本病自然感染的潜伏期为 4～10 天,鸡群常是逐渐发病。病程一般为 3～5 周,严重暴发时可持续 6～7 周。根据患病部位不同主要分为 3 种不同类型,即皮肤型、黏膜型和混合型。

①皮肤型:是最常见的病型,多发生于幼鸡,病初在冠、髯、口角、眼睑、腿等处出现红色隆起的圆斑,逐渐变为痘疹,初呈灰色,后为黄灰色。经 1～2 天后形成痂皮,然后周围出现瘢痕,有的不易愈合。眼睑发生痘疹时,由于皮肤增厚,使眼睛完全闭合。病情较轻不引起全身症状,较严重时,则出现精神不振,体温升高,食欲减退,成鸡产蛋减少等。如无并发症,一般病鸡死亡率不高。

②黏膜型:多发生于青年鸡和成年鸡。症状主要在口腔、咽喉和气管等黏膜表面。病初出现鼻炎症状,从鼻孔流出黏性鼻液,2～3 天后先在黏膜上生成白色的小结节,稍突起于黏膜表面,以后小结节增大形成一层黄白色干酪样的假膜,这层假膜很像人的“白喉”,故又称白喉型鸡痘。如用镊子撕去假膜,下面则露出溃疡灶。病鸡全身症状明显,精神萎靡,采食与呼吸发生障碍,脱落的假膜落入气管可导致鸡窒息死亡。病鸡死亡率一般在 5%以上,雏鸡严重发病时,死亡率可达 50%。

③混合型:有些病鸡在头部皮肤出现痘疹,同时在口腔出现白喉病变。

(3)病理变化:除见局部的病理变化外,一般可见呼吸道黏膜、消化道黏膜卡他性炎症变化,有的可见有痘疱。

(4)诊断:根据皮肤、口腔、喉、气管黏膜出现典型的痘疹,即可做出诊断。

(5)治疗

①对症治疗:皮肤型的可用消毒好的镊子把患部痂膜剥离,在伤口上涂一些碘酒或甲紫;黏膜型的可将口腔和咽部的假膜斑块用小刀小心剥离下来,涂抹碘甘油(碘化钾 10 克,碘片 5 克,甘油 20 毫升,混合搅拌,再加蒸馏水至 100 毫升)。剥下来的痂膜烂斑要收集起来烧掉。眼部内的肿块,用小刀将表皮切开,挤出脓液或豆渣样物质,使用 2%硼酸或 5%蛋白银溶液消毒。

②除局部治疗外,每千克饲料加土霉素 2 克,连用 5～7 天,防止继发感染。

(6)预防

①预防接种:本病可用鸡痘疫苗接种预防。10 日龄以上的雏鸡均可以接种,免疫期幼雏 2 个月,较大的鸡 5 个月。刺种后 3～4 天,刺种部位应微现红肿,结痂,经 2～3 周脱落。

②严格消毒:要保持环境卫生,经常进行环境消毒,消灭蚊子等吸血昆虫及其孳生地。发病后要隔离病鸡,轻者治疗,重者捕杀并与病死鸡一起深埋或焚烧。污染场地要严格清理消毒。

18. 食盐中毒

食盐(氯化钠)是维持正常生理活动所必需的物质,饲料里添加适量的食盐,可增强食欲和体质。若搭配不当含盐超过饲料量的 3%即可造成中毒。饲料里添加鱼粉过咸时也会引起食盐中毒。

(1)病因:食盐中毒多数因食盐配比计算时粗心大意,没有认真分析计算出的总量,另外因大量使用咸鱼粉,或食盐颗粒过大或搅拌不匀,或重复添加等均可引起食盐中毒。

(2)症状:病鸡食欲废绝,强烈口渴,频频饮水,直至临死前还想喝水。嗉囊因饮水过量而扩张,口和鼻流出多量黏性分泌物。运动失调行动不稳,时而转圈,时而倒地,两肢做划船动作。后期腹泻如水,呼吸困难,皮肤青紫色,出现痉挛、抽搐,最后衰竭而死亡。

(3)病理变化:嗉囊充满黏液,黏膜脱落,腺胃黏膜充血,有的形成假膜。十二指肠和直肠呈卡他性炎症,肺脏水肿,心包积水,心外膜有出血点。肝脏变硬。脑水肿,脑膜血管显著充血扩张。血液浓稠,腹腔有多量黄色积水。

(4)诊断:根据临床表现和病理变化,测定饲料中食盐含量,调查添加成分是否与盐的含量有关,必要时做动物饲喂试验进行确诊。

(5)治疗:当发现鸡群食盐中毒时,立即更换饲料,停止在日粮中加盐,供给充足的清洁饮水或饮用5%的糖水。中毒轻的往往不加治疗即可好转。重症病鸡可用10%葡萄糖注射液20~30毫升,进行腹腔注射。对有腹水的病鸡,可用大注射器先抽出腹水,再注射10%葡萄糖,以排除腹水,消除腹腔炎症,改善生理机能,促进康复。

(6)预防:严禁日粮中食盐超过0.2%~0.5%,新引进咸鱼、鱼粉的食盐含量不清时,应检测食盐的含量,然后再将测得的结果,按比例配日粮,日常应准确控制日粮中的盐量。

19. 亚硝酸盐中毒

亚硝酸盐,又称高铁血红蛋白血症,主要是由于富含硝酸盐的饲料加工调制不当,使其所含的硝酸盐还原为亚硝酸盐,被吸收入血后使血红蛋白变性失去携氧功能而致机体缺氧。发生急性中毒死亡。

(1)病因:因饲喂大量或调制不当以及贮存过久的富含硝酸盐的饲料而引起亚硝酸盐中毒。例如白菜、油菜、甜菜、萝卜、苜蓿菜等 60 多种青绿饲料中都含有硝酸盐,在一定条件下,硝酸盐本身毒性很低或无毒,只有还原成亚硝酸盐才对畜禽有毒。

(2)症状:亚硝酸中毒发病急,一般在采食后 1 小时内发病,主要是机体出现缺氧症状,例如呼吸困难,冠髯呈青紫色,通常呼吸衰竭缺氧而死。

(3)病理变化:剖检血液呈酱油色,凝固不良,血液暴露空气 10 多分钟后由暗红色变为鲜红色,肺病淤血水肿;嗉囊大而软,内有多量酸臭的饲料;心冠状沟脂肪出血,心包、腹腔积水。急性重剧型中毒在数小时内,大批死亡,有时根本来不及抢救。如迅速做出诊断,及时治疗症状减轻者,预后良好。

(4)诊断:根据病史,鸡采食了霉烂青绿饲料,发病急死亡快,冠髯呈现青紫色,剖检血液凝固不良呈酱油色等病变可做出诊断。必要时做实验室检验,取胃肠内容物和饲料中亚硝酸盐检验,血液高铁血红蛋白检验。

(5)治疗

①中毒后立即静注 1%亚甲蓝溶液(0.5 毫升/千克体重)。

②25%葡萄糖 10 毫升和维生素 C 5 毫升。

③最好是肌内注射 5%甲苯胺蓝溶液(0.5 毫升/千克体重)。

④同时给鸡饮用或灌服 0.1%高锰酸钾水,以破坏消化道尚未吸收的毒物。

(6)预防:如喂青绿饲料,应喂新采的鲜菜,不喂存放过久发霉腐烂的青绿饲料。

20. 有机磷农药中毒

有机磷农药使用最广泛的高效杀虫剂。常用的有 1605、1059、3911、乐果、敌敌畏、敌百虫等,这类农药对鸡有很强的毒害作用,稍有不慎即可发生中毒。

(1)病因:鸡一般中毒量为0.01～0.03克/千克体重。最主要的原因是饲喂被有机磷农药污染的饲料和饮水。有的鸡舍用蝇毒磷、敌敌畏、敌百虫灭蚊、虱、蝇等,用药过量而致中毒。

(2)症状:最急性中毒往往不见任何症状而突然发病死亡。急性病例,可见不食、流涎、流泪、瞳孔缩小、肌肉震颤、无力、共济失调、呼吸困难、鸡冠与肉髯发绀,腹泻,后期病鸡出现昏迷,体温下降,常卧地不起衰竭而死。

(3)病理变化:剖检死鸡可见全身皮下肌肉出血斑点。嗉囊、腺胃、肌胃内容物有特殊的蒜味,胃肠黏膜充血、出血、肿胀、脱落。气管内充满大量泡沫状白色液体,肺淤血、水肿,切面有多量泡沫状液体流出。心肌和心冠脂肪有点状出血。肝、肾等实质器官变性,质地脆弱,土黄色。

(4)诊断:根据病史,有与农药接触或误食被农药污染的饲料等情况。发病鸡口流涎多量而且症状明显,瞳孔明显缩小,肌肉震颤痉挛等。胃内容物有异味,一般可初步诊断。必要时进行实验室诊断,做有机磷定性试验。

(5)治疗:发现中毒病例,消除病因,采取对症疗法。

①注射阿托品,0.2～0.5毫升/只(每毫升含0.5毫克)用药30分钟后,中毒鸡能起立行走。

②使用胆碱酯酶活性剂药物有特效,如解磷啶、氯磷啶、双复磷等,用量按说明书。

③口服1%硫酸铜溶液1～2毫升,或0.1%高锰酸钾溶液2～5毫升,有助于将残留药转化为无毒。

④1605有机磷中毒可口服1%～2%石灰水5～20毫升/只,但禁用高锰酸钾等氧化剂,因可将其氧化成对氧磷,而毒性增强。敌百虫中毒的禁用碱性药物口服,以免在碱性环境下转化成毒性更强的敌敌畏。

⑤饲料中可增加维生素C。

(6)预防：在用有机磷，农药杀灭鸡舍或鸡体表寄生虫及蚊蝇时，必须注意使用剂量，勿使农药污染饲料和饮水。

四、鸡场发生烈性传染病时的扑灭措施

一旦发生一类动物疫病或暴发流行二类三类动物疫病时，立即报兽医防疫员进行诊断，并迅速将病鸡、可疑病鸡隔离观察，将症状明显或死亡鸡送兽医部门检验，及早做出诊断，一旦确诊为传染病，应根据“早、快、严、小”的原则，迅速采取以下措施。

1. 严格隔离封锁

当鸡场发生重大疫情时应立即采取隔离封锁措施，停止场内鸡群流动或转群，实行封闭式饲养，禁止饲养员及工作人员串栏、串栋活动，非场内工作人员禁止进入生产区，停止售苗、售蛋。将病鸡和可疑病鸡隔离在较为偏僻安全的地方单独饲养，专人看护，禁止出售和引进活鸡。

2. 加强消毒，扑灭病原

鸡场发生疫情后在隔离封锁时，应立即对鸡舍、地面、饲槽、水槽及其他用具清洗后进行彻底消毒，扑灭鸡舍周围环境中存在的病原体。

3. 紧急接种

鸡场除平时按免疫程序做好免疫接种外，当发生疫情时，应对已确诊的疫病迅速采用该病的疫苗或高免血清，对受威胁的健康鸡进行紧急接种，使其尽快得到免疫力。尽早采取紧急接种，能明显有效地控制疫情，减少损失。

4. 扑杀、无害化处理病死鸡

鸡场发生一些烈性传染病或人畜共患病的患病鸡要立即扑杀。对于无治疗意义和经济价值不大的病鸡、死鸡尽快淘汰处理，并将这些病鸡及病死鸡集中深埋或焚烧等做无害化处理，将病鸡舍内的垫草焚烧或与粪便一起发酵后作肥料，禁止随意丢弃病死鸡。如果对有利用价值的病鸡进行加工处理时，需经动物防疫监督检验部门检疫认可后，在不扩散病原的情况下才能进行加工处理，减少损失。

(1)动物尸体的运送

①运送前的准备

a. 设置警戒线、防虫：动物尸体和其他须被无害化处理的物品应被警戒，以防止其他人员接近、防止家养动物、野生动物及鸟类接触和携带染疫物品。如果存在昆虫传播疫病给周围易感动物的危险，就应考虑实施昆虫控制措施。如果对染疫动物及产品的处理被延迟，应用有效消毒药品彻底消毒。

b. 工具准备：运送车辆、包装材料、消毒用品。

c. 人员准备：工作人员应穿戴工作服、口罩、护目镜、胶鞋及手套，做好个人防护。

②装运

a. 堵孔：装车前应将尸体各天然孔用蘸有消毒液的湿纱布、棉花严密填塞。

b. 包装：使用密闭、不泄漏、不透水的包装容器或包装材料包装动物尸体，小动物和禽类可用塑料袋盛装，运送的车厢和车底不透水，以免流出粪便、分泌物、血液等污染周围环境。

c. 注意事项：箱体内的物品不能装的太满，应留下半米或更多的空间，以防肉尸的膨胀(取决于运输距离和气温)；肉尸在装运前不能被切割，运载工具应缓慢行驶，以防止溢溅；工作人员应携带有效消毒药品和必要的消毒工具,以及时处理路途中可能发生的溅溢;所有运载工具在装前卸后必须彻底消毒。

③运送后消毒:在尸体停放过的地方,应用消毒液喷洒消毒。土壤地面,应铲去表层土,连同动物尸体一起运走。运送过动物尸体的用具、车辆应严格消毒。工作人员用过的手套、衣物及胶鞋等也应进行消毒。

(2)尸体无害化处理方法。

①深埋法:掩埋法是处理畜禽病害肉尸的一种常用、可靠、简便易的方法。

a. 选择地点:应远离居民区、水源、泄洪区、草原及交通要道,避开岩石地区,位于主导风向的下方,不影响农业生产,避开公共视野。

b. 挖坑:坑应尽可能的深(2~7 米)、坑壁应垂直。

c. 尸体处理:在坑底洒漂白粉或生石灰,用量可根据掩埋尸体的量确定(0.5~2.0 千克/平方米),掩埋尸体量大的应多加,反之可少加或不加。动物尸体先用 10%漂白粉上清液喷雾(200 毫升/平方米),作用 2 小时。将处理过的动物尸体投入坑内,使之侧卧,并将污染的土层和运尸体时的有关污染物如垫草、绳索、饲料、少量的奶和其他物品等一并入坑。

d. 掩埋:先用 40 厘米厚的土层覆盖尸体,然后再放入未分层的熟石灰或干漂白粉 20~40 克/平方米(2~5 厘米厚),然后覆土掩埋,平整地面,覆盖土层厚度不应少于 1.5 米。

e. 设置标识:掩埋场应标志清楚,并得到合理保护。

f. 场地检查:应对掩埋场地进行必要的检查,以便在发现渗漏或其他问题时及时采取相应措施,在场地被重新开放载畜之前,应对无害化处理场地再次复查,以确保牲畜的生物和生理安全。复查应在掩埋坑封闭后 3 个月进行。

g. 注意事项:石灰或干漂白粉切忌直接覆盖在尸体上,因为在潮湿的条件下熟石灰会减缓或阻止尸体的分解。

②焚烧法:焚烧法既费钱又费力,只有在不适合用掩埋法处理动物尸体时用。焚化可采用的方法有柴堆火化、焚化炉和焚烧窖/坑等,此处主要讲解柴堆火化法。

a.选择地点:应远离居民区、建筑物、易燃物品,上面不能有电线、电话线,地下不能有自来水、燃气管道,周围有足够的防火带,位于主导风向的下方,避开公共视野。

b.准备火床。

十字坑法:按十字形挖两条坑,其长、宽、深分别为 2.6 米、0.6 米、0.5 米,在两坑交叉处的坑底堆放干草或木柴,坑沿横放数条粗湿木棍,将尸体放在架上,在尸体的周围及上面再放些木柴,然后在木柴上倒些柴油,并压以砖瓦或铁皮。

单坑法:挖一条长、宽、深分别为 2.5 米、1.5 米、0.7 米的坑,将取出的土堆堵在坑沿的两侧。坑内用木柴架满,坑沿横架数条粗湿木棍,将尸体放在架上,以后处理同十字坑法。

双层坑法:先挖一条长、宽各 2 米、深 0.75 米的大沟,在沟的底部再挖一长 2 米、宽 1 米、深 0.75 米的小沟,在小沟沟底铺以干草和木柴,两端各留出 18～20 厘米的空隙,以便吸入空气,在小沟沟沿横架数条粗湿木棍,将尸体放在架上,以后处理同十字坑法。

c.焚烧

摆放动物尸体:把尸体横放在火床上,最好把尸体的背部向下、而且头尾交叉,尸体放置在火床上后,可切断动物四肢的伸肌腱,以防止在燃烧过程中,肢体的伸展。

浇燃料:燃料的种类和数量应根据当地资源而定。当动物尸体堆放完毕、且气候条件适宜时,用柴油浇透木柴和尸体(不能使用汽油),然后在距火床 10 米处设置点火点。

焚烧:用煤油浸泡的破布作引火物点火,保持火焰的持续燃烧,在必要时要及时添加燃料。

焚烧后处理:焚烧结束后,掩埋燃烧后的灰烬,表面撒布消毒剂。填土高于地面,场地及周围消毒,设立警示牌。

d.注意事项:应注意焚烧产生的烟气对环境的污染;点火前所有车辆、人员和其他设备都必须远离火床,点火时应顺着风向进入点火点;进行自然焚烧时应注意安全,须远离易燃易爆物品,以免引起火灾和人员伤害;运输器具应当消毒;焚烧人员应做好个人防护;焚烧工作应在现场督察人员的指挥控制下,严格按程序进行,所有工作人员在工作开始前必须接受培训。

③发酵法:这种方法是将尸体抛入专门的动物尸体发酵池内,利用生物热的方法将尸体发酵分解,以达到无害化处理的目的。

选择地点:选择远离住宅、动物饲养场、草原、水源及交通要道的地方。

建发酵池:池为圆井形,深 9～10 米,直径 3 米,池壁及池底用不透水材料制作(可用砖砌成后涂层水泥)。池口高出地面约 30 厘米,池口做一个盖,盖平时落锁,池内有通气管。如有条件,可在池上修一小屋。尸体堆积于池内,当堆至距池口 1.5 米处时,再用另一个池。此池封闭发酵,夏季不少于 2 个月,冬季不少于 3 个月,待尸体完全腐败分解后,可以挖出作肥料,两池轮换使用。

第六章 鸡蛋的贮藏与运输

鸡蛋是人们日常生活中最为喜爱的食品之一，它食用方便，具有极高的营养价值，易于消化吸收。从基本营养素上，笼养鸡蛋和散养鸡蛋无本质的区别，主要的区别是在口感上，散养鸡蛋更有鸡蛋味道。在外观上两者的区别主要是蛋重和蛋形，同样的品种散养鸡产的蛋比笼养鸡产的蛋个头小，蛋形偏长(蛋形指数大)。优质的散养鸡蛋新鲜清洁，蛋白浓稠，蛋黄鲜艳，口感纯正，且有浓郁的清香风味。

第一节 鸡蛋的贮藏

1. 鲜蛋的分级标准

鸡蛋的分级标准是根据蛋壳、蛋白及蛋黄的质量状况进行分级的，共分为 AA、A、B 级别。

(1)AA 级：蛋壳必须正常、清洁、不破损，气室深度不超过 0.32厘米，蛋白澄清而浓厚，蛋黄隐约可见。

(2)A 级：蛋壳正常、清洁、不破损，气室深度不超过 0.48 厘米，蛋白澄清而浓厚，蛋黄隐约可见。

(3)B 级：蛋壳无破损，可以稍微不正常，可有轻微污染但不黏附污物，鸡蛋外表没有明显的缺陷。当污染是局部的，大约 1/32 蛋壳表面可有轻微沾污，当轻微沾污面积是分散的，大约蛋壳 1/

16 表面可有轻微沾污。气室深度不超过 0.96 厘米，蛋白澄清，稍微发稀，蛋黄明显可见，可有小血块或血点，直径总计不超过 0.32 厘米。

2. 鸡蛋的贮存

健康母鸡所产的鸡蛋内部是没有微生物的，新生蛋壳表面覆盖着一层由输卵管分泌的黏液所形成的蛋白质保护膜，蛋壳内也有一层由角蛋白和黏蛋白等构成的蛋壳膜，这些膜能够阻止微生物的侵入。因此，不能用水洗待贮放的鸡蛋，以免洗去蛋壳上的保护膜。此外，蛋清中含有多种防御细菌的蛋白质，如球蛋白、溶菌酶等，可保持鸡蛋长期不被污染变质。在鸡蛋贮存过程中，由于蛋壳表面有气孔，蛋内容物中水分会不断蒸发，使蛋内气室增大，蛋的重量不断减轻。蛋的气室变化和重量损失程度与保存温度、湿度、贮存时间密切相关，久贮的鸡蛋，其蛋白和蛋黄成分也会发生明显变化，鲜度和品质不断降低。采取适当的贮存方法对保持鸡蛋品质是非常重要的。

(1)简易贮藏法：有谷糠贮藏法、松木锯末贮藏法、植物灰贮藏法等。要求用干燥、清洁的缸、罐、木箱或纸盒等容器，装一层填充物摆一层鸡蛋，直到放满容器为止。这种贮藏法可排除容器中的空气，使鲜蛋的呼吸作用降低，抑制蛋内微生物和酶的活动，延缓蛋的变化。贮藏的蛋要求新鲜、清洁、无破损、不受潮，每半个月或 1 个月翻动检查 1 次。及时剔除破蛋，此法多适用于家庭少量鲜蛋的贮藏。可保持 2～3 个月不变质。

(2)冷藏法：即利用适当的低温抑制微生物的生长繁殖，延缓蛋内容物自身的代谢，达到减少重量损耗，长时间保持蛋的新鲜度的目的。冷藏库温度以 0℃左右为宜，可降至－2℃，但不能使温度经常波动，相对湿度以 80％为宜。鲜蛋入库前，库内应先消毒和通风。消毒方法可用漂白粉液(次氯酸)喷雾消毒和高锰酸钾甲醛法熏蒸消毒。送入冷藏库的蛋必须经严格的外观检查和灯光透视,只有新鲜清洁的鸡蛋才能贮放。经整理挑选的鸡蛋应整齐排列,大头朝上,在容器中排好,送入冷藏库前必须在 2～5℃环境中预冷,使蛋温逐渐降低,防止水蒸气在蛋表面凝结成水珠,给真菌生长创造适宜环境。同样原理,出库时则应使蛋逐渐升温,以防止出现“汗蛋”。冷藏开始后,应注意保持和监测库内温、湿度,定期透视抽查,每月翻蛋 1 次,防止蛋黄黏附在蛋壳上。保存良好的鸡蛋,可贮放 10 个月。

(3)石灰水贮藏法:此法贮存的原理是生石灰(氧化钙)加水后变为熟石灰(氢氧化钙),这种石灰水呈碱性,一般细菌不能在石灰水内繁殖。又因石灰水可以吸收蛋内呼出的二氧化碳,生成不溶性的碳酸钙微粒沉积于蛋壳表面,将蛋壳的气孔堵塞,使蛋的呼吸作用减弱,阻止外界细菌侵入蛋内。此法贮存鲜蛋 3～4 个月不致变质。用 100 千克水加入 20 千克生石灰,搅拌数次后,静放沉淀,待溶液澄清,温度下降到 10℃以下倒入缸中,将鲜蛋放进去,溶液要超过蛋面 20～25 厘米。这种保存法,蛋略残留一点石灰味,以煎炒食为好。

(4)粮食贮藏法:用高粱米、小米或豆类放入缸或箱内,铺一层粮放一层蛋。最好每月把粮食倒出晒 1 次,使之保持干燥,蛋一般可保存半年以上。

第二节　鲜蛋的包装与运输

1. 鲜蛋的包装技术

首先要选择好包装材料,包装材料应当力求坚固耐用,经济方便。可以采用木箱、纸箱、塑料箱、蛋托和与之配套用的蛋箱。

(1)普通木箱和纸箱包装鲜蛋:木箱和纸箱必须结实、清洁和干燥。每箱以包装鲜蛋 300～500 枚为宜。包装所用的填充物可用切短的麦秆、稻草或锯末屑、谷糠等,但必须干燥、清洁、无异味,切不可用潮湿和霉变的填充物。包装时先在箱底铺上一层 5～6 厘米厚的填充物,箱子的四个角要稍厚些,然后放上一层蛋,蛋的长轴方向应当一致,排列整齐,不得横竖乱放。在蛋上再铺一层 2～3 厘米的填充物,再放一层蛋。这样一层填充物一层蛋直至将箱装满,最后一层应铺 5～6 厘米厚的填充物后加盖。木箱盖应当用钉子钉牢固,纸箱则应将箱盖盖严,并用绳子包扎结实。最后注明品名、重量,并贴上"请勿倒置"、"小心轻放"的标志。

(2)利用蛋托和蛋箱包装鲜蛋:蛋托是一种塑料制成的专用蛋盘,将蛋放在其中,蛋的小头朝下,大头朝上,呈倒立状态。每蛋一格,每盘 30 枚。蛋托可以重叠堆放而不致将蛋压破。蛋箱是蛋托配套使用的纸箱或塑料箱。利用此法包装鲜蛋能节省时间,便于计数,破损率小,蛋托和蛋箱可以经消毒后重复使用。

2. 鲜蛋的运输

在运输过程中应尽量做到缩短运输时间,减少中转。根据不同的距离和交通状况选用不同的运输工具,做到快、稳、轻。"快"就是尽可能减少运输中的时间;"稳"就是减少震动,选择平稳的交通工具;"轻"就是装卸时要轻拿轻放。

此外还要注意蛋箱要防止日晒雨淋。冬季要注意保暖防冻,夏季要预防受热变质。运输工具必须清洁干燥,凡装运过农药、氨水、煤油及其他有毒和有特殊气味的车、船,应经过消毒、清洗后没有异味时方可运输。

第七章　鸡场废物的处理与利用

鸡场废弃物主要包括圈养期和散养期过夜棚舍内的废弃物，废弃物的处理是保持鸡场良好生态环境的重要部分。如果废弃物处理不当，不但会影响鸡场的卫生防疫工作，还会污染周围的环境，甚至影响周围居民的生活。严重的成为污染源，形成重要的环保问题。因此，对废弃物进行科学的处理，是鸡场设计中的重要环节。

第一节　鸡粪的利用

1. 用作肥料

鸡的肠道较短，饲料只有1/3被消化利用，因此，鸡粪中含有丰富的营养成分。据测定，鸡粪干物质中含氮5%～7%，其中60%～70%为尿酸氮，10%为铵态氮，10%～15%为蛋白氮。鲜鸡粪含水40%、氮1.3%、磷1.2%、钾1.1%，还有钙、镁、铜、锰、锌、氯、硫和硼等元素。干鸡粪含粗蛋白质23%～24%，粗纤维10%～14%，粗脂肪2%～4%，粗灰分23%～26%，水分5%～10%。

鸡粪作肥料也是世界各国传统上最常用的办法，在当今人们对绿色食品及有机食品的需求日益高涨的情况下，畜禽粪便将再度受到重视，成为宝贵的资源。畜禽粪便在作肥料时，有未加任何处理就直接施用的，也有先经某种处理再施用的。前者节省设备、能源、劳力和成本，但易污染环境、传播病虫害，可能危害农作物且肥效差；后者反之。鸡粪的处理方法主要是堆制、发酵处理。

(1)在水泥地或铺有塑料膜的泥地上将鸡粪堆成长条状，高不超过1.5～2米，宽度控制在1.5～3米，长度视场地大小和粪便多少而定。

(2)先较为疏松地堆一层，待堆温达60～70℃，保持3～5天，或待堆温自然稍降后，将粪堆压实，在上面再疏松地堆加新鲜鸡粪一层，如此层层堆积至1.5～2米为止，用泥浆或塑料薄膜密封。

(3)为保持堆肥质量，若含水率超过75%最好中途翻堆，若含水率低于65%最好泼点水。

(4)为了使肥堆中有足够的氧，可在肥堆中竖插或横插若干通气管。

(5)密封后经2～3个月(热季)或2～6个月(冷季)才能启用。

2. 鸡粪作为饲料的处理

鸡粪中含少量粗纤维和非蛋白氮，猪、鸡不能利用非蛋白氮和粗纤维，而牛、羊等反刍家畜却能利用。所以鸡粪不仅适合喂猪，更适合喂牛、羊。

鸡粪在饲喂之前必须经过加工处理，以杀死病原菌，提高适口性。用来作饲料的鸡粪不得发霉，不得含有碎玻璃、石块和铁钉、铁丝等杂质。最好用磁铁除去铁钉、铁丝和其他金属，以免造成反刍动物创伤性心包炎。

(1)鸡粪的加工处理：鸡粪加工处理的方法很多，主要有烘干、发酵、青贮等。

①晒干：自然晒干。

②发酵：把鸡粪掺入5%的粮食面粉(高粱面或玉米面均可)。1千克干鸡粪加入1.5千克水(湿鸡粪加500克)拌匀，装入水泥

池或堆放墙角用塑料布覆盖发酵。夏天经 24 小时左右即可发酵好,冬季气温低,发酵时间要长些,以手摸发烫,闻到酒香味便可饲喂,每次发酵好的鸡粪要少留一些,掺入下次要发酵的鸡粪中,可以提高发酵效果。

③窖贮:窖贮的方法同一般青贮。在地势高燥、土质坚实的地方挖一个深 3 米、直径 2 米的圆形窖,把全株青玉米切碎,加入30%干燥鸡粪,一层一层踩实,装满后,用土封顶,使其成馒头形。也可将肉仔鸡的粪和垫草单独地堆贮或窖贮。为了发酵良好,鸡粪和垫草混合物中的含水量须调至 40%。鸡粪和垫草一起堆贮,经 4~8 天温度达到高峰,保持若干天后逐渐降至常温。在进行堆贮时,需加以覆盖,并保持通风良好,防止自燃。

(2)鸡粪喂猪:一是将干燥后的鸡粪经粉碎喂猪;二是将鲜鸡粪混入猪的其他饲料一起喂,喂量由少到多,逐渐增加。仔猪喂量可占精料的 10%~15%,随着体重增加,鸡粪(干)的喂量可增加到占精料的 20%~30%,育肥阶段,鸡粪和精料各占 50%。有人将精料占 50%,青饲料占 20%,鸡粪液(加水装缸发酵的产物)30%喂猪,效果很好。也有人将干鸡粪的用量增加到猪日粮的20%,效果也很好。为预防微生物感染,当有下痢症状时,每千克料中加入一片到 2 片呋喃唑酮(每片 0.1 克)。

(3)鸡粪喂牛:肉用仔鸡的粪加垫草、玉米秸青贮或肉仔鸡的粪加垫草窖贮后,每千克干物质中含可消化能相当于优质干草。妊娠泌乳母牛喂含有鸡粪的日粮与喂含豆饼的日粮相比,效果相近。

耕牛和肉用母牛过冬时,可以尽量用鸡粪加垫草青贮饲料喂,80%鸡粪加垫草青贮与 20%日粮的混合物喂牛,效果较好。

妊娠母牛每天每头应喂 7~7.5 千克鸡粪加垫草青贮,外加1~1.5 千克干草或其他青贮饲料;哺乳母牛可增加到 9~10 千克,同时喂少量干草;生长期的犊牛用 50%鸡粪垫草青贮加 50%

玉米面，外加干草自由采食，可以安全越冬；生长的肉牛越冬，每天喂 11.5 千克青贮玉米加 2.5 千克青贮鸡粪垫草，不需补充精料，次春就可达到屠宰体重，如果第二年还要放牧一个夏季，秋季屠宰，则越冬时每天喂 10 千克青贮玉米和 1.75 千克青贮鸡粪垫草，日增重可达 0.2～0.25 千克；终期肥育肉牛的日粮干物质中，鸡粪垫草青贮可占日粮的 20%～25%，若与玉米青贮和占体重 1%的精料一同饲喂，鸡粪垫草青贮占全部日粮的 20%时，可满足其蛋白质的需要。

3. 用作生产沼气的原料

鸡粪作为能源最常用的方法就是制作沼气。沼气是在厌氧环境中，有机物质在特殊的微生物作用下生成的混合气体，其主要成分是甲烷，占 60%～70%。沼气可用于鸡舍采暖和照明、职工做饭、供暖等，是一种优质生物能源。

4. 用作培养料

这是一种间接作饲料的方法。与畜禽粪便直接用作饲料相比，其饲用安全性较强，营养价值较高，但手续和设备复杂一些。作培养料有多种形式，如培养单细胞、培养蝇蛆、培养藻类、食用菌培养料、养蚯蚓和养虫等，为畜禽饲养业和水产养殖业提供了优质蛋白质饲料。

第二节　垫料处理

在蛋鸡生产过程中，育雏舍、过夜鸡舍常需使用垫料，所用垫料多为锯木屑、稻草或其他秸秆。一般使用的规律是冬季多垫，夏季少垫或不垫。一个生产周期结束后，清除的垫料实际上是鸡粪与垫料的混合物。

1. 窖贮或堆贮

雏鸡粪和垫料的混合物可以单独地“青贮”。为了使发酵作用良好，混合物的含水量应调至40%。混合物在堆贮的第4～8天，堆温达到最高峰（可杀死多种致病菌），保持若干天后，堆温逐渐下降与气温平衡。经过窖贮或堆贮后的鸡粪与垫料混合物可以饲喂牛、羊等反刍动物。

2. 直接燃烧

在采用垫草平养时，由于清粪间隔较长，只要舍内通风良好且饮水器不漏水，那么收集到的鸡粪垫料都比较干燥。如果鸡粪垫料混合物的含水率在30%以下，就可以直接用作燃料来供热。据估算，一个较大型的鸡场，如能合理充分地利用本场生产的鸡粪垫料混合物作燃料，基本上就能满足本场的热能需要。当然，鸡粪垫料混合物的直接燃烧需要专门的燃烧装置，因此事先需要一定的投资。如果鸡场爆发某种传染病，此时的垫料必须用焚烧法进行处理。

3. 生产沼气

使用粪便垫料混合物作沼气原料，由于其中已含有较多的垫草（主要是一些植物组织），碳氮比较为合适，作为沼气原料使用起来十分方便。

4. 直接还田用作肥料

锯木屑、稻草或其他秸秆在使用前是碎料可直接还田。

第三节　羽毛处理和利用

鸡的羽毛上附着有大量病原微生物，如果不经加工处理而随地抛撒，则有可能造成疾病的四处传播。羽毛中蛋白质含量高达

85%，其中主要是角蛋白，其性质极其稳定，一般不溶于水、盐溶液及稀酸、碱，即使把羽毛磨成粉末，动物肠胃中的蛋白酶也很难对其进行分解和消化。

1. 羽毛的收集

鸡羽毛收集方法大多是在换羽期用耙子将地上的羽毛耙集在一起，再装入筐收贮。

2. 羽毛的加工处理

对羽毛的处理关键是破坏角蛋白稳定的空间结构，使之转变成能被畜禽所消化吸收的可溶性蛋白质。

(1)高温高压水煮法：将羽毛洗净、晾干，置于120℃、450～500千帕条件下用水煮30分钟，过滤、烘干后粉碎成粉。此法生产的产品质量好，试验证明，该产品的胃蛋酶消化率达90%以上。

(2)酶处理法：从土壤中分离的旨氏链霉菌、细黄链霉菌及从人体和哺乳动物皮肤分离的真菌——粒状发癣菌，均可产生能迅速分解角蛋白的蛋白酶。其处理方法为：羽毛先置于pH>12的条件下，用旨氏链霉菌等分泌的嗜碱性蛋白酶进行预处理。然后，加入1～2毫克/升盐酸，在温度119～132℃、压力98～215千帕的条件下分解3～5小时，经分离浓缩后，得到一种具有良好适口性的糊状浓缩饲料。

(3)酸水解法：其加工方法是将瓦罐中的6～10毫克/升盐酸加热至80～100℃，随即将已除杂的洁净羽毛迅速投入瓦罐内，盖严罐盖，升温至110～120℃，溶解2小时，使羽毛角蛋白的双硫键断裂，将羽毛蛋白分解成单个氨基酸分子，再将上述羽毛水解液抽入瓷缸中，徐徐加入9毫克/升氨水，并以45转/分钟的速度进行搅拌，使溶液pH值中和至6.5～6.8。最后，在已中和的水解液中加入麸皮、血粉、米糠等吸附剂。当吸附剂含水率达50%左右时，用55～56℃的温度烘干，并粉碎成粉，即成产品。但加工过程会破坏一部分氨基酸,使粗蛋白含量减少。

3.羽毛蛋白饲料的利用

(1)鸡饲料:国内外大量试验和多年饲养实践表明,在雏鸡和成鸡口粮中配合2%～4%的羽毛粉是可行的。

(2)猪饲料:研究表明,羽毛粉可代替猪口粮中5%～6%的豆饼或国产鱼粉。在二元杂交猪口粮中加入羽毛蛋白饲料5%～6%,与等量国产鱼粉相比,经济效益提高16.9%。若配比过高,则不利于猪的生长。

(3)毛皮动物饲料:胱氨酸是毛皮动物不可缺少的一种氨基酸,而羽毛蛋白饲料中胱氨酸含量高达4.65%,故羽毛蛋白是毛皮动物饲料的一种理想的胱氨酸补充剂。

第四节　孵化废弃物的处理

1.蛋壳粉的加工和利用

蛋壳制品可广泛应用于食品、饲料等工业中,并可从蛋壳中提取溶菌酶等。

(1)蛋壳粉的加工方法:将洗净的蛋壳摊在干净的水泥地上,厚度不超过5厘米,可利用强烈的日光曝晒,并经常翻动,待水分继续蒸发,直到蛋壳松脆,用手能捏碎即可;或在有烘房设备内烘干,温度约80℃,随时通风排潮,一般需要2～3小时,烘干后粉碎。

(2)利用。

①用30目筛子过筛,作肥料或畜禽饲料的钙添加剂。

②用120目筛子过筛后,在工业上可代替碳酸钙作合成橡胶的原料或可制作活性炭。

③在搪瓷工业中可作为黏膜剂。

④与一些碱混合(5∶1)可制作去污粉。

2. 毛蛋、白蛋和血蛋的加工和利用

在鸡的孵化过程中,也有大量的废弃物产生,第一次照蛋时,可挑出部分未受精蛋(俗称白蛋)和少量早死胚胎(俗称血蛋)。我国传统上,白蛋主要用于食用,但售价较普通商品蛋低,白蛋和血蛋也可与其他孵化废弃物混合处理。出雏扫盘之后的残留物以蛋壳为主,还有部分中后期死亡的胚胎(俗称毛蛋)。我国不少地方有食用毛蛋的习惯,认为毛蛋是营养丰富的食品,但一定要注意卫生,避免腐败物质及细菌造成的中毒。

参 考 文 献

1. 佟建明. 蛋鸡无公害综合饲养技术. 北京:中国农业出版社,2003
2. 杨志勤. 养鸡关键技术. 成都:四川科学技术出版社,2003
3. 邱祥聘. 养鸡全书. 成都:四川科学技术出版社,2002
4. 施泽荣. 土鸡饲养与防病. 北京:中国林业出版社,2002
5. 尹兆正,等,优质土鸡养殖. 北京:中国农业大学出版社,2002
6. 席克奇,张颜彬,孙守君. 鸡配合饲料. 北京:科学技术文献出版社,2000
7. 李英. 鸡的营养与饲料配方. 北京:中国农业出版社,2000
8. 郭强. 鸡的孵化技术及初生雏鸡雌雄鉴别 . 北京:中国农业出版社,1999
9. 骆玉宾,唐式法. 鸡病防治手册. 北京:科学技术文献出版社,2002
10. 李英,谷子林. 规模化生态放养鸡. 北京:中国农业大学出版社,2005
11. 张国增. 巧法生态放养鸡. 北京:中国农业出版社,2004
12. 刘益平. 果园林地生态养鸡技术. 北京:金盾出版社,2004
13. 宁中华. 高产蛋鸡放养技术指南. 北京:中国农业大学出版社,2007
14. 魏忠义. 高产蛋鸡饲养新技术. 西安:西北农林科技大学出版社,2005

向您推荐

花生高产栽培实用技术	18.00
梨园病虫害生态控制及生物防治	29.00
顾学玲是这样养牛的	19.80
顾学玲是这样养蛇的	18.00
桔梗栽培与加工利用技术	12.00
蚯蚓养殖技术与应用	13.00
图解樱桃良种良法	25.00
图解杏良种良法 果树科学种植大讲堂	22.00
图解梨良种良法	29.00
图解核桃良种良法	28.00
图解柑橘良种良法	28.00
河蟹这样养殖就赚钱	19.00
乌龟这样养殖就赚钱	19.00
龙虾这样养殖就赚钱	19.00
黄鳝这样养殖就赚钱	19.00
泥鳅高效养殖 100 例	20.00
福寿螺 田螺养殖	9.00
“猪沼果（菜粮）”生态农业模式及配套技术	16.00

肉牛高效养殖实用技术	28.00
肉用鸭 60 天出栏养殖法	19.00
肉用鹅 60 天出栏养殖法	19.00
肉用兔 90 天出栏养殖法	19.00
肉用山鸡的养殖与繁殖技术	26.00
商品蛇饲养与繁育技术	14.00
药食两用乌骨鸡养殖与繁育技术	19.00
地鳖虫高效益养殖实用技术	19.00
有机黄瓜高产栽培流程图说	16.00
有机辣椒高产栽培流程图说	16.00
有机茄子高产栽培流程图说	16.00
有机西红柿高产栽培流程图说	16.00
有机蔬菜标准化高产栽培	22.00
育肥猪 90 天出栏养殖法	23.00
现代养鹅疫病防治手册	22.00
现代养鸡疫病防治手册	22.00
现代养猪疫病防治手册	22.00
梨病虫害诊治原色图谱	19.00
桃李杏病虫害诊治原色图谱	15.00
葡萄病虫害诊治原色图谱	19.00
苹果病虫害诊治原色图谱	19.00
开心果栽培与加工利用技术	13.00
肉鸭网上旱养育肥技术	13.00
肉用仔鸡 45 天出栏养殖法	14.00
现代奶牛健康养殖技术	19.80